PARCO出版

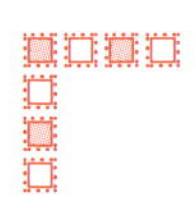

はじめに

図形ロジックパズルは、手がかりをもとに図形の面積や角度を順番に解き進め、問いの部分の解答を求めるパズルです。一見するとむずかしそうですが、小学校で学ぶ考え方で解くことができます（小学校学習指導要領から逸脱していますが、中学入試では必要な知識です）。

基本的には四則（足し算・引き算・掛け算・割り算）だけで解くことができ、問題を一問解くだけでも単純な計算を繰り返すことになり、脳の働きの機能低下を予防する効果も期待できます。

本書では、パズルの難易度を５段階に分け、★で示しました。

★が増えるにしたがって難易度はあがり、直線の平行条件や図形の組み合わせ、面積比、合同となる図形を見つけるなど、有名私立中学校の入試にも出るような難易度になります。高難度のパズルを解くためには着眼点も必要になってきます。

ちなみに、問題の解き方や順番、アプローチの方法は、幾通りも考えられます。どこからどのように解くのかは、問題を解く人しだいです。

また、解答欄の上にチェックボックスをつくってありますので、２周目、３周目と繰り返し問題を解いてみましょう。

継続して解いていくことで、集中力や気づきの力なども養われ、脳も活性化します――が、なによりも解けたときの達成感はひとしおで、それがこの図形ロジックパズルの最大の楽しみであり、特徴ともいえます。

私立中学校の入試レベルの難問もありますが、必ず解くことができる問題ばかりですので、継続的に取り組んでください。

積田かかず

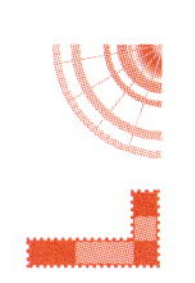

本書の使い方

図形ロジックパズルは、それぞれ難易度を決め、目標時間などを示しています。

これらのパズルは答えを求めるまで、いくつもの計算をしないといけません。そのため、直接鉛筆で書いたり、消したりしやすい丈夫な紙に印刷をしました。

また、目標時間は、あくまでも答えを求められるとよいだろうという時間であって、それまでに求めないといけないといったものではありません。どれだけ時間がかかってもかまいませんので、あきらめずに解きましょう。

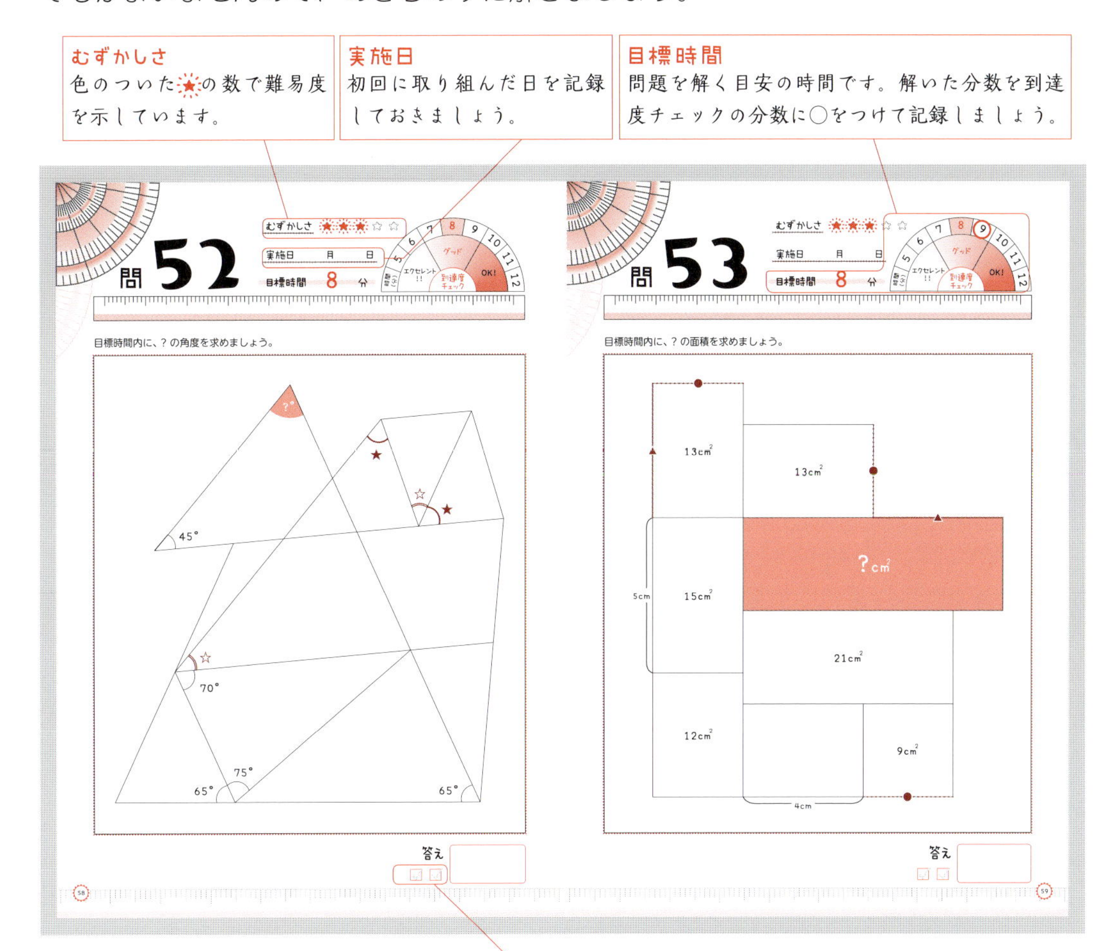

チェックボックス
一度解いたら、このボックスにチェックをいれましょう。
正解なら○、不正解なら×など自由に使ってください。

図形ロジックパズルの解き方

図形ロジックパズルを解く上で、必要な図形の公式や性質をまとめました。解き方で困ったときには、このページに戻ってみましょう。

1　図形の面積

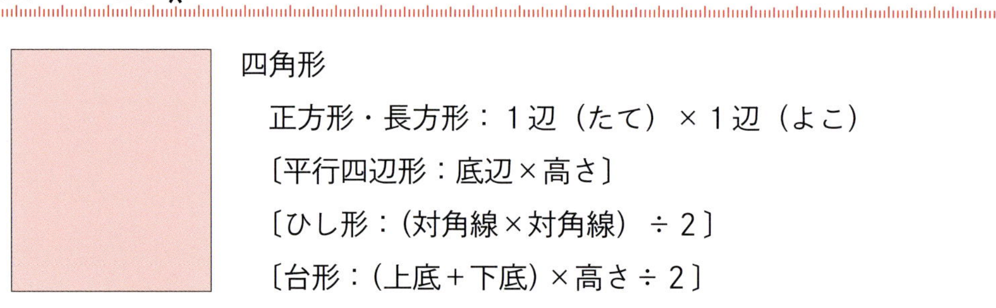

四角形

正方形・長方形：１辺（たて）×１辺（よこ）

〔平行四辺形：底辺×高さ〕

〔ひし形：(対角線×対角線）÷２〕

〔台形：(上底＋下底)×高さ÷２〕

三角形：底辺×高さ÷２

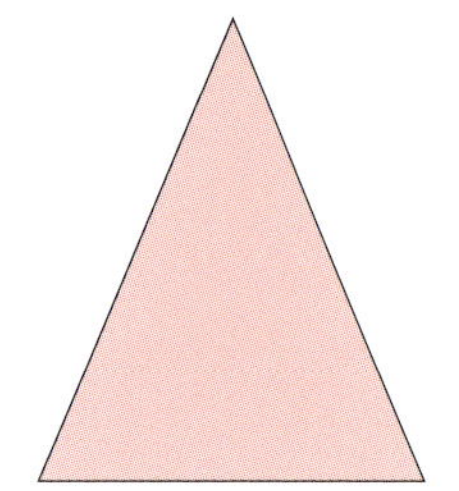

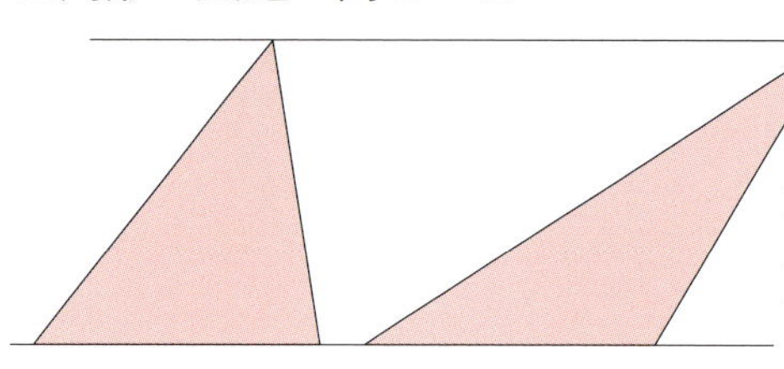

見た目が大きく異なる三角形であっても、底辺の長さと高さが同じなら、面積も同じになります。

2　等しい角と辺

四角形：４つの内角の和は360°

平行四辺形は、向かい合う辺・角が等しい。

ひし形は、対角線が交わった角が90°で、すべての辺が等しい。

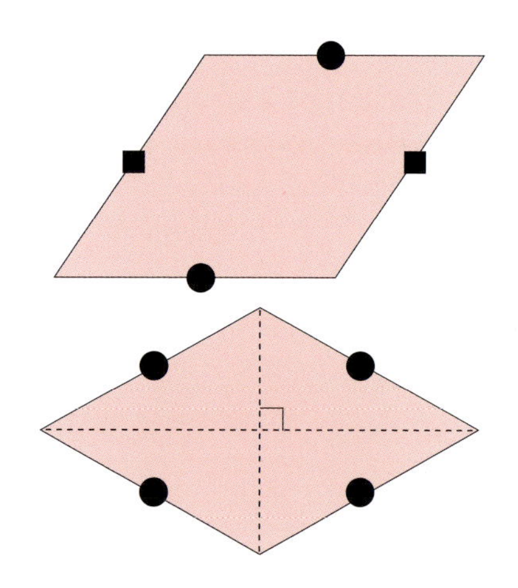

三角形：３つの内角の和は 180°

二等辺三角形は、頂角をはさんだ等しい辺で作られる三角形。底角の角度も等しくなる。

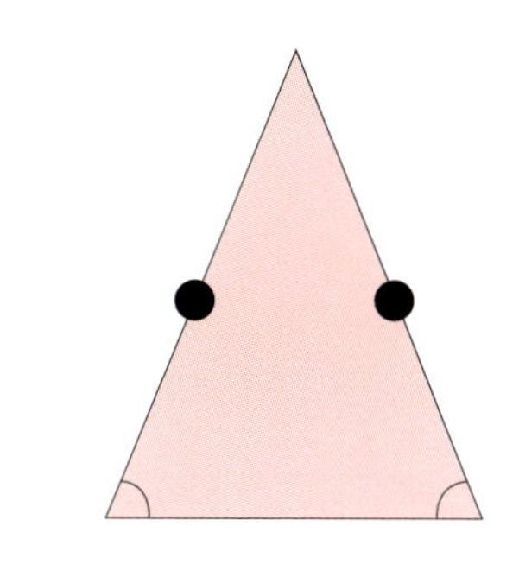

直角三角形は、直角をもった三角形のことで、直角とふれあわない長い辺（斜辺）の二等分した点から直角を結ぶと、２つの二等辺三角形ができる。

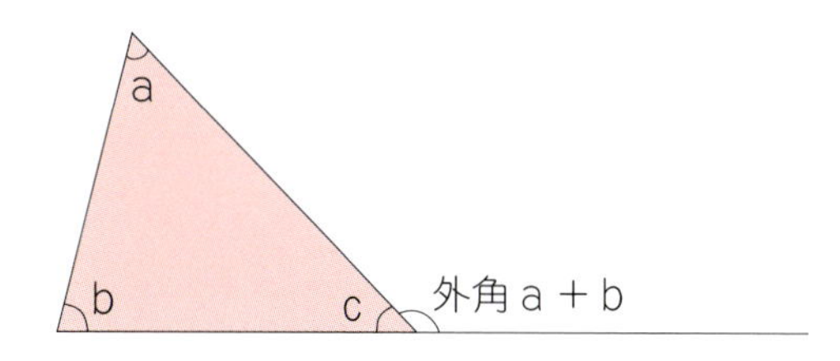

また、三角形の外角の１つは、その角と隣り合わない２つの内角の和に等しい。

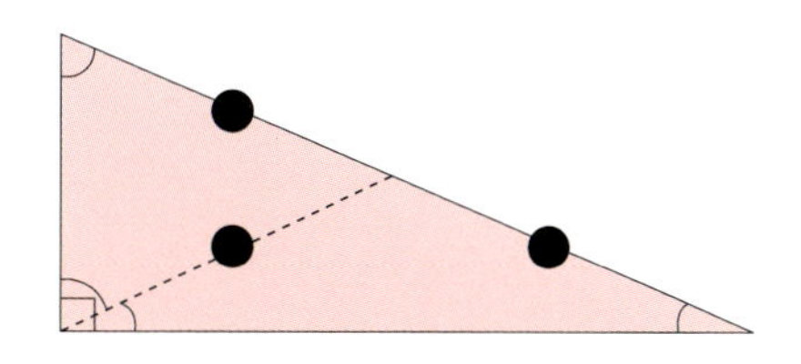

3　線と角度 ※用語などは中学生で学習する領域です。

２つの線が交わるとき、交点には向かい合う２組の角ができる。向かい合う角は、対頂角といい、それぞれ等しくなる。つまり、１つの角の角度がわかれば、残り３つの角の角度もわかる。

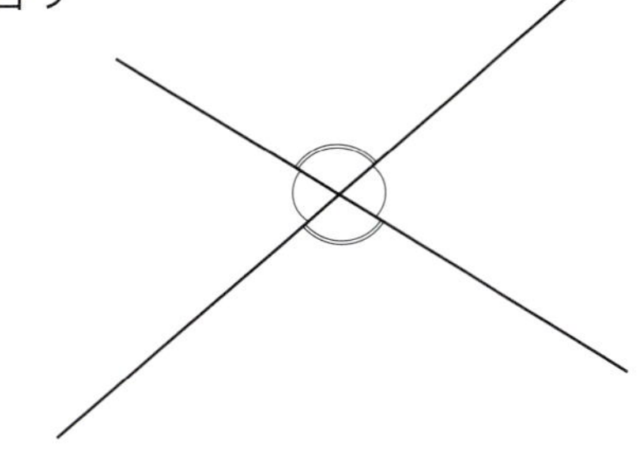

２本の直線があるとき、それぞれに対頂角ができるが、a と a'、c と c' のような角の関係を同位角という。また、b と c'、d と a' のような角の関係を錯角といい、このいずれかが等しいとき、直線Ａ・Ｂは平行である。

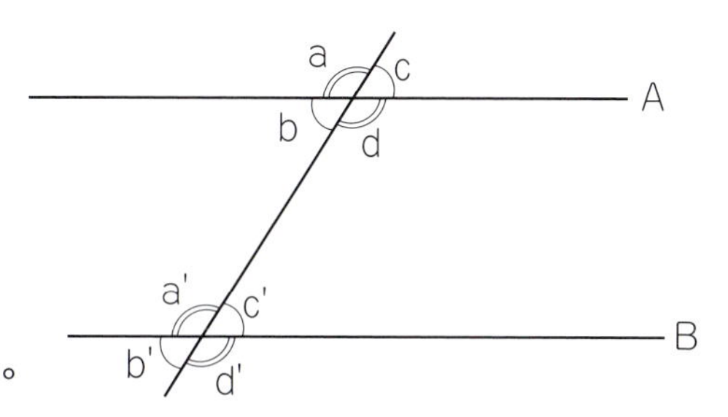

4　分数の計算

足し算・引き算：分母を通分して最小公倍数を出して、計算する。

掛け算・割り算：掛け算は分数の横どうしを掛ける。割り算はたすき掛けする。

掛け算　$\frac{a}{b} \times \frac{c}{d} = \frac{a \times c}{b \times d}$　　　$\frac{a}{b} \div \frac{c}{d} = \frac{a \times d}{b \times c}$

5　辺の長さの比と面積の比

図形の１辺の長さが等しいとき､もう１辺の長さや面積は比で表すことができます。そして比のもつ性質を使えば、不明な部分の数字を求めることができます。

a：b=c：d

内項の積と外項の積は等しいことを利用すると、a × d= b × c となる。

6　同じ三角形と似た三角形　※用語などは中学生で学習する領域です。

２つの三角形を比べたとき、まったく同じ三角形である条件や、拡大・縮小した三角形である条件が、それぞれ決まっています。

まったく同じ三角形の条件は合同条件、拡大・縮小した三角形の条件は相似条件と呼ばれています。

●三角形の合同条件

1．3つの辺の長さがそれぞれ等しい。

2．2組の辺の長さと、その間の角がそれぞれ等しい。

3．両端の角とその間の辺の長さがそれぞれ等しい。

●二角形の相似条件

1．3つの辺の比がそれぞれ等しい。

2．2組の辺の比と、その間の角がそれぞれ等しい。

3．2組の角がそれぞれ等しい。

問01

むずかしさ ★☆☆☆☆

実施日　　月　　日

目標時間　計 3 分

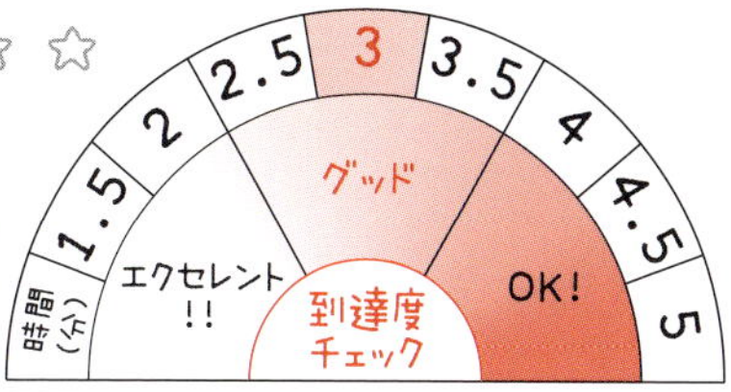

目標時間内に、それぞれの ? の面積を求めましょう。

①

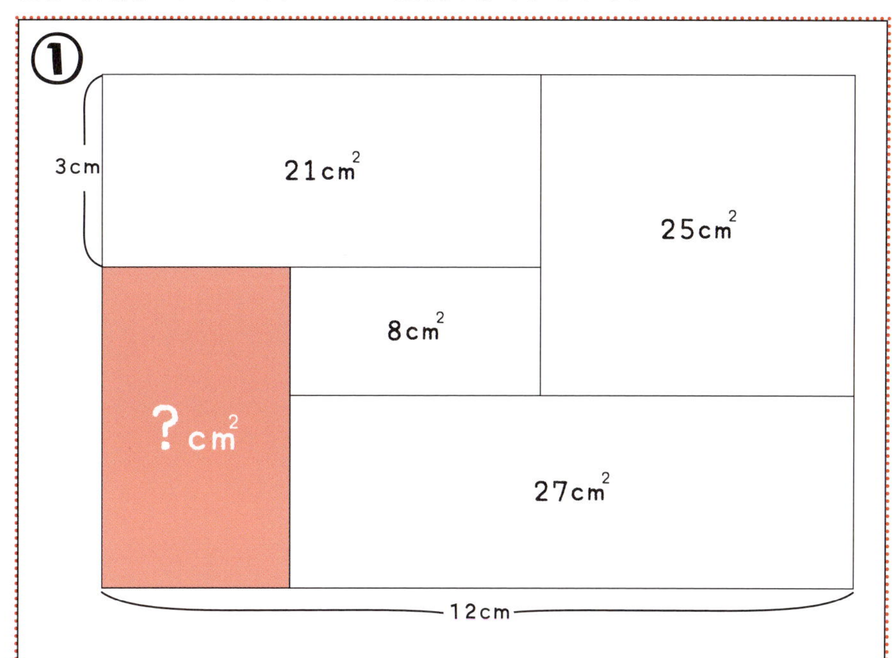

答え

②

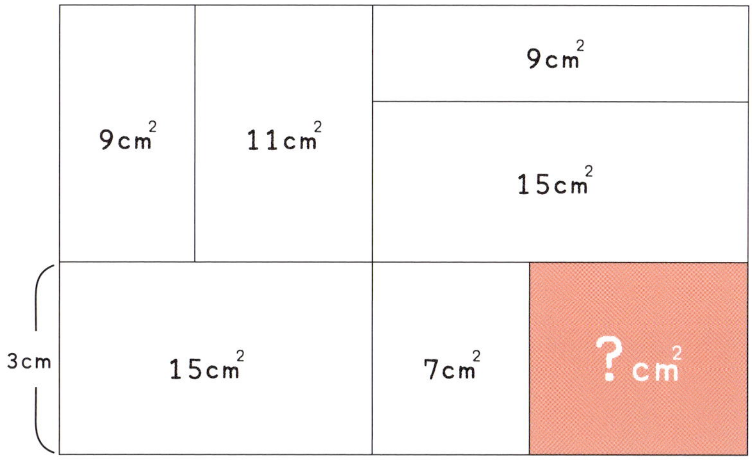

9cm²

9cm²

11cm²

15cm²

3cm

15cm²

7cm²

?cm²

答え

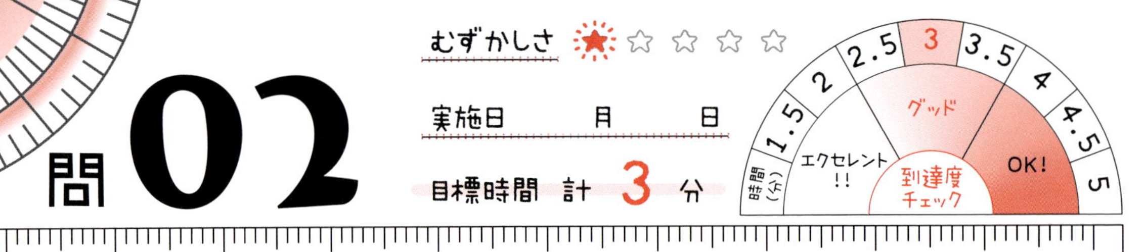

目標時間内に、それぞれの？の角度を求めましょう。

①

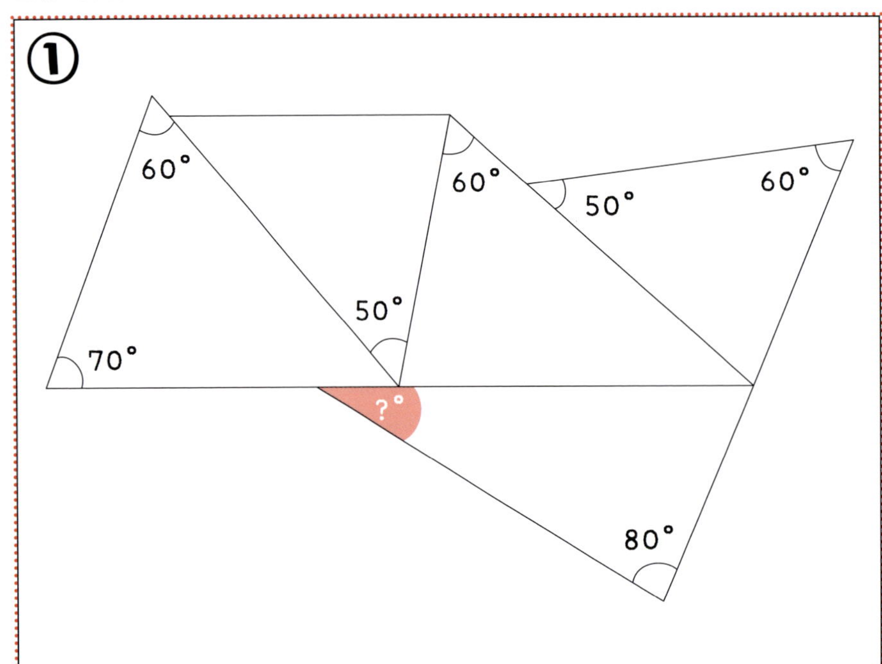

答え

②

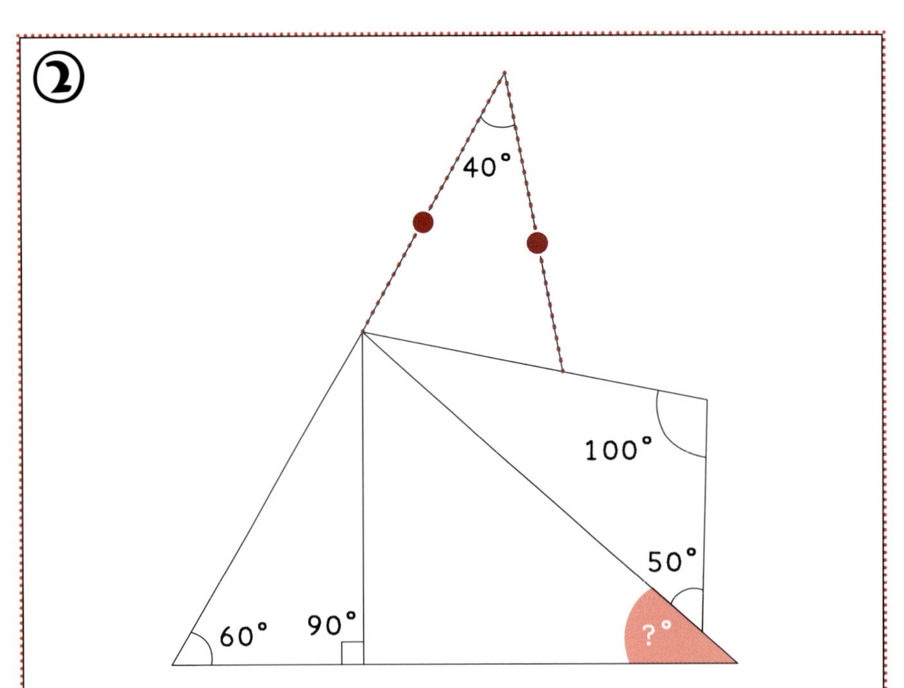

答え

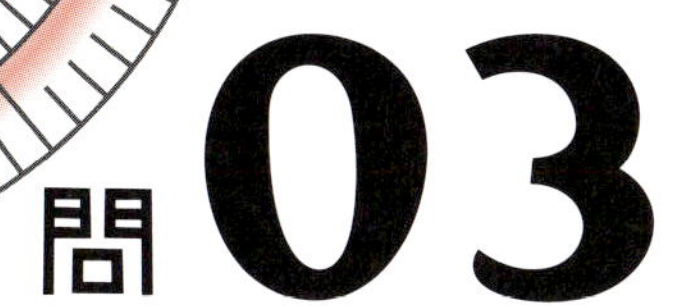

むずかしさ ★☆☆☆☆

実施日　　月　　日

目標時間　計 3 分

時間(分) 1.5 2 2.5 3 3.5 4 4.5 5

エクセレント!! グッド OK!

到達度チェック

目標時間内に、それぞれの ? の面積を求めましょう。

①

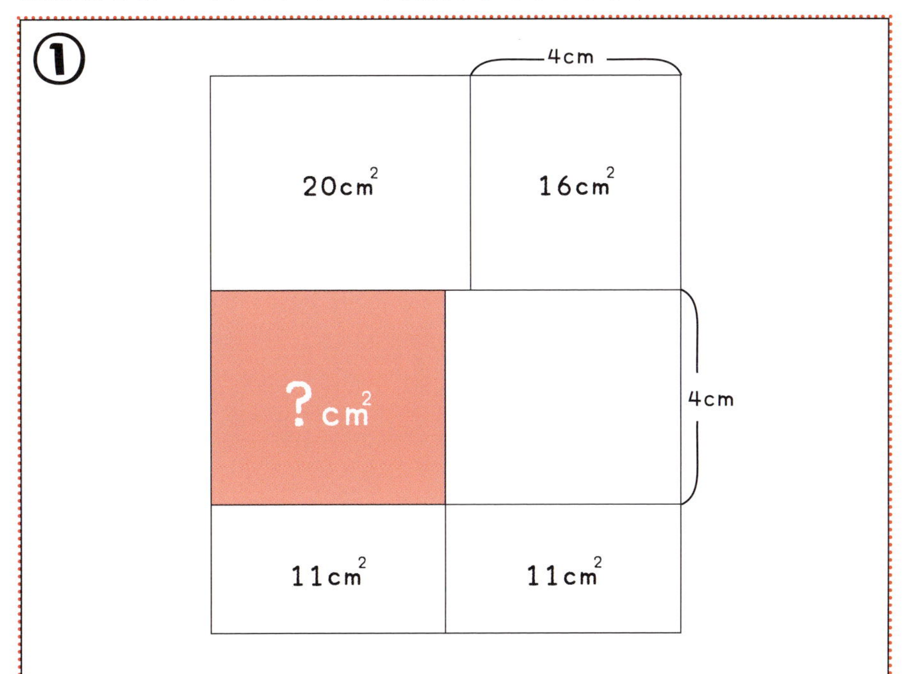

答え

②

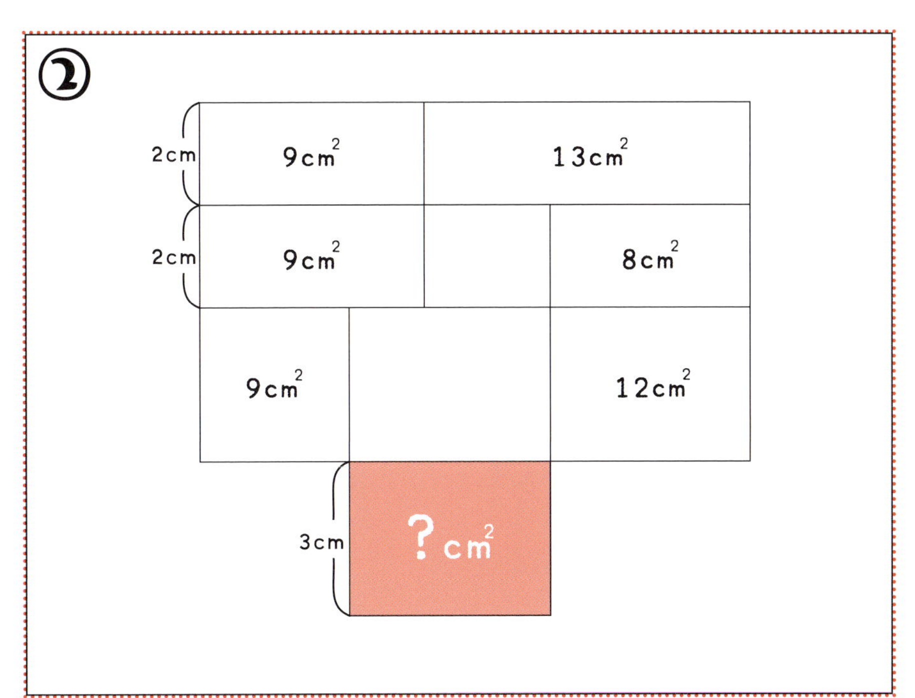

答え

問04

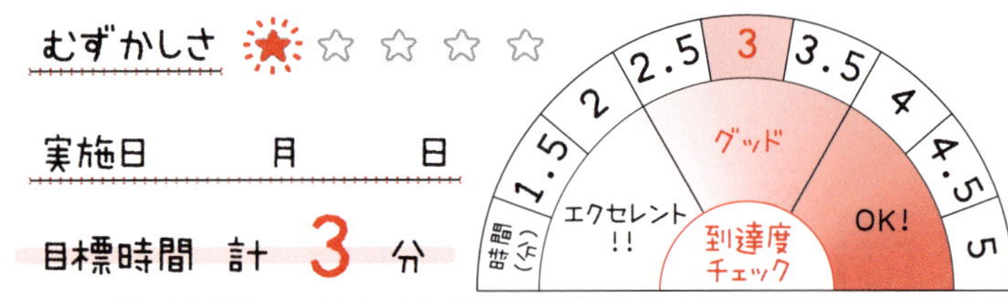

目標時間内に、それぞれの？の角度を求めましょう。

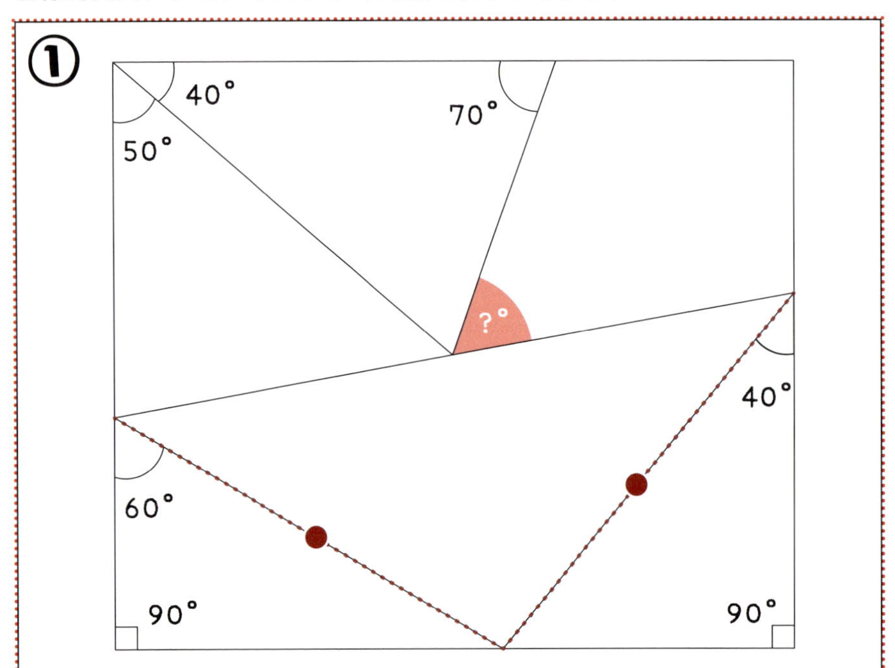

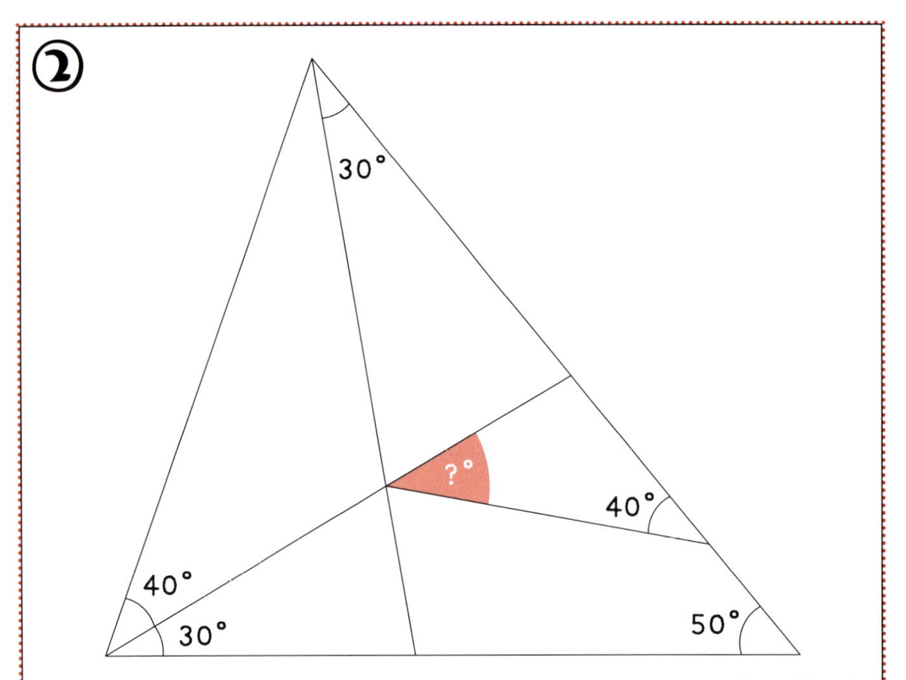

答え

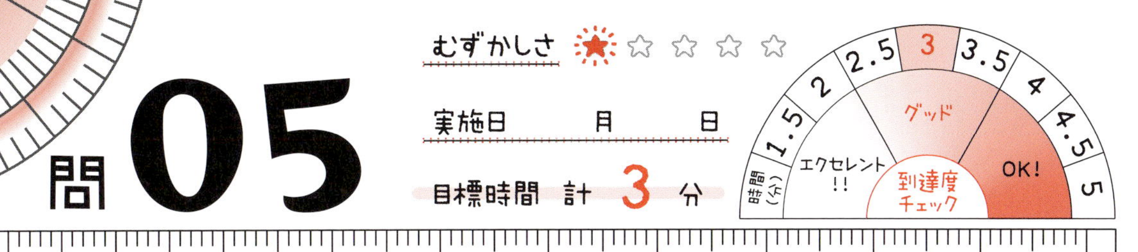

目標時間内に、それぞれの ? の面積を求めましょう。

①

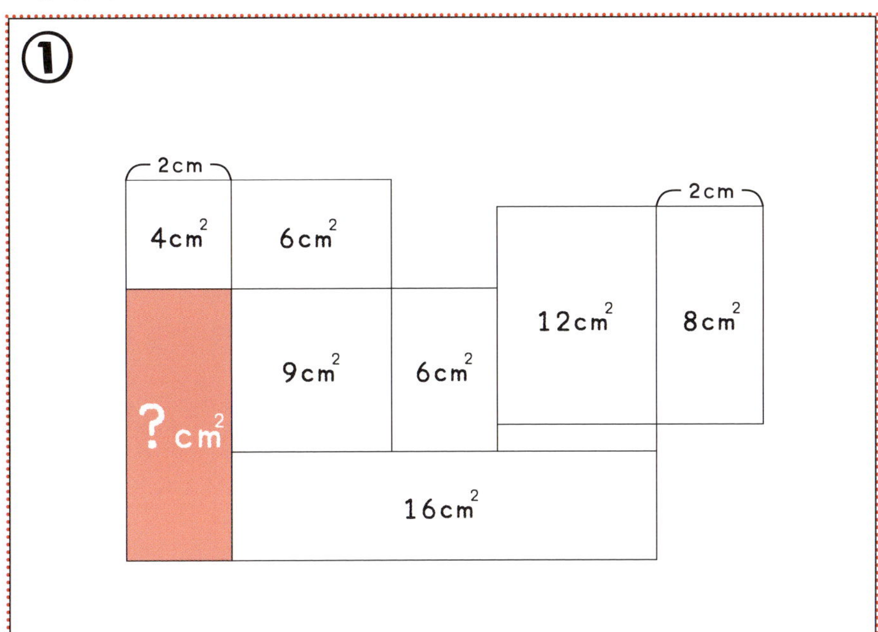

答え

②

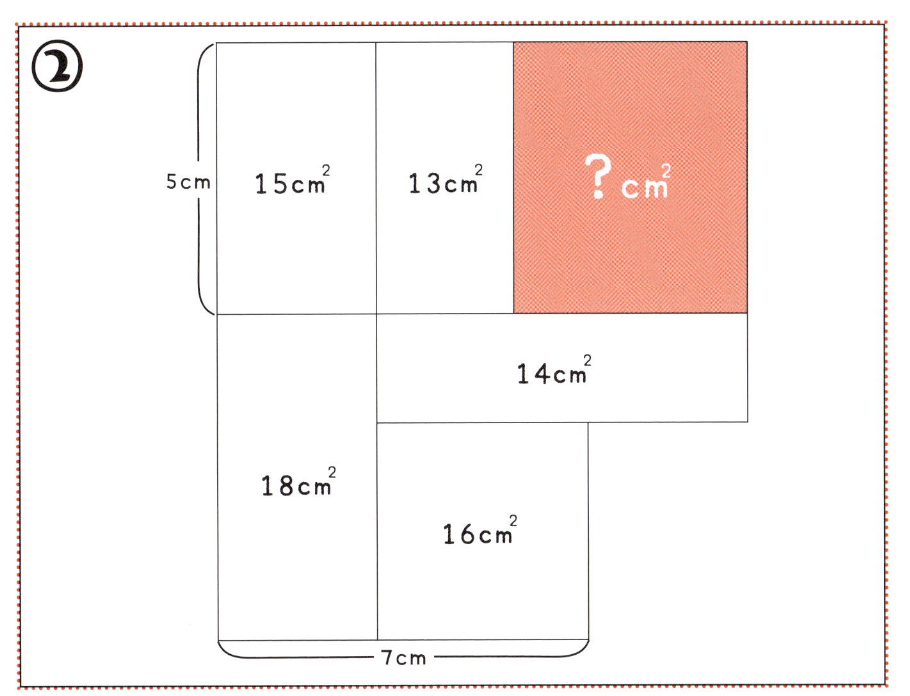

答え

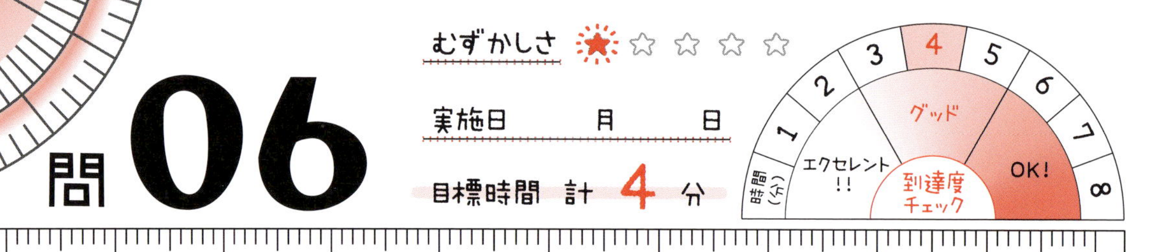

目標時間内に、それぞれの？の角度を求めましょう。

①

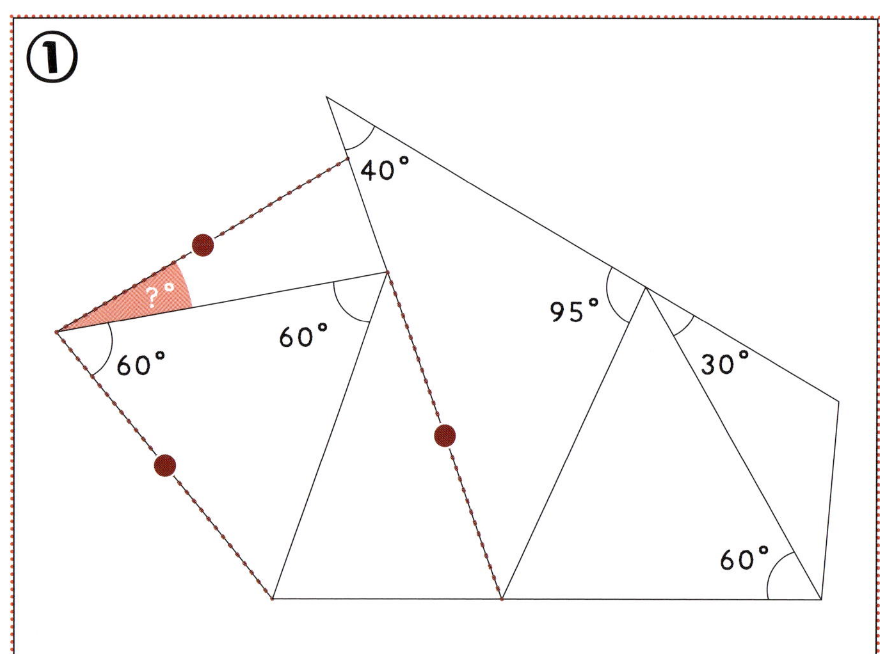

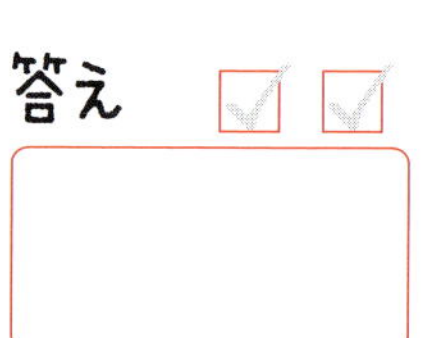

②

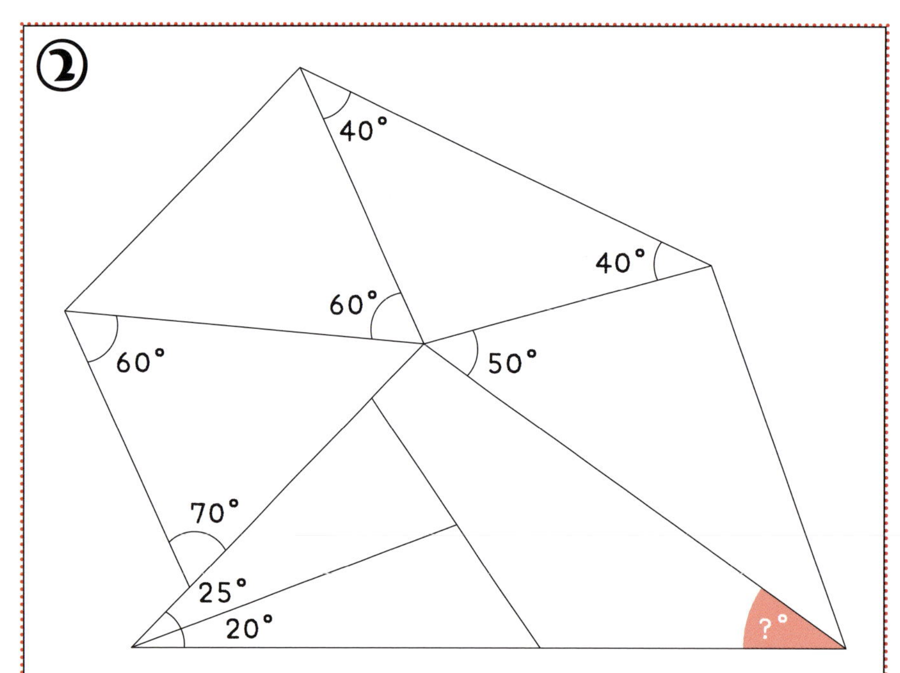

答え

目標時間内に、それぞれの ? の面積を求めましょう。

①

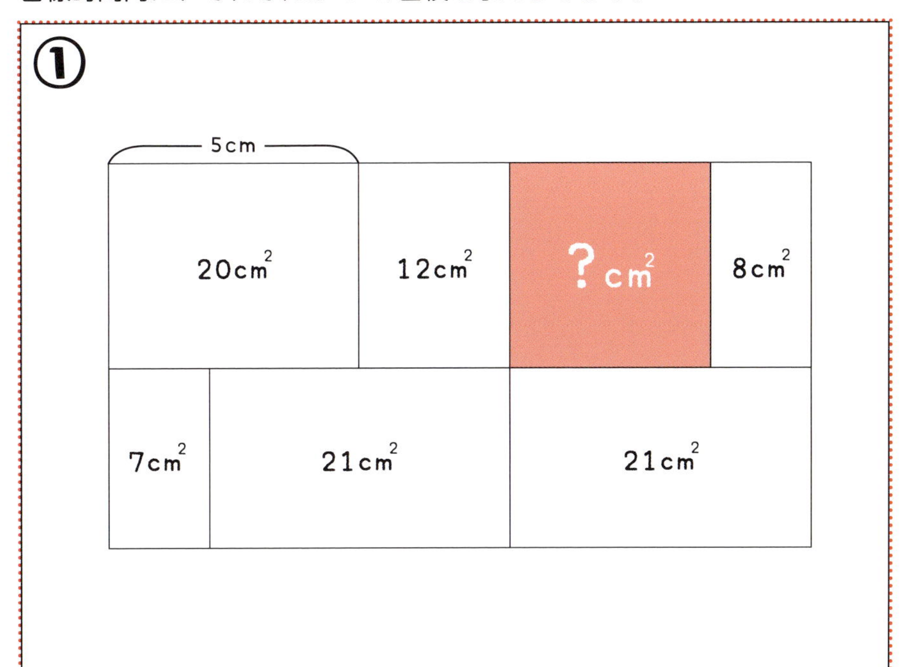

②

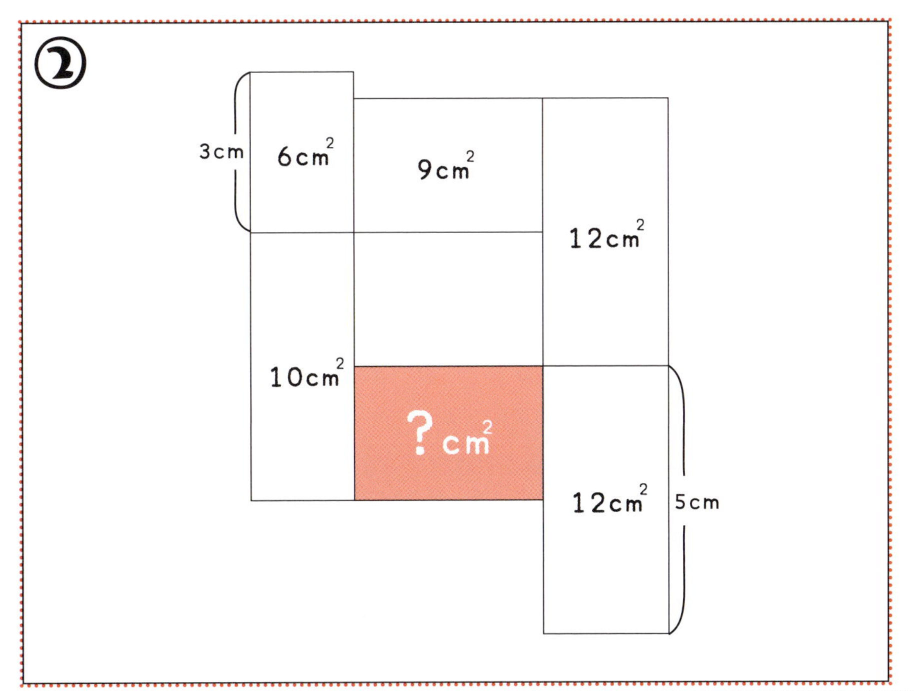

答え

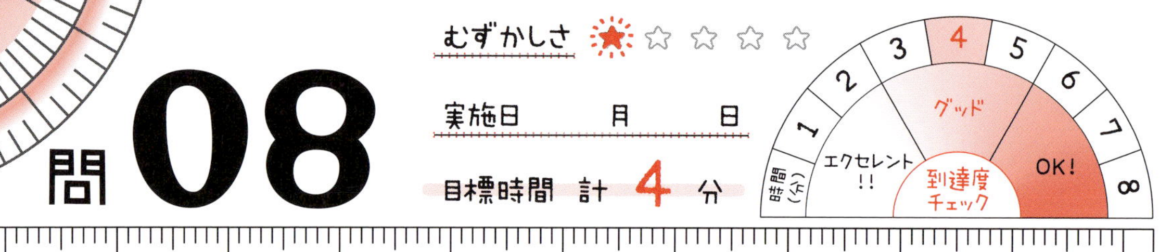

目標時間内に、それぞれの？の角度を求めましょう。

①

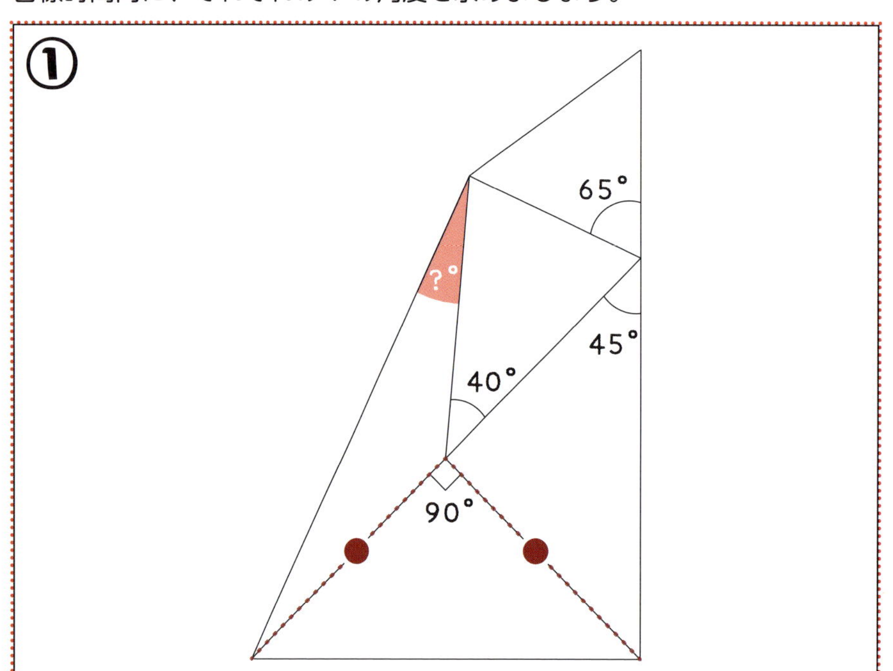

②

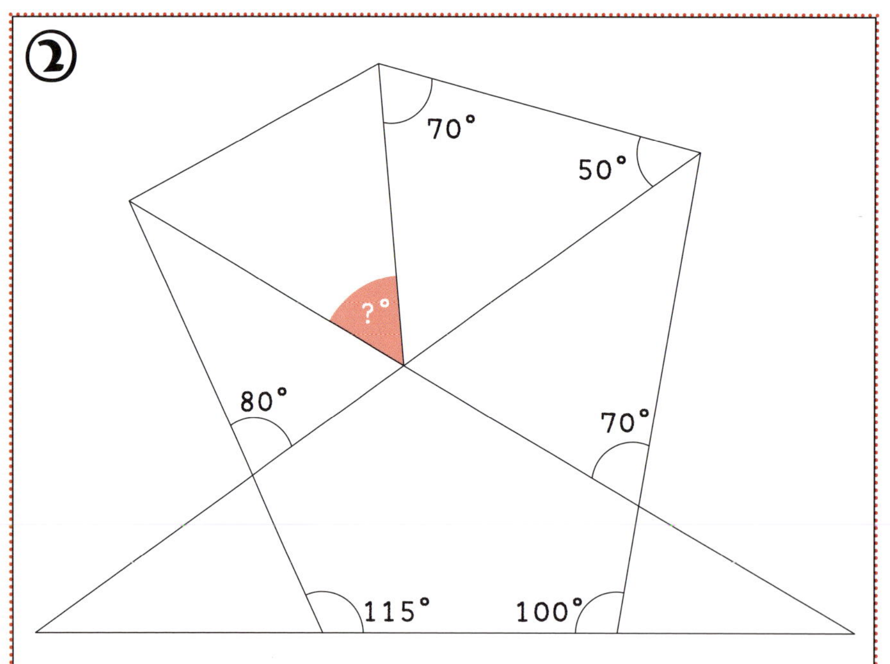

むずかしさ ★☆☆☆☆

実施日　　月　　日

目標時間 3 分

時間(分) 1.5 2 2.5 3 3.5 4 4.5 5
エクセレント!! グッド OK!
到達度チェック

目標時間内に、？の面積を求めましょう。

答え

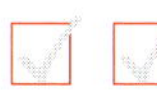

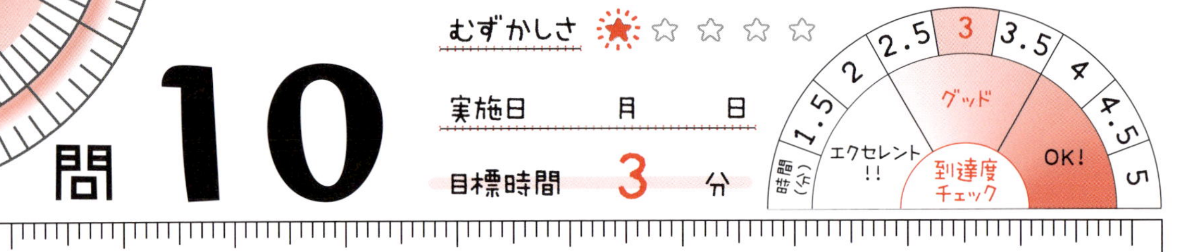

目標時間内に、? の角度を求めましょう。

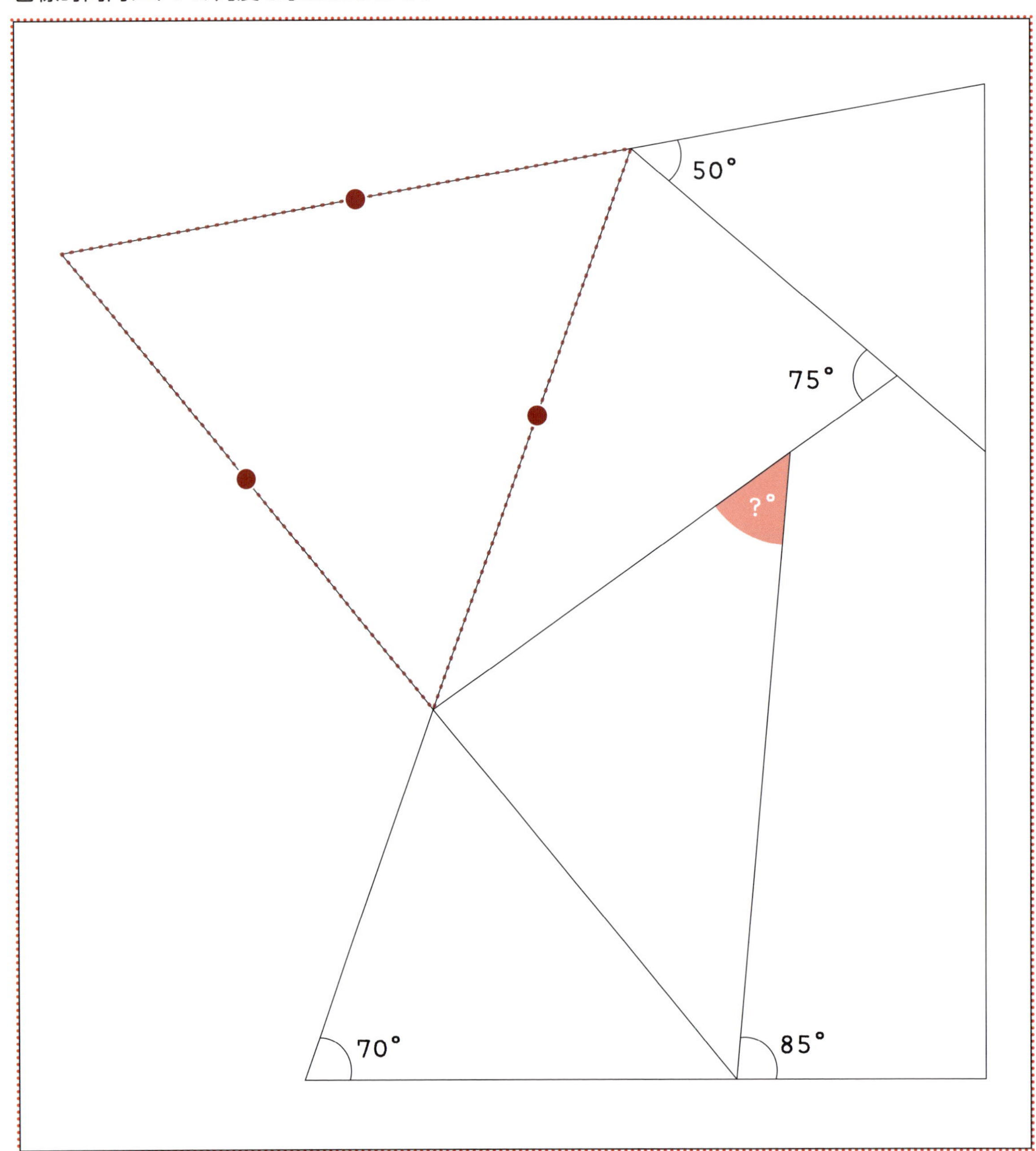

答え

むずかしさ ★☆☆☆☆

実施日　月　日

目標時間 3 分

時間(分) 1.5 2 2.5 3 3.5 4 4.5 5
エクセレント!! グッド OK! 到達度チェック

目標時間内に、? の面積を求めましょう。

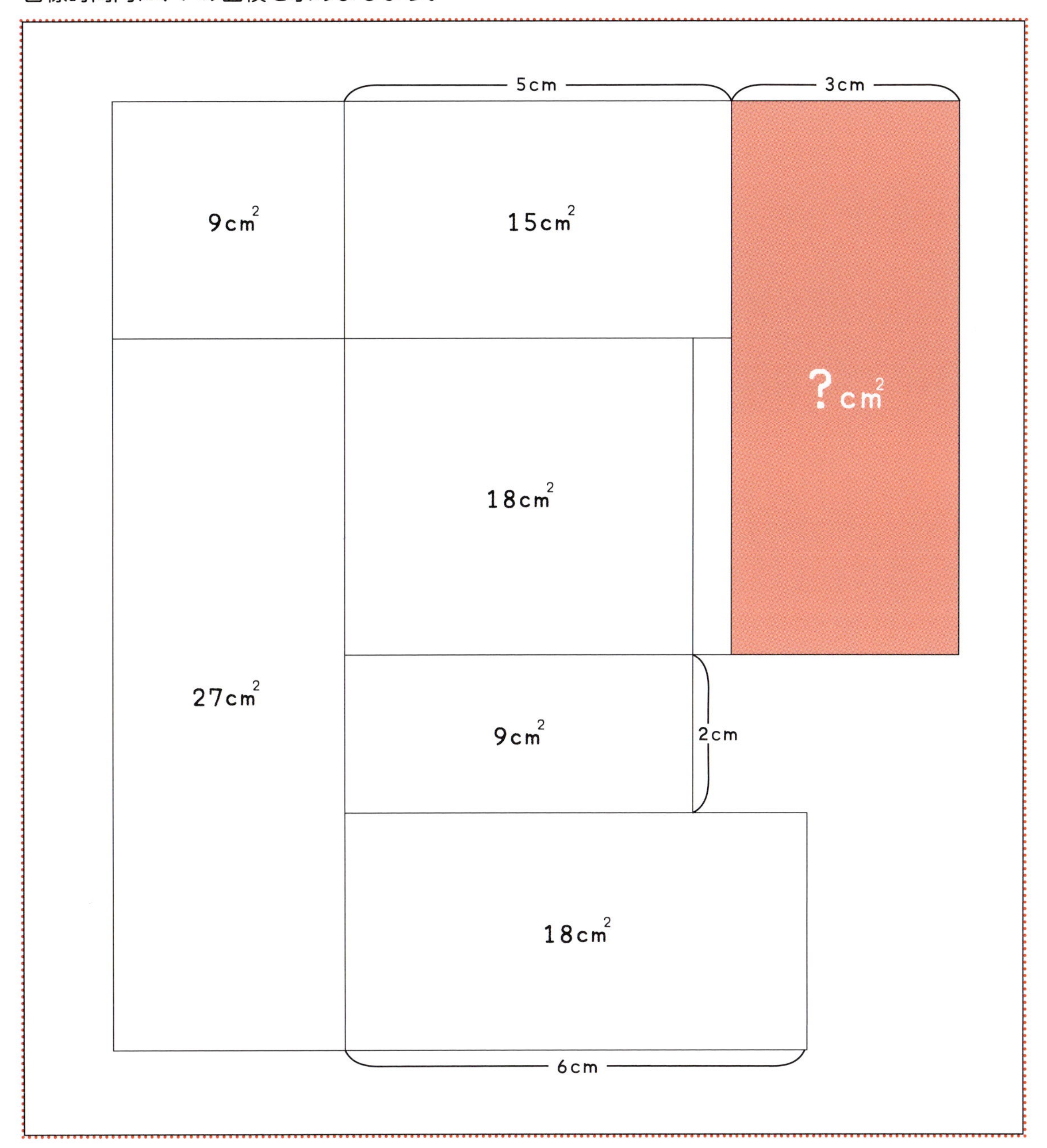

答え

むずかしさ ★☆☆☆☆

実施日　　月　　日

目標時間 3 分

時間(分) 1.5 2 2.5 3 3.5 4 4.5 5
エクセレント!! グッド OK!
到達度チェック

目標時間内に、? の角度を求めましょう。

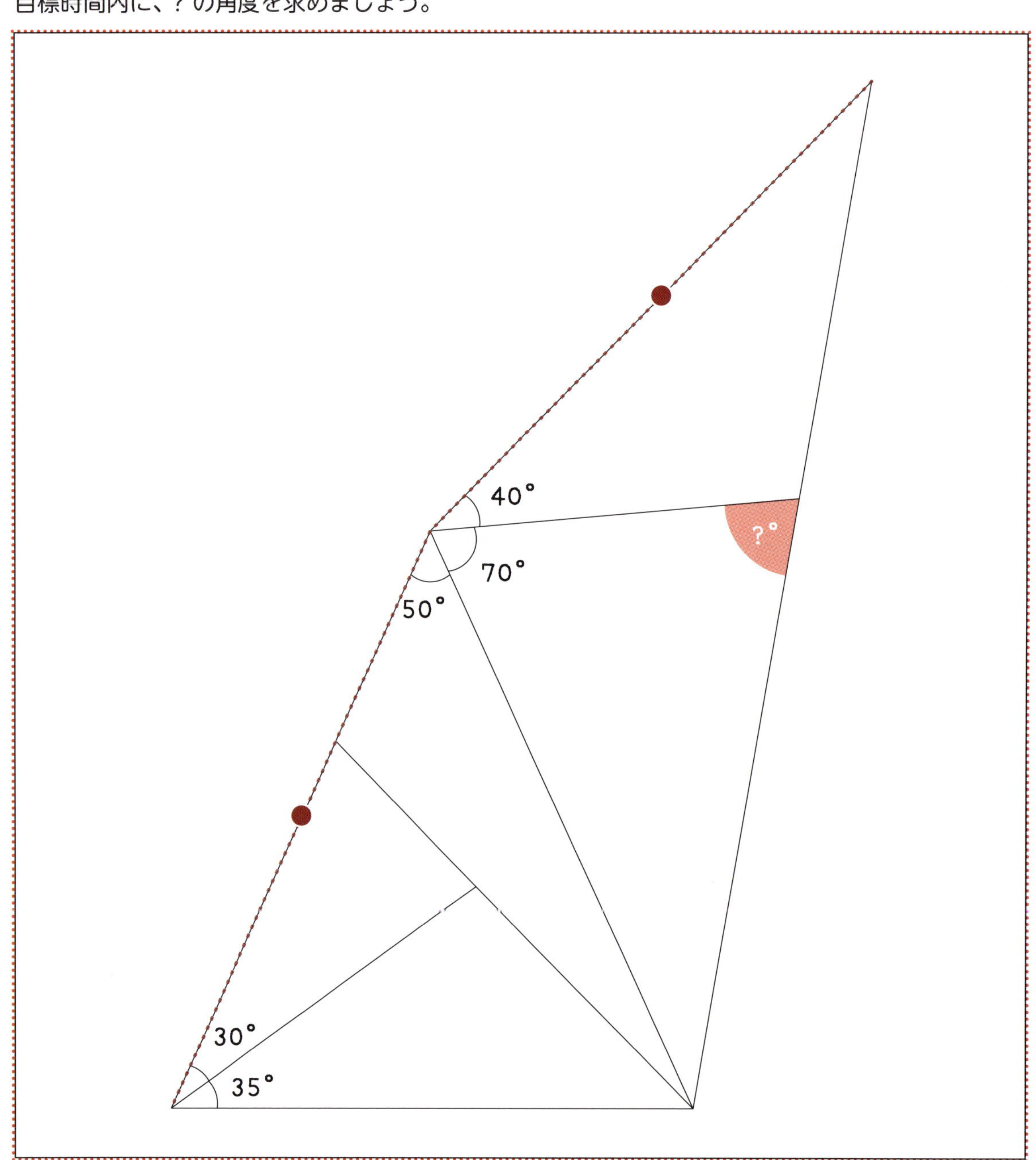

答え

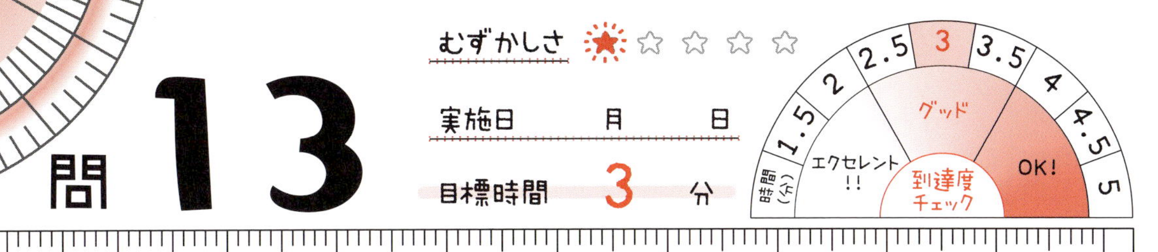

目標時間内に、？の面積を求めましょう。

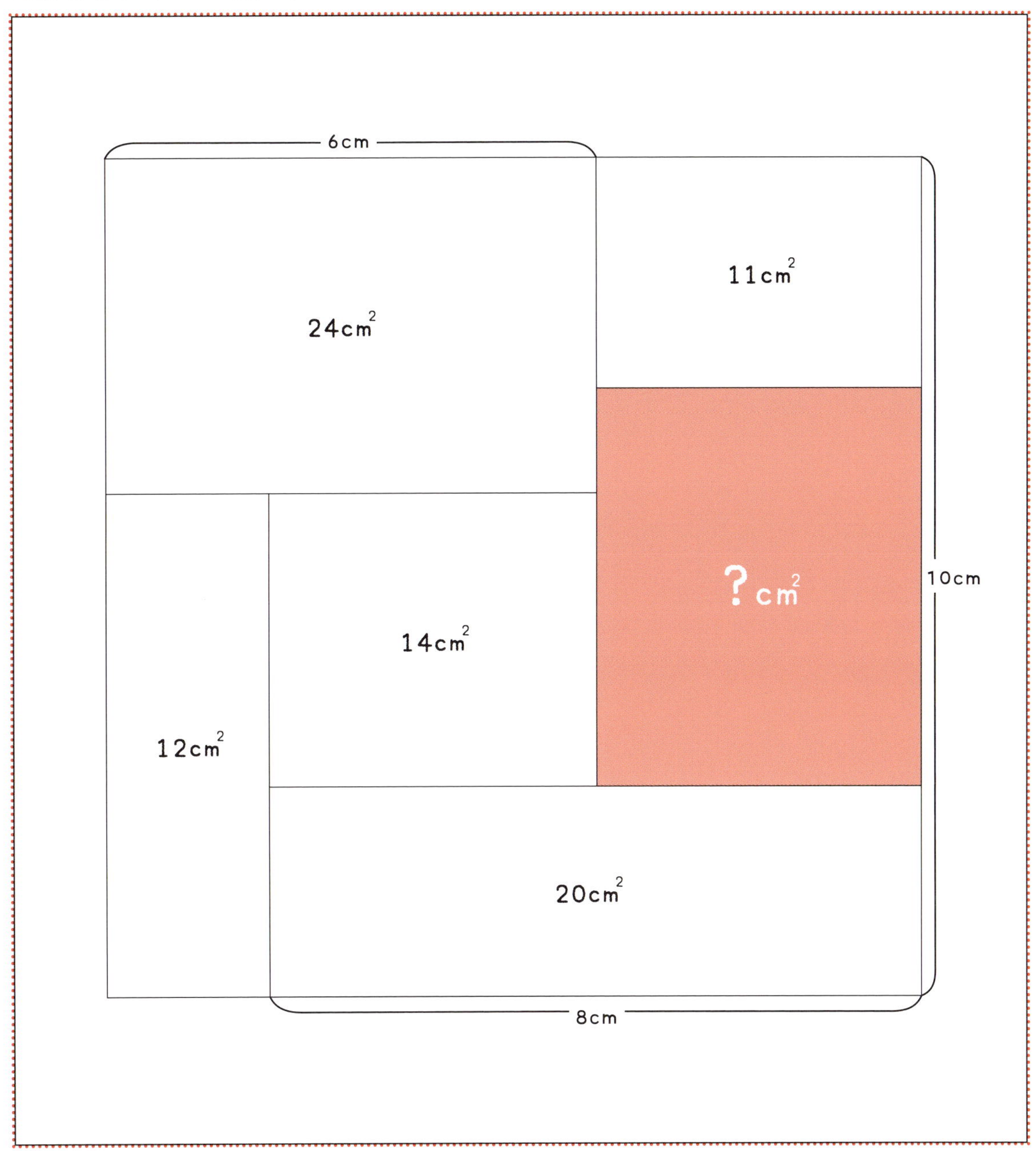

答え

問 14

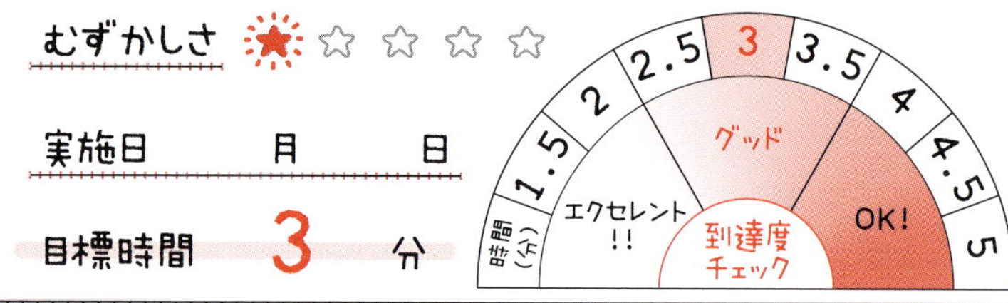

目標時間内に、？の角度を求めましょう。

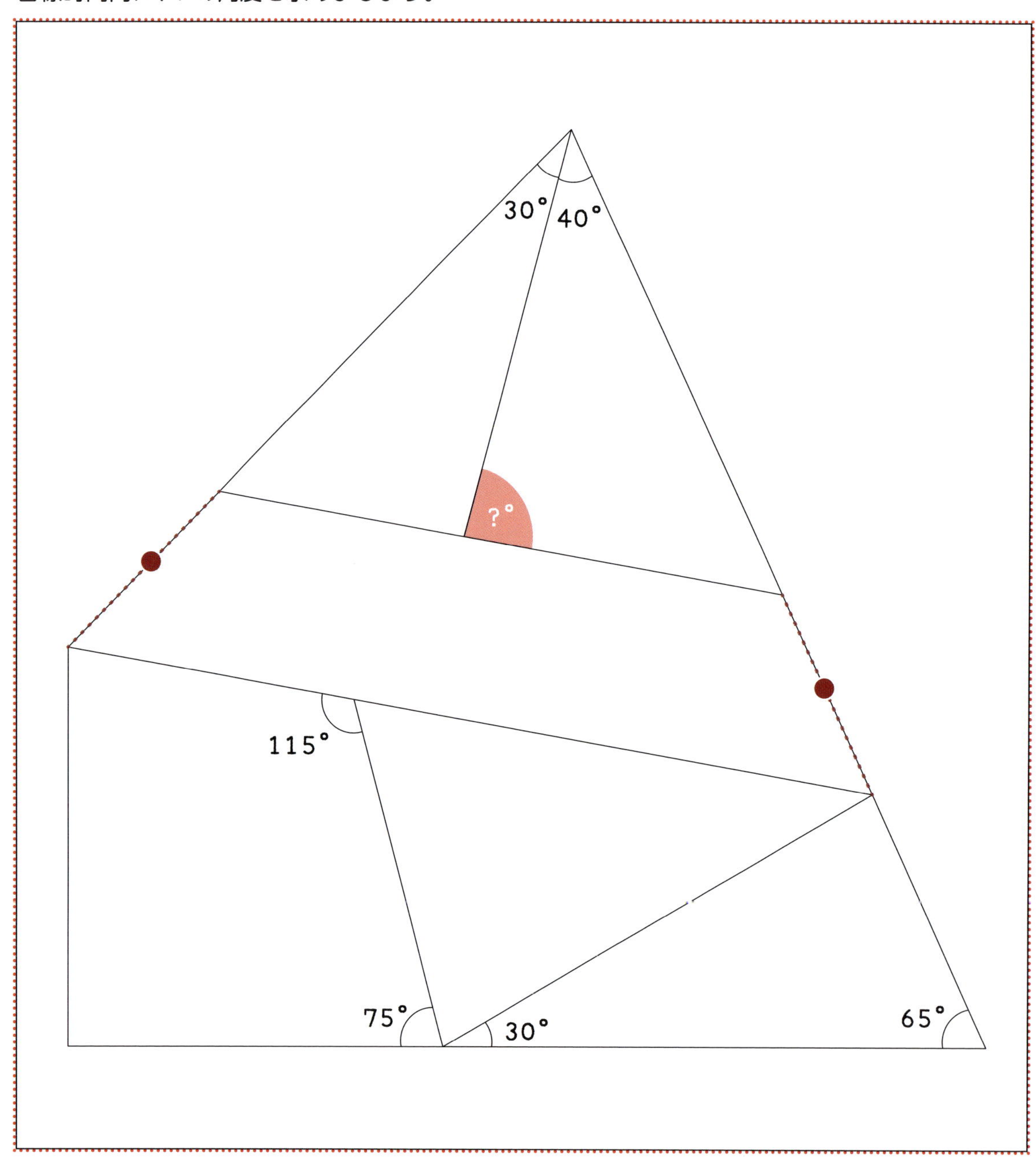

答え

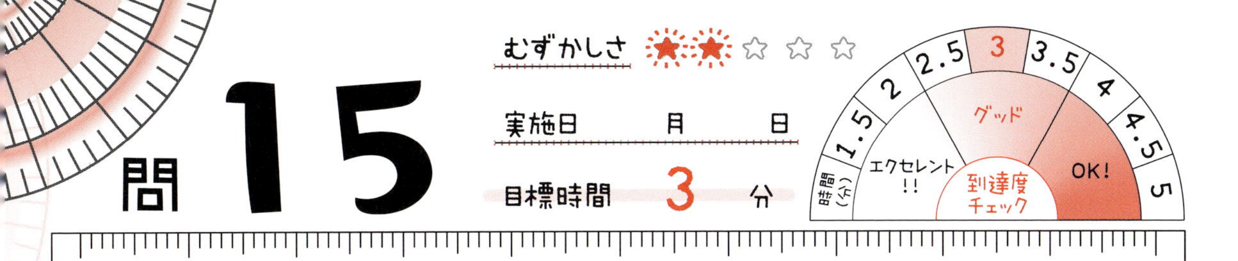

目標時間内に、？の面積を求めましょう。

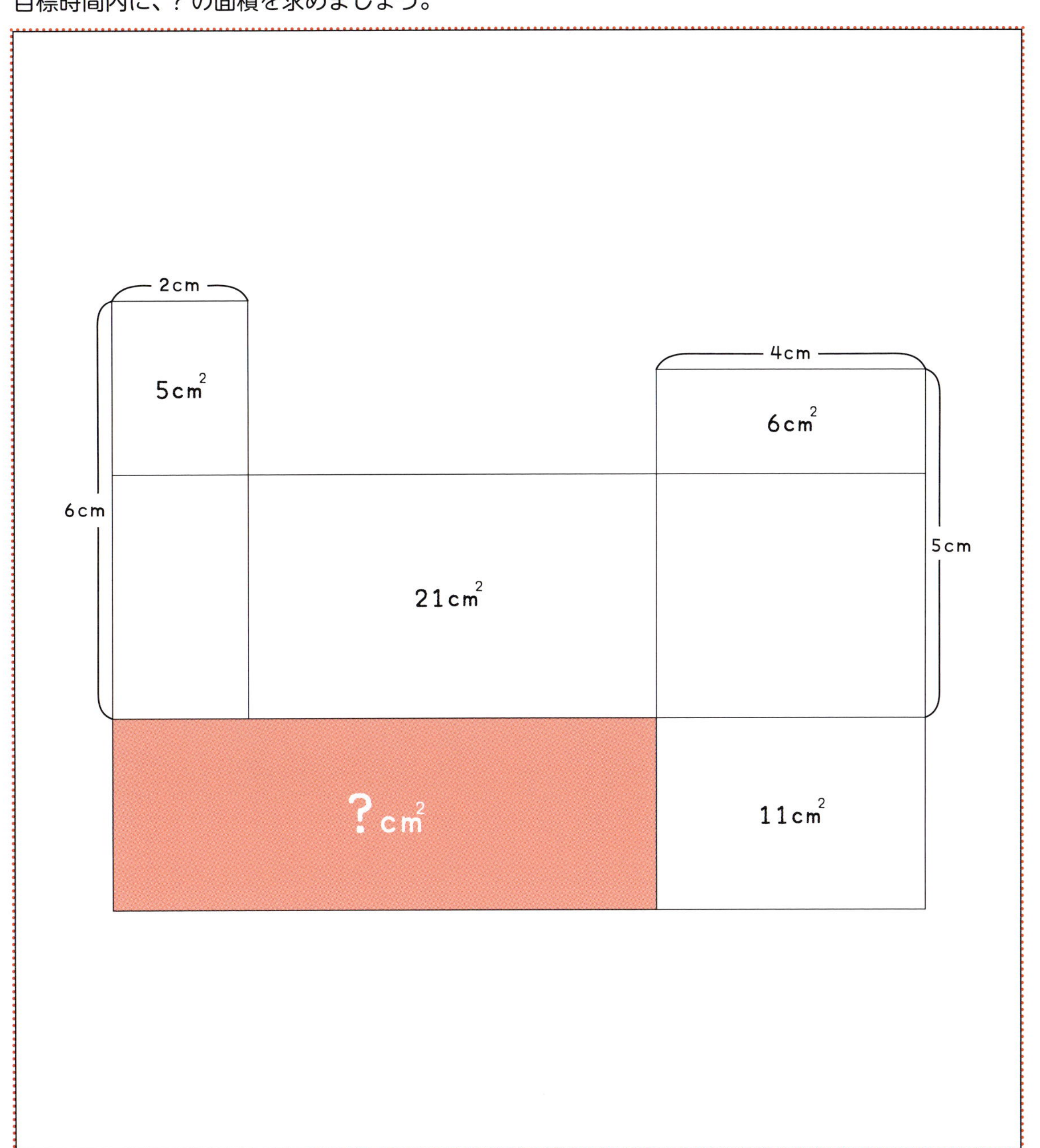

答え

目標時間内に、? の角度を求めましょう。

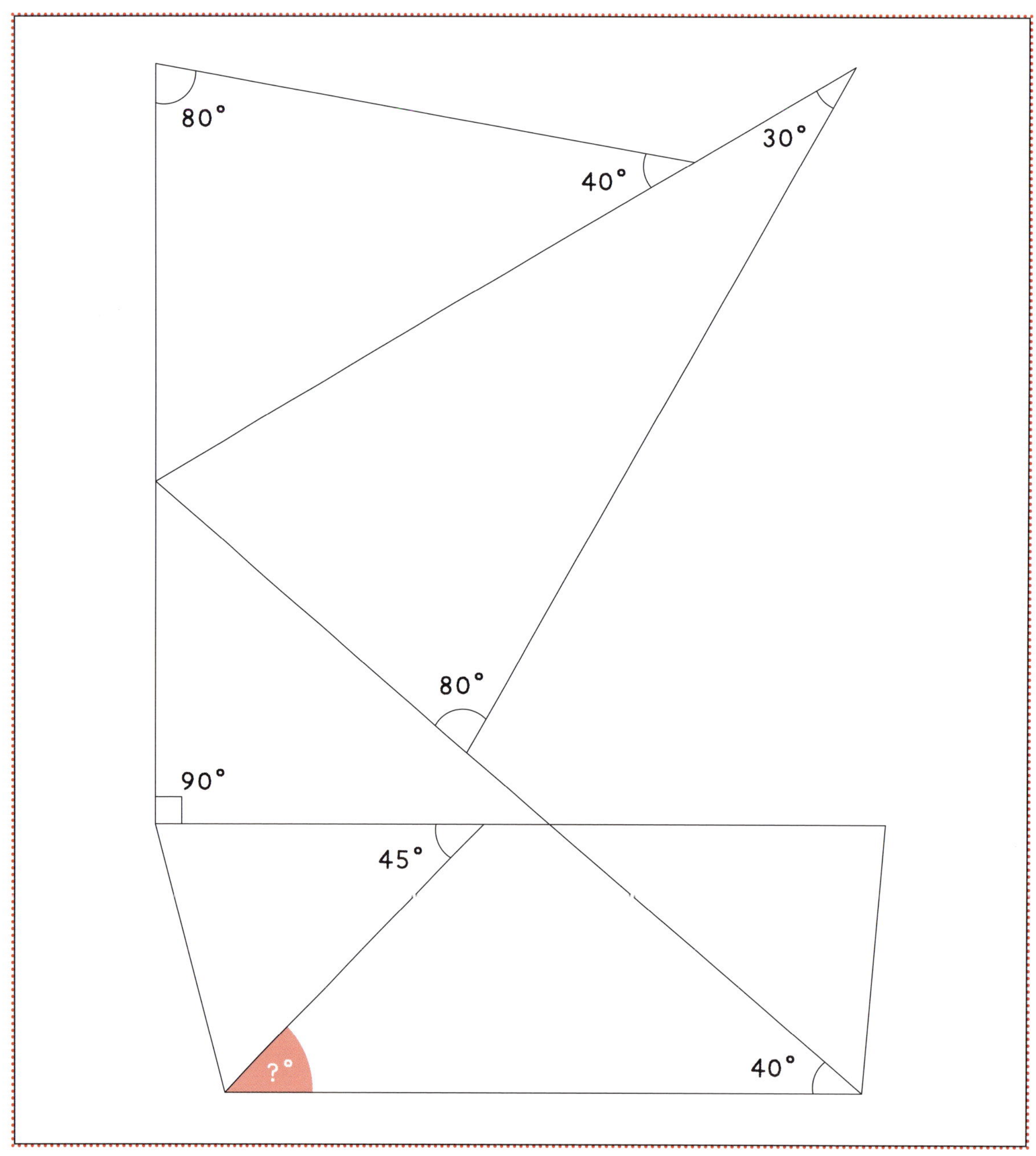

答え

問 17

むずかしさ ★★☆☆☆

実施日　月　日

目標時間 4 分

時間(分) 1 2 3 4 5 6 7 8
エクセレント!! グッド OK!
到達度チェック

目標時間内に、？の面積を求めましょう。

12cm²		18cm²
	?cm²	24cm²
8cm²	16cm²	

答え

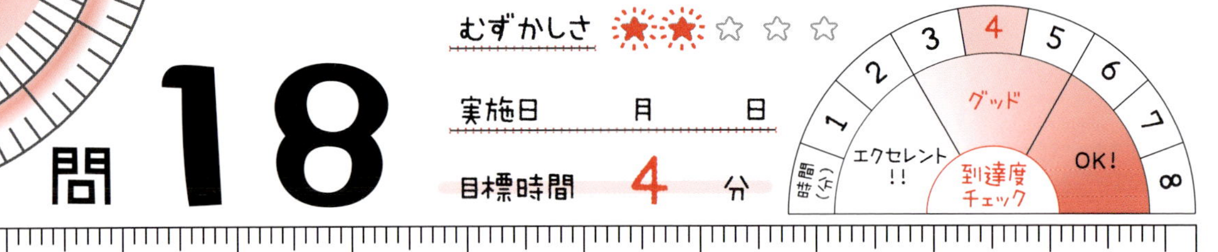

目標時間内に、? の角度を求めましょう。

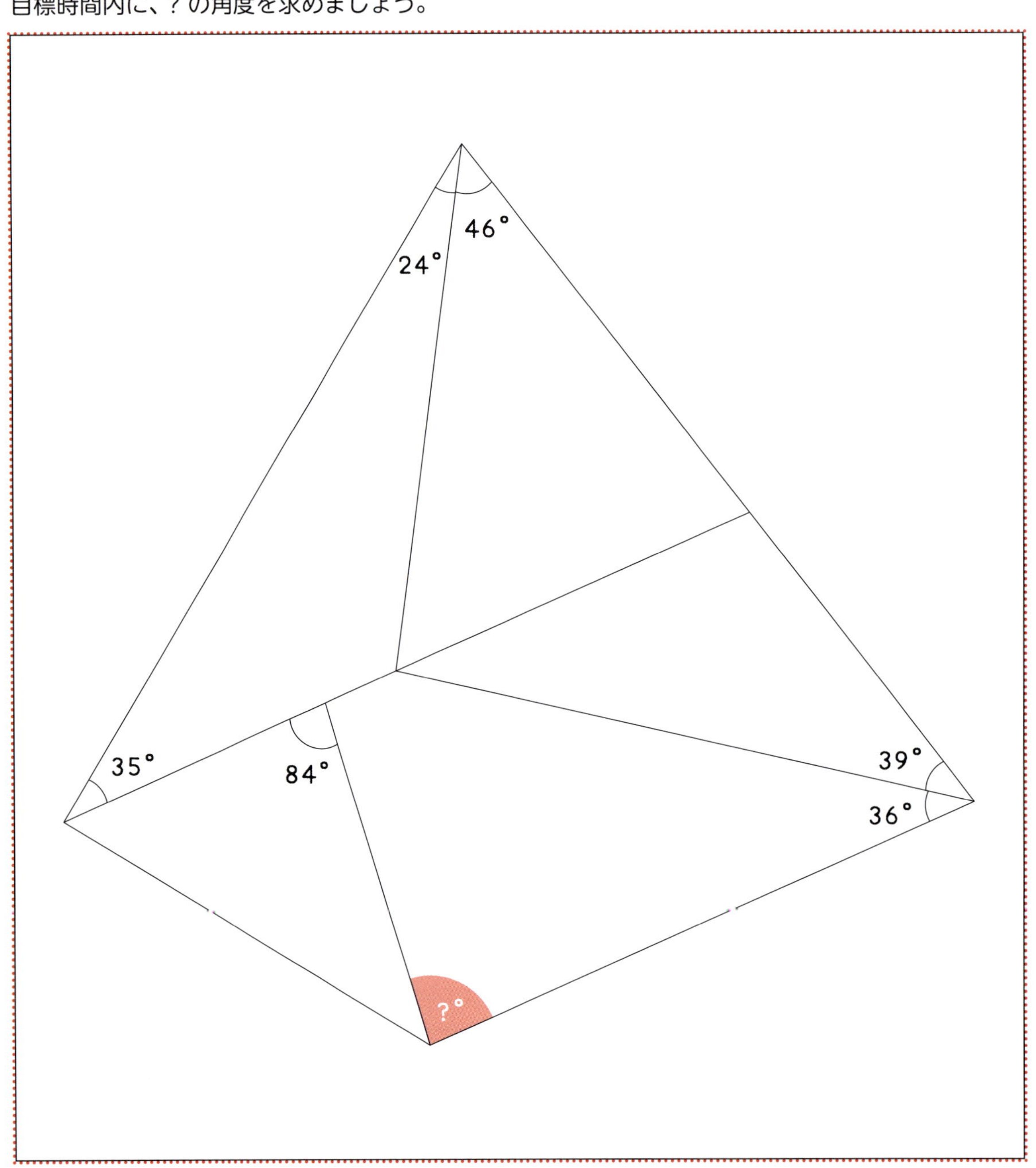

答え

目標時間内に、? の面積を求めましょう。

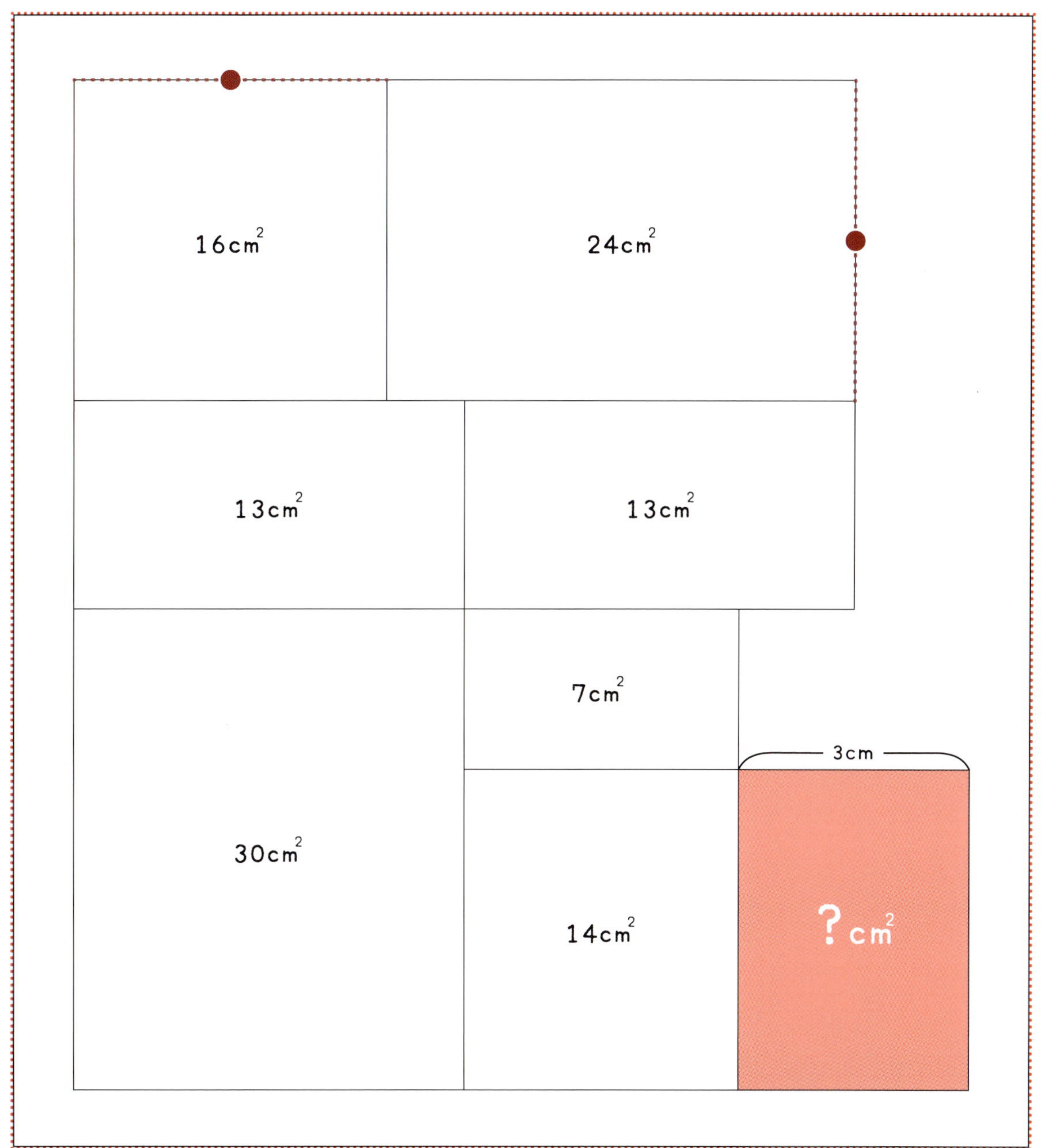

答え

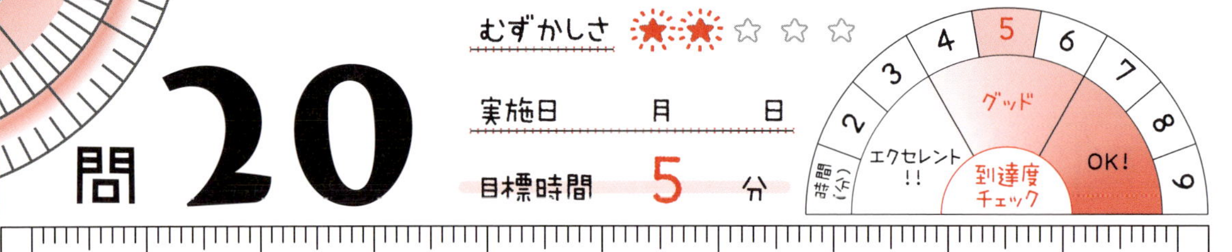

目標時間内に、? の角度を求めましょう。

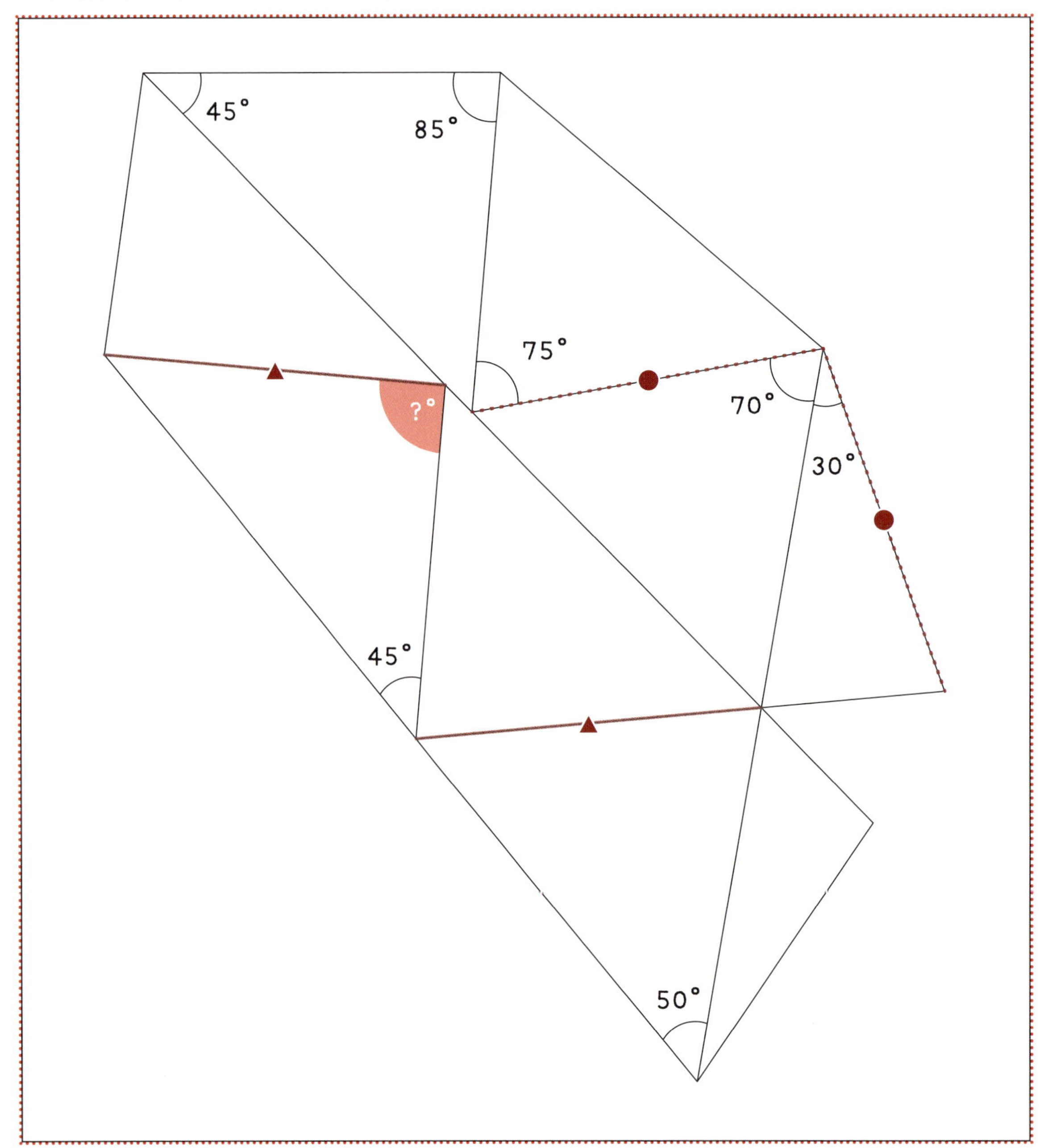

答え

目標時間内に、? の面積を求めましょう。

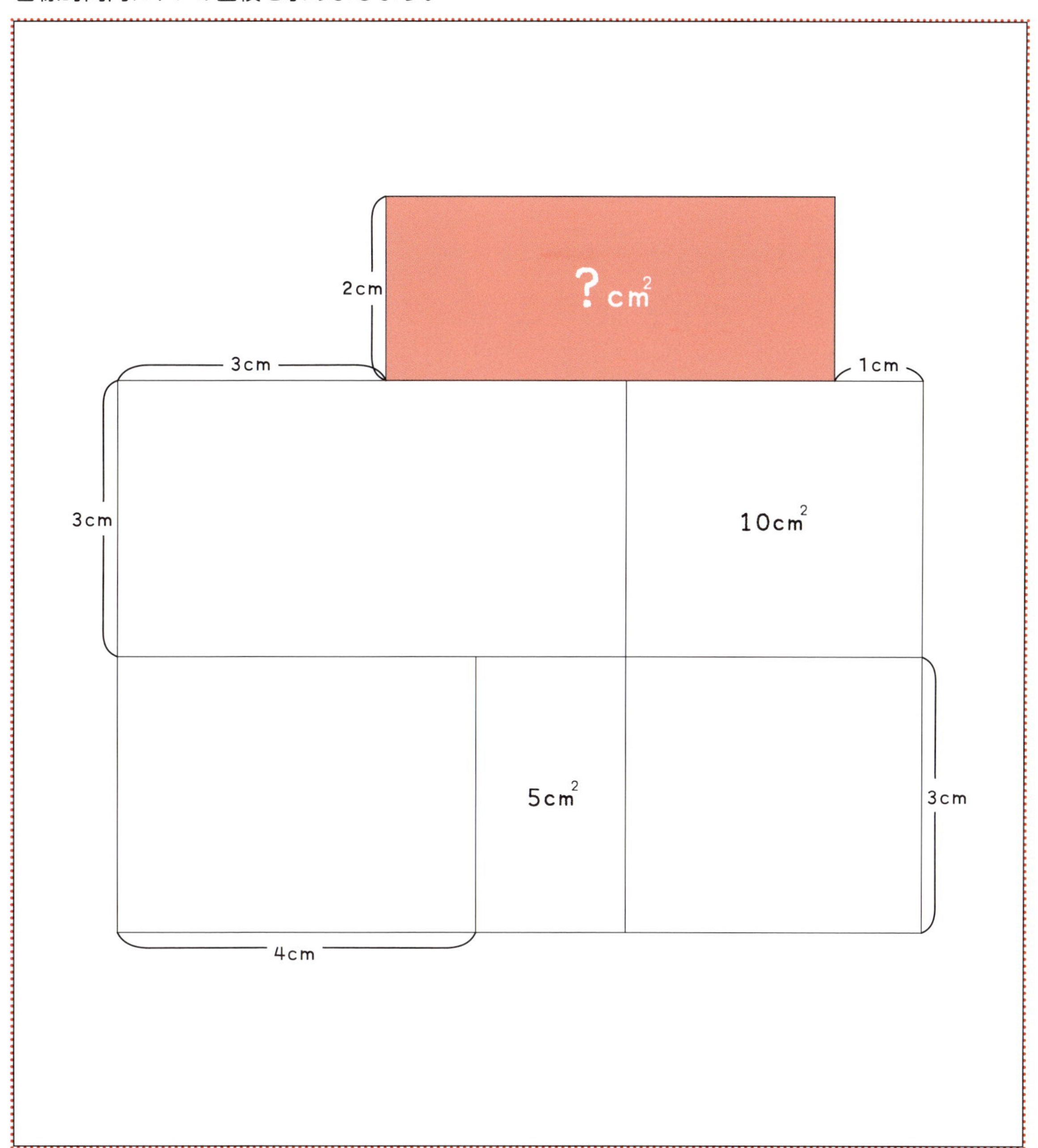

答え

目標時間内に、? の角度を求めましょう。

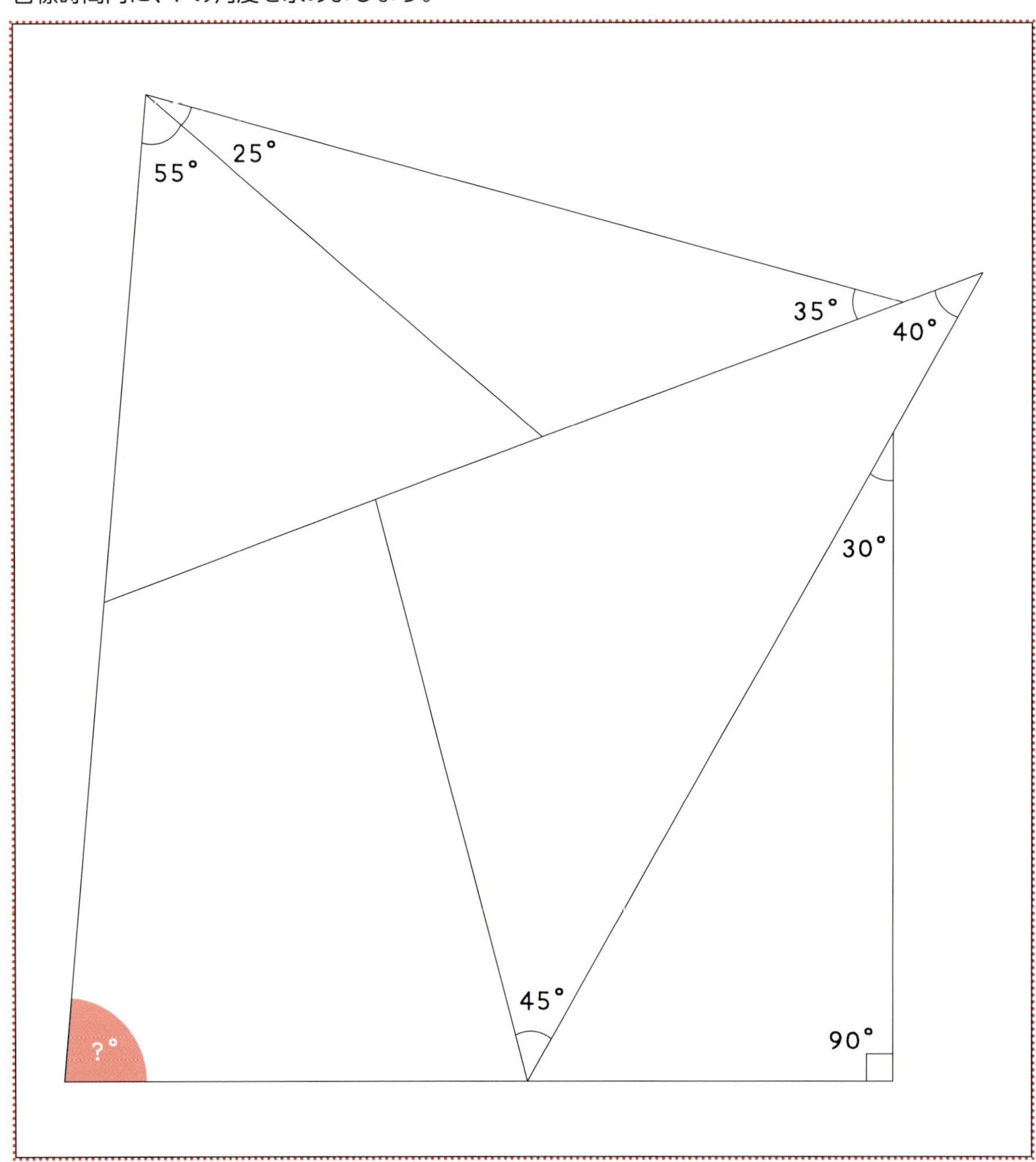

答え

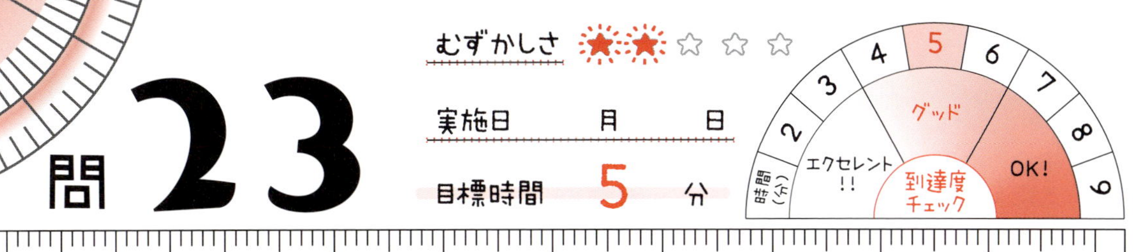

目標時間内に、? の面積を求めましょう。

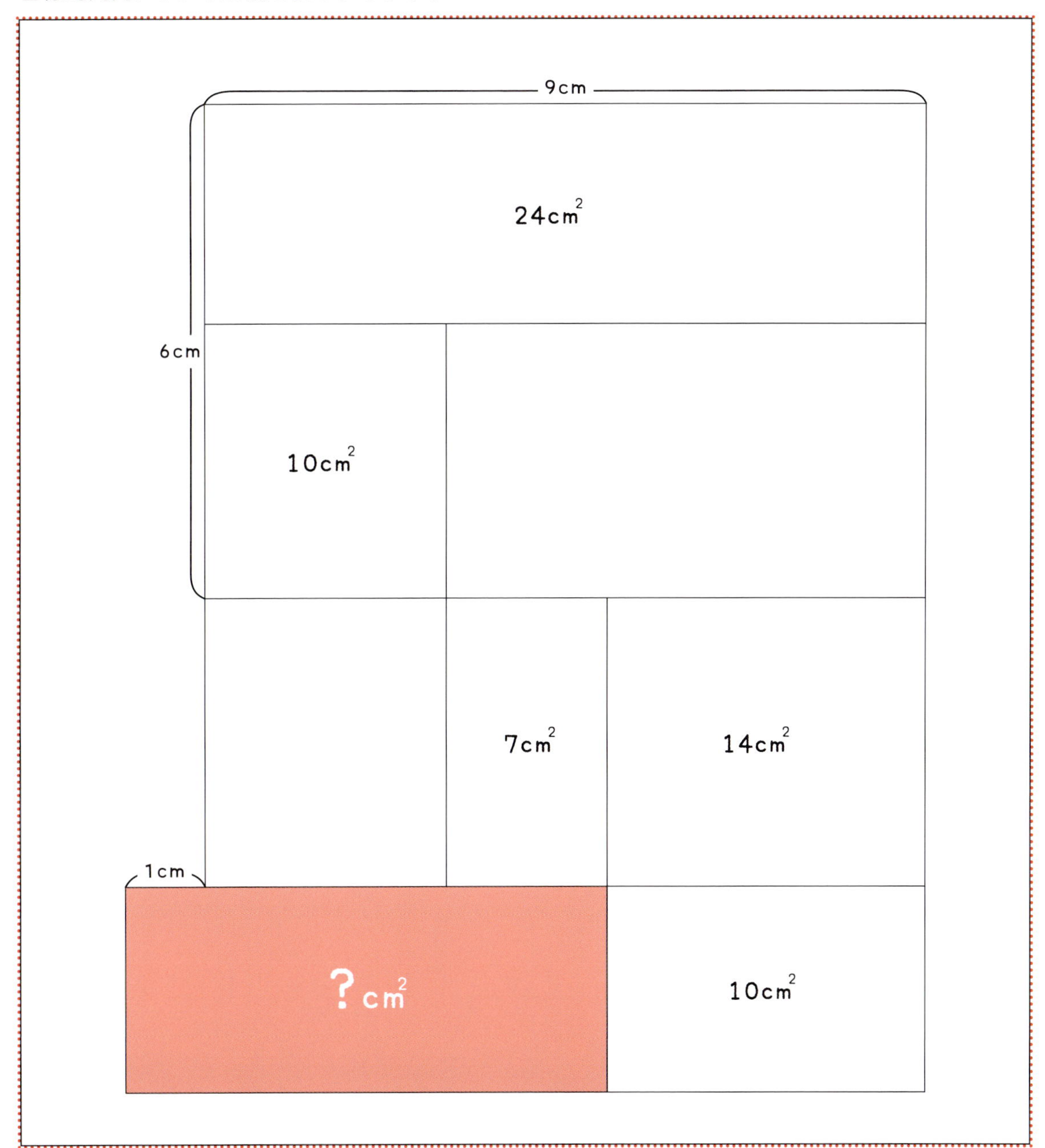

答え

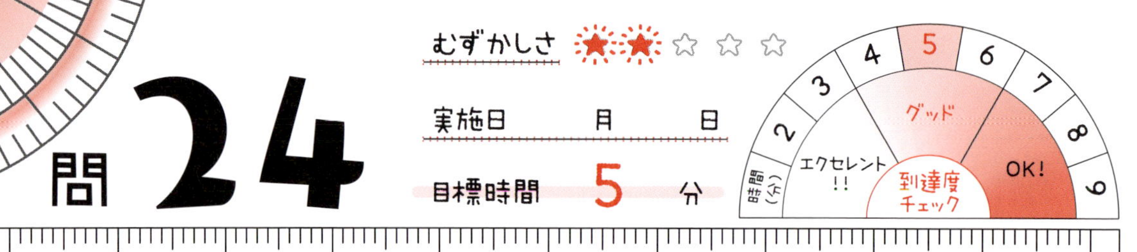

目標時間内に、? の角度を求めましょう。

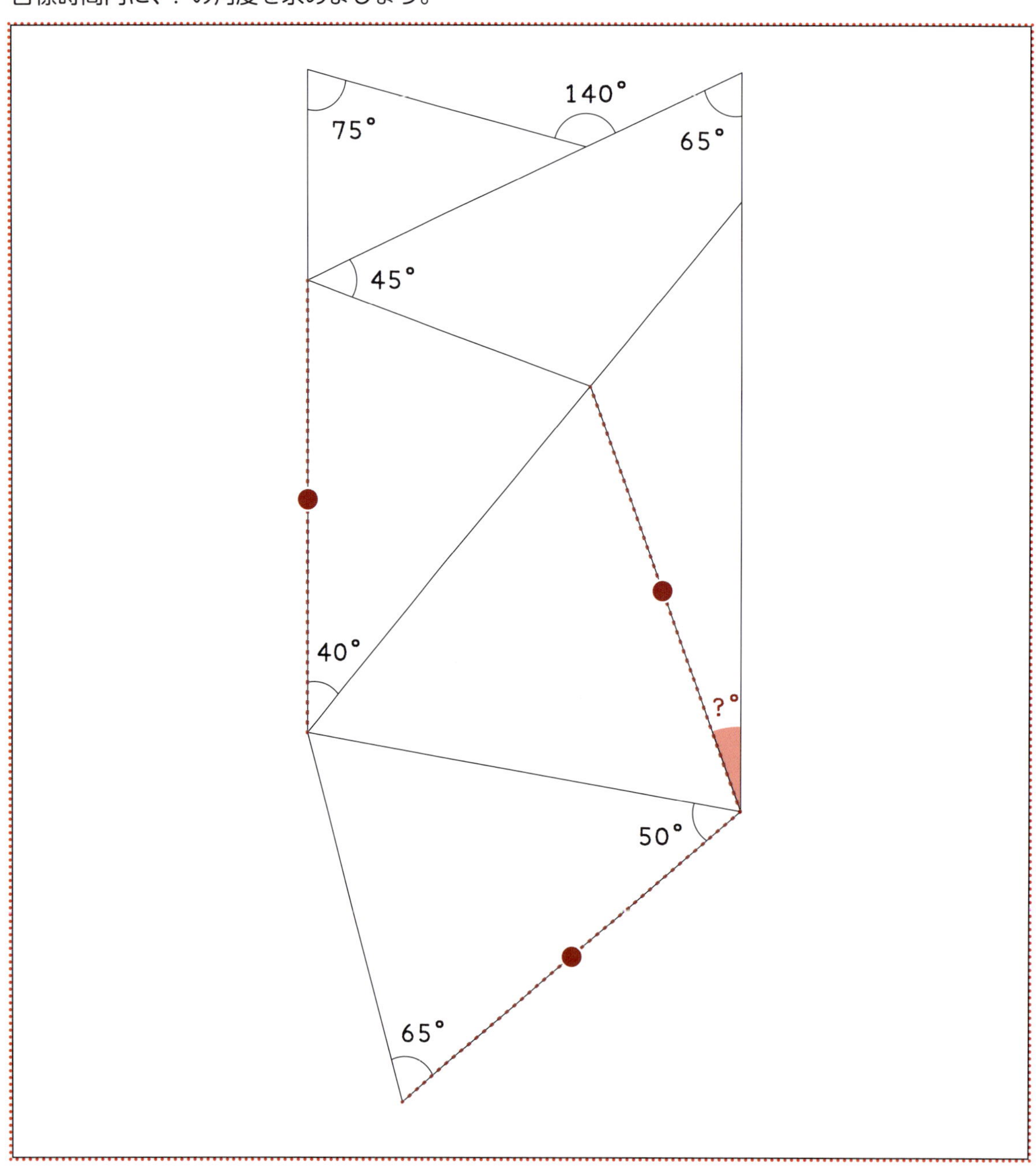

答え

目標時間内に、? の面積を求めましょう。

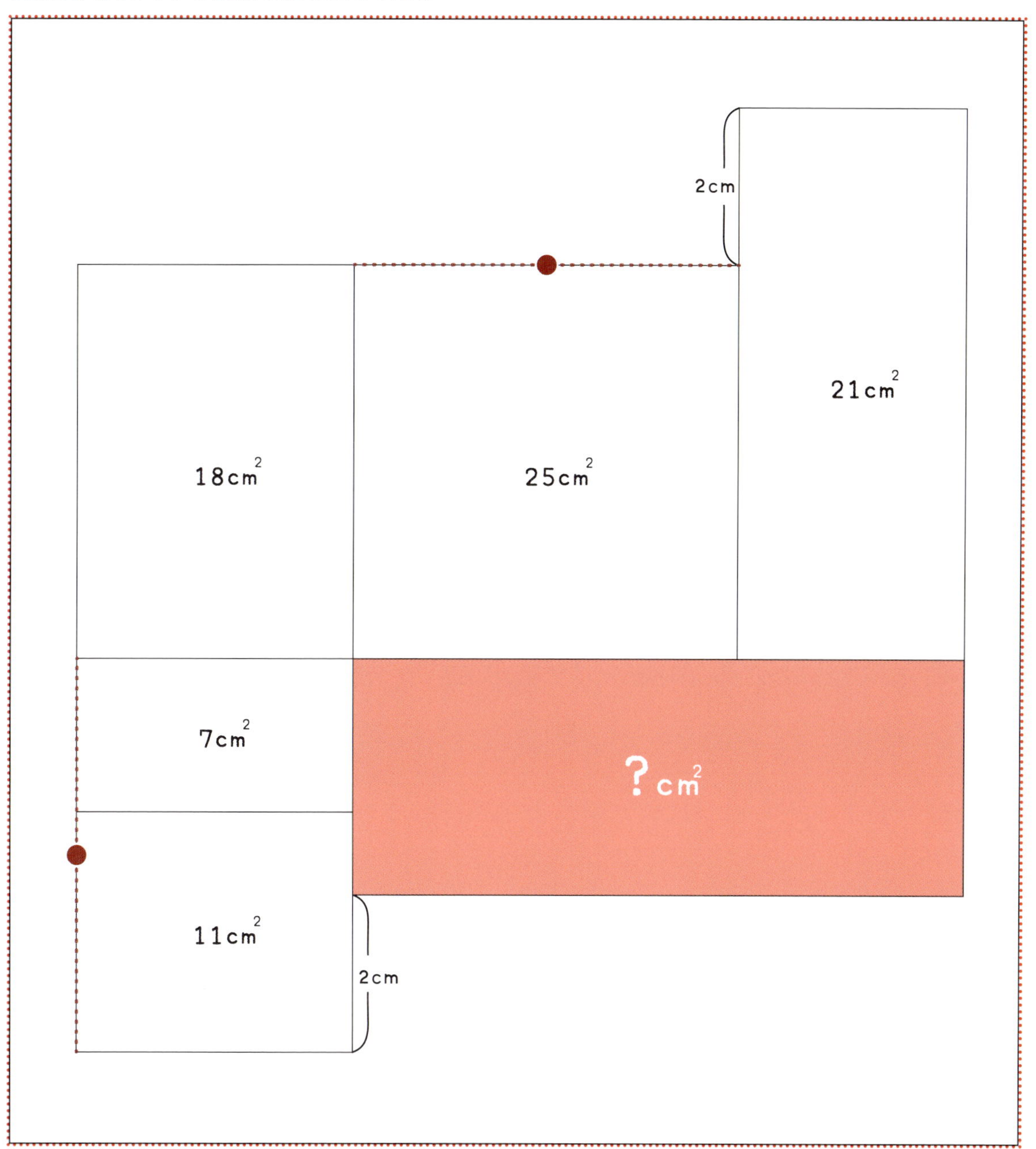

答え

目標時間内に、? の角度を求めましょう。

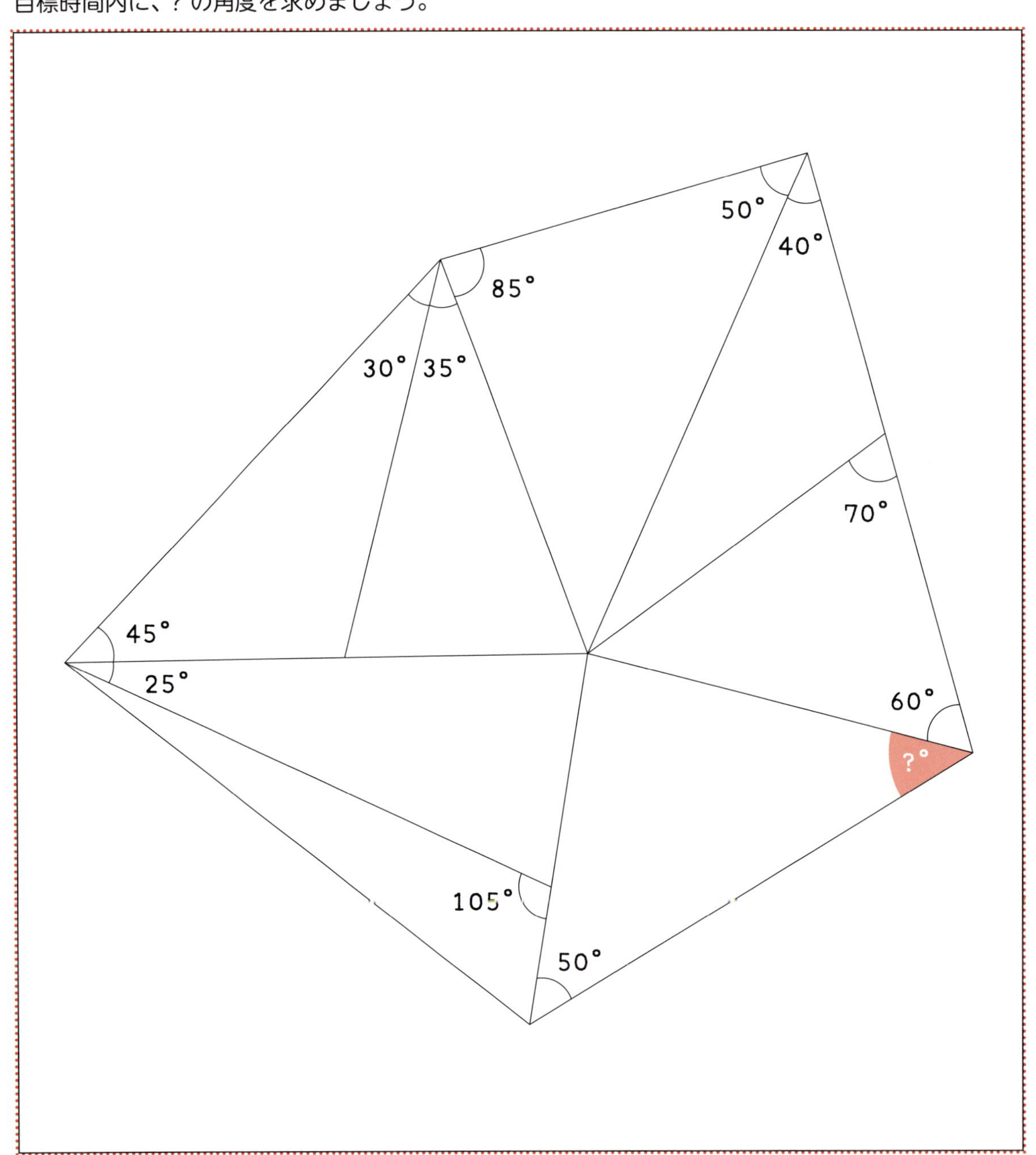

答え

問27

むずかしさ ★★☆☆☆

実施日　　月　　日

目標時間 5 分

到達度チェック
時間(分) 2 3 4 5 6 7 8 9
エクセレント!! グッド OK!

目標時間内に、？の面積を求めましょう。

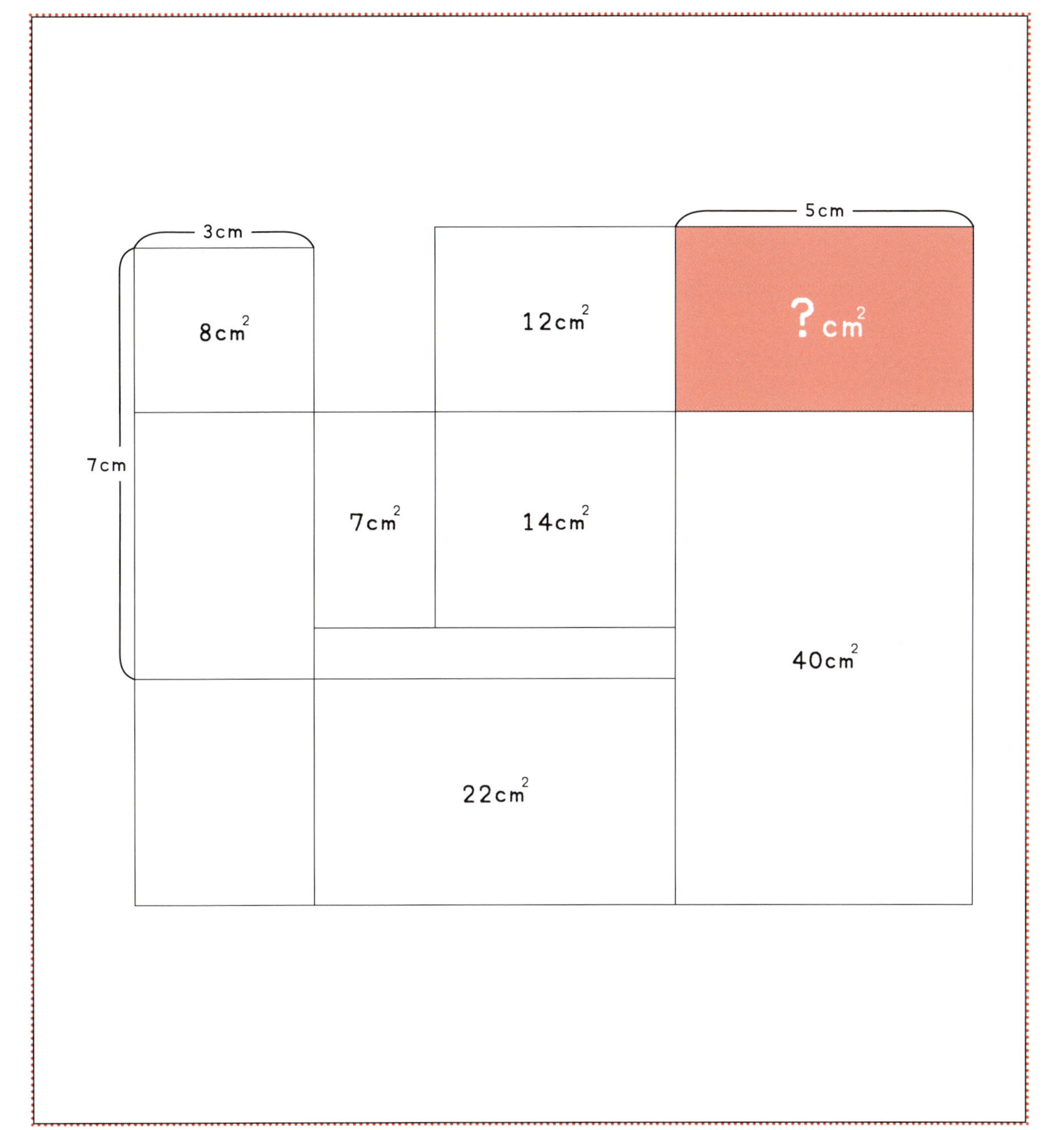

答え

問28

目標時間内に、? の角度を求めましょう。

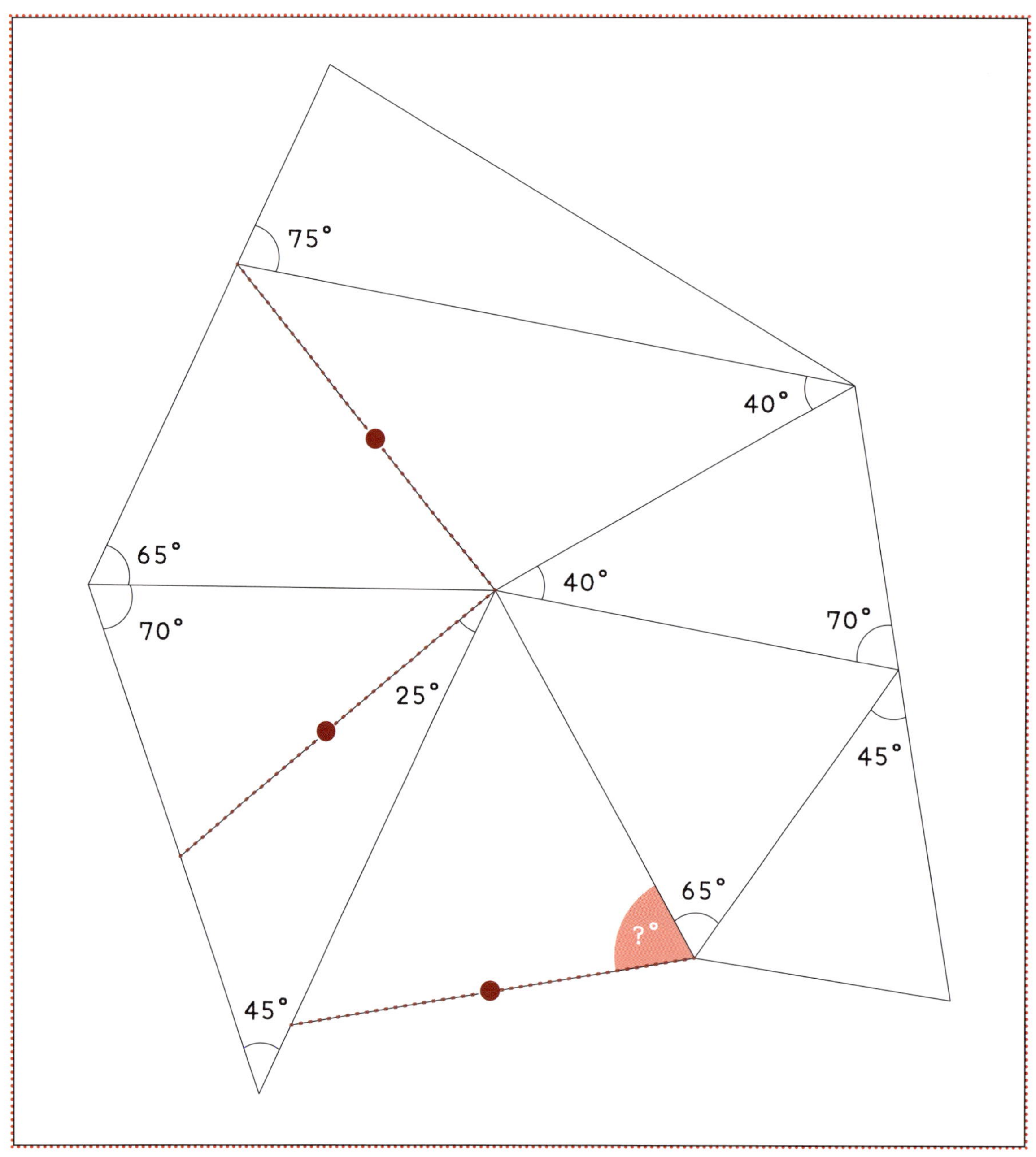

答え

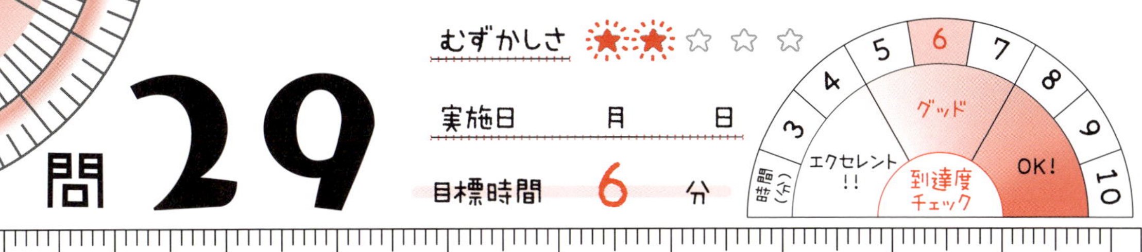

目標時間内に、? の面積を求めましょう。

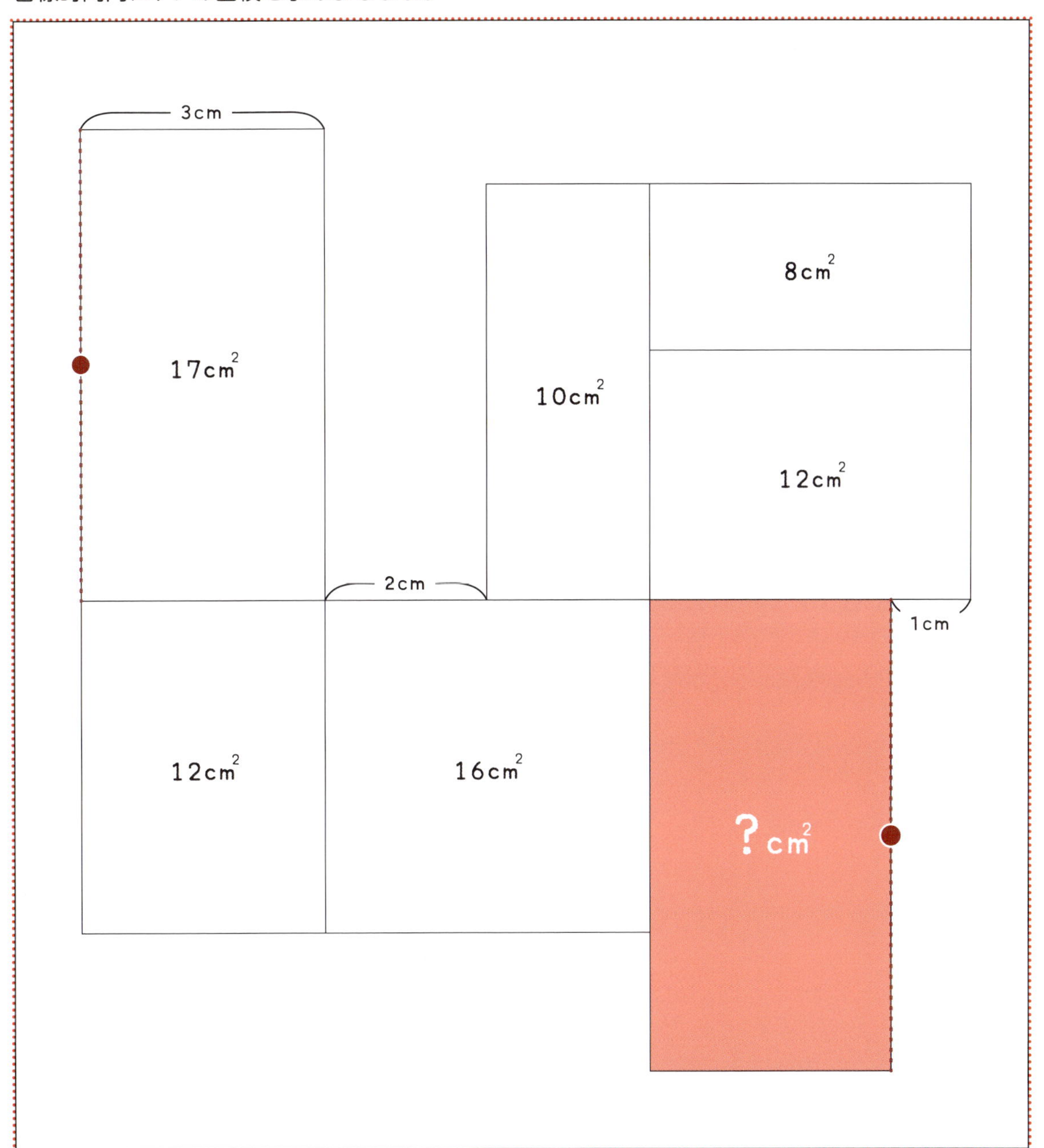

答え

問30

目標時間内に、？の角度を求めましょう。

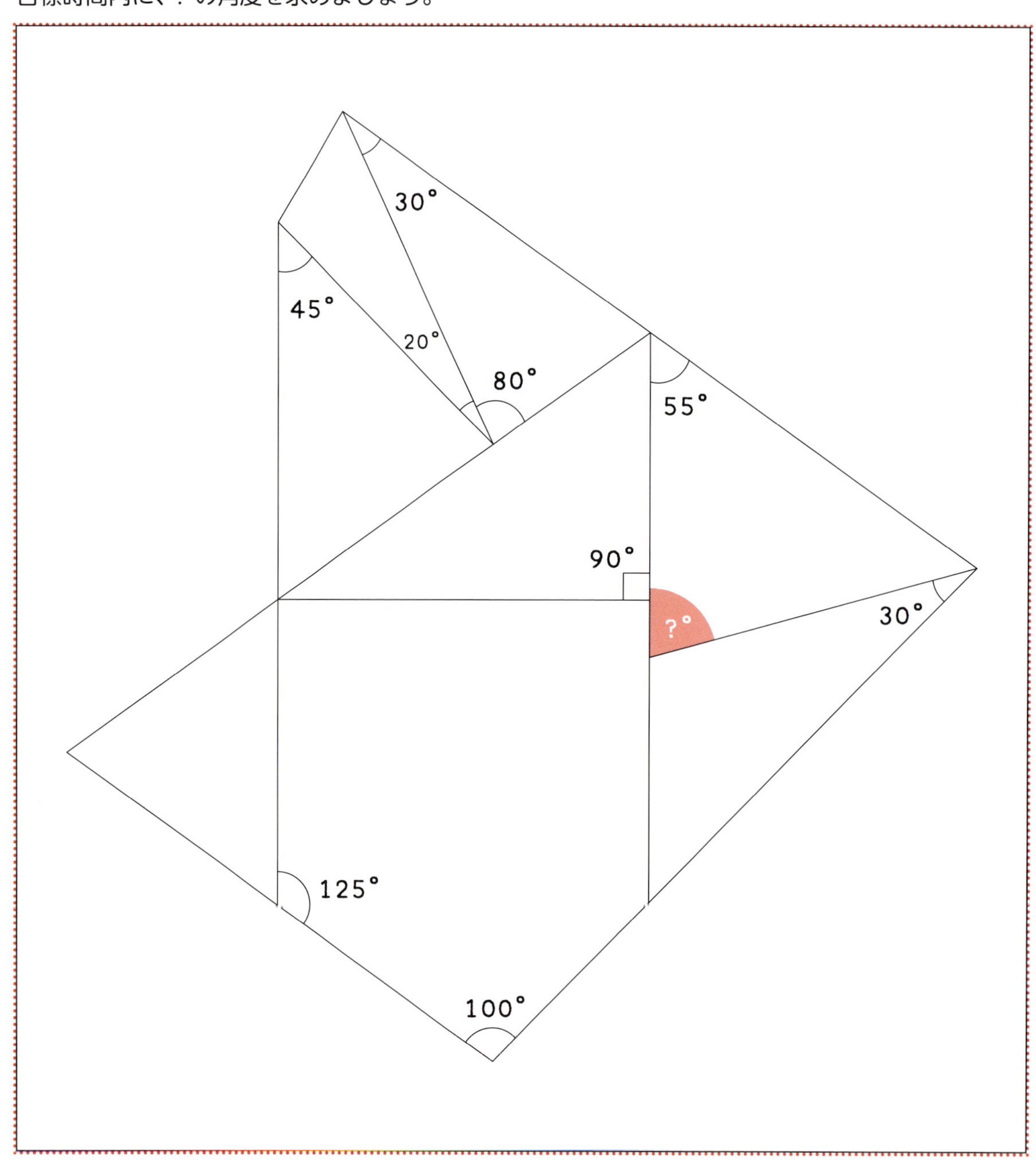

答え

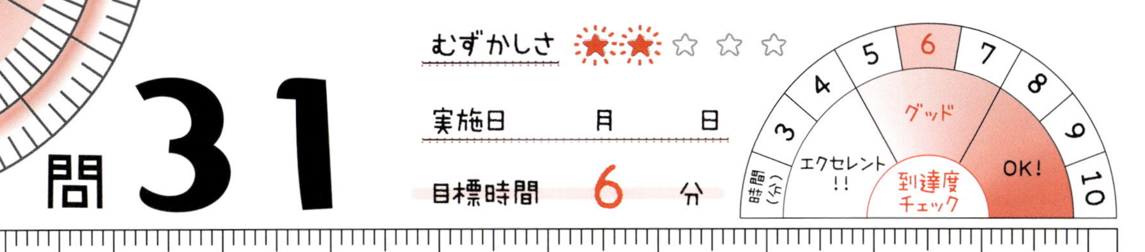

目標時間内に、？の面積を求めましょう。

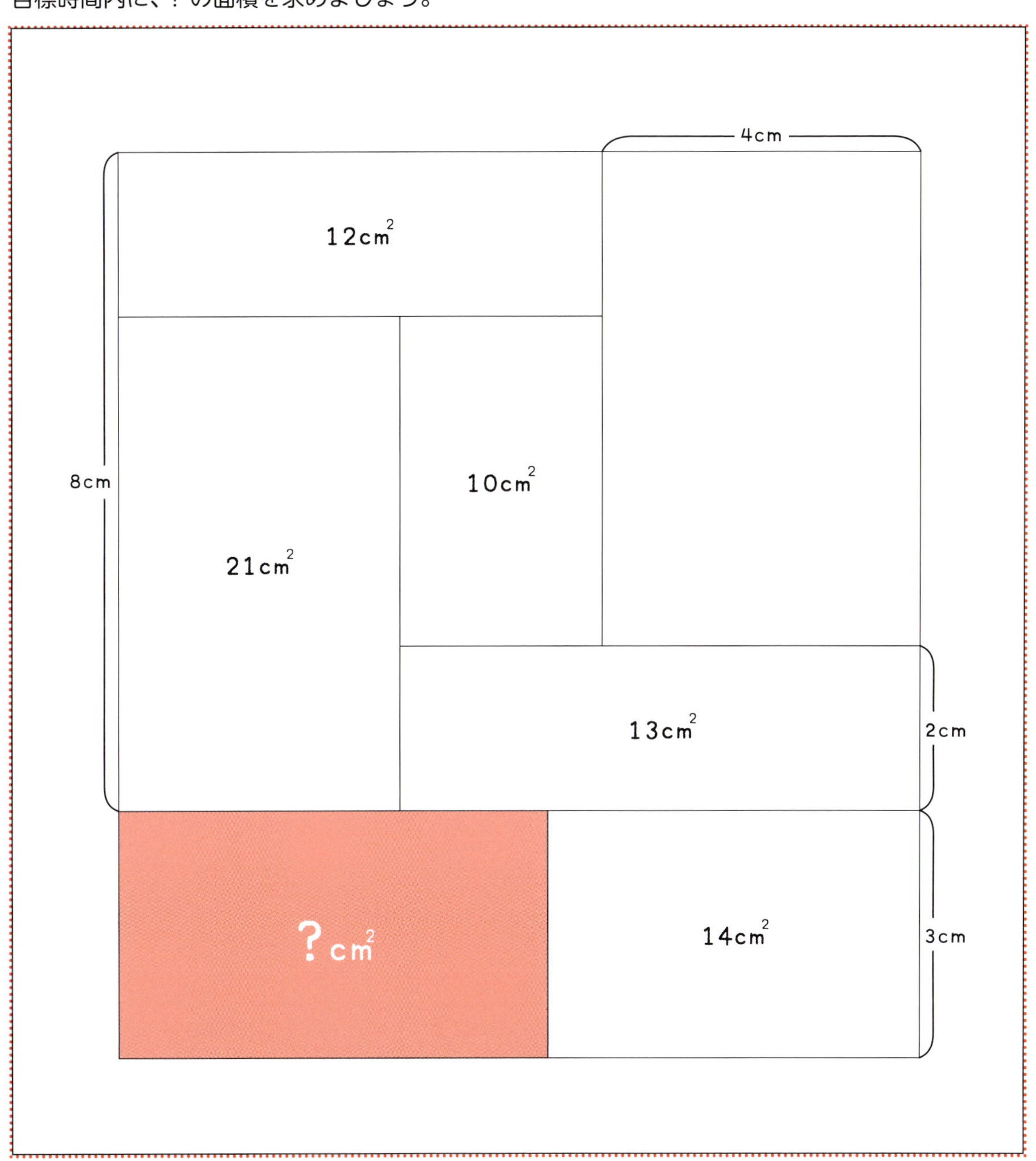

答え

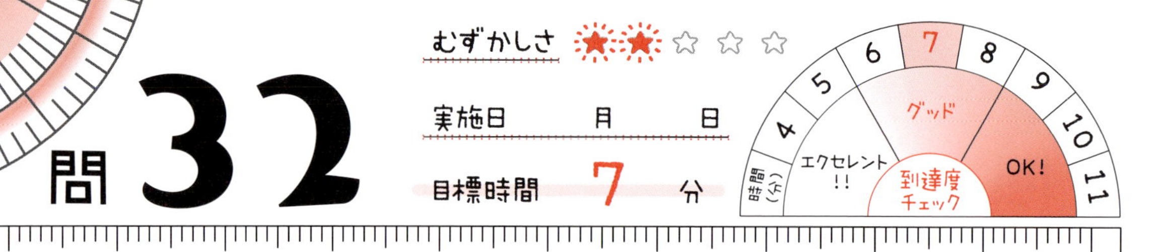

目標時間内に、? の角度を求めましょう。

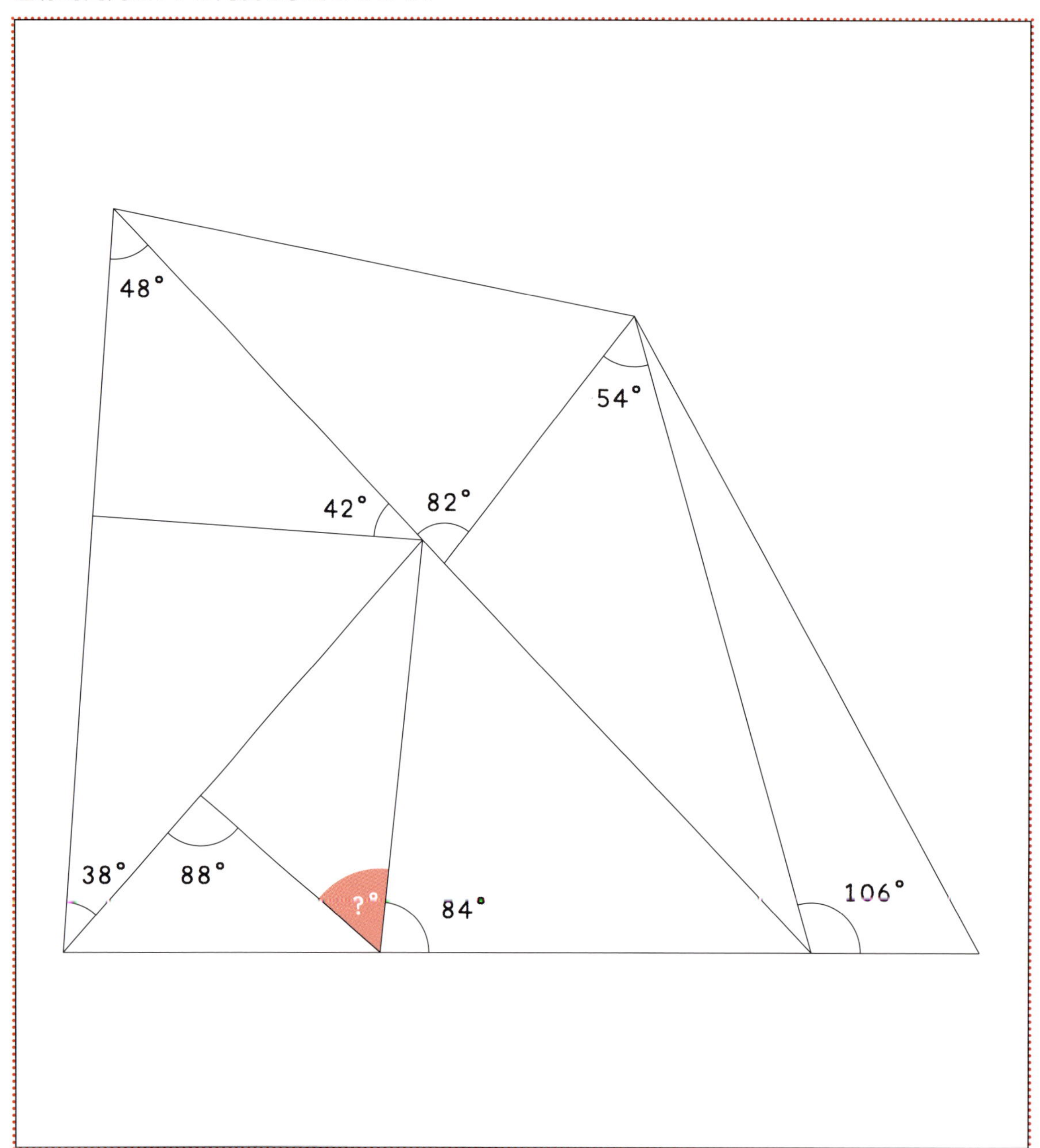

答え

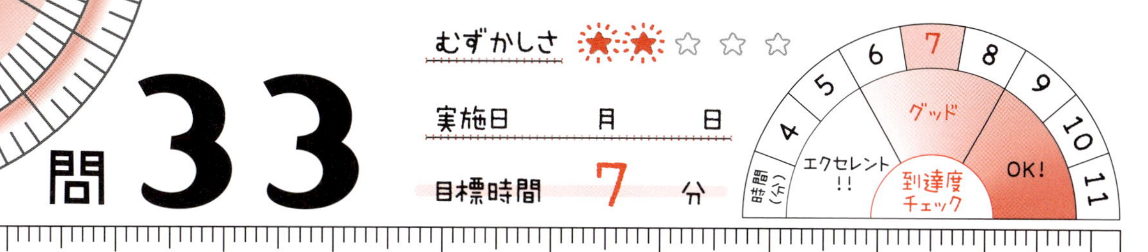

目標時間内に、? の面積を求めましょう。

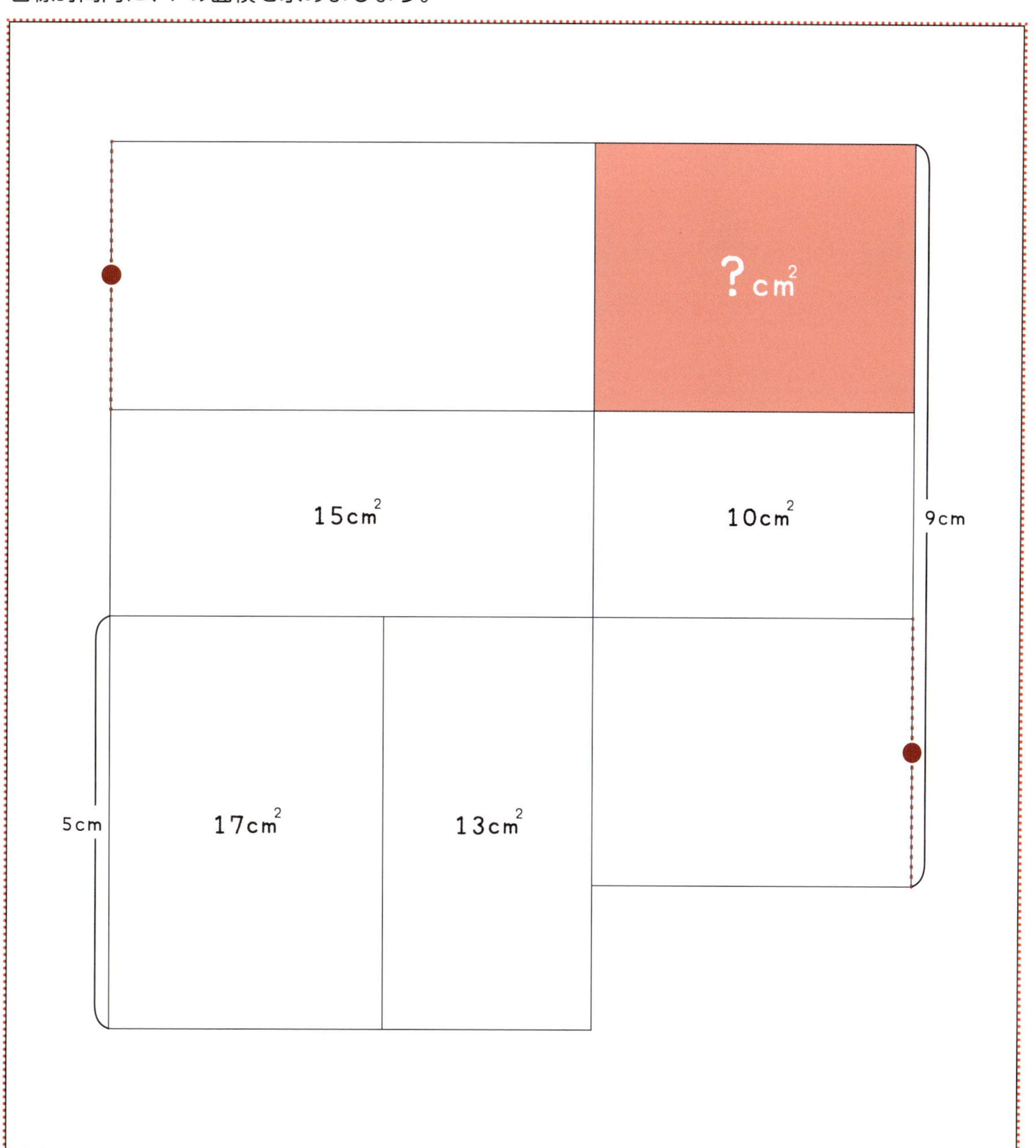

答え

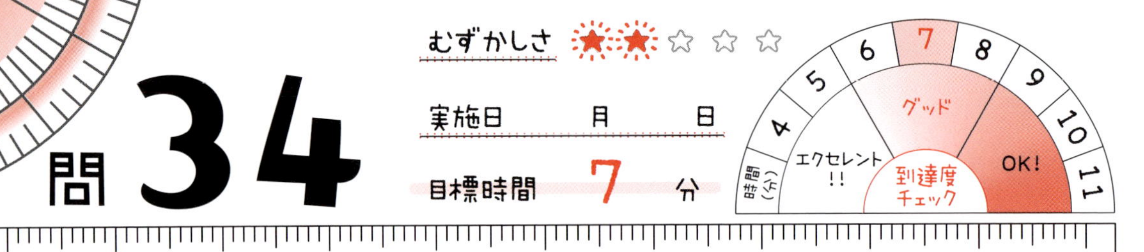

目標時間内に、？の角度を求めましょう。

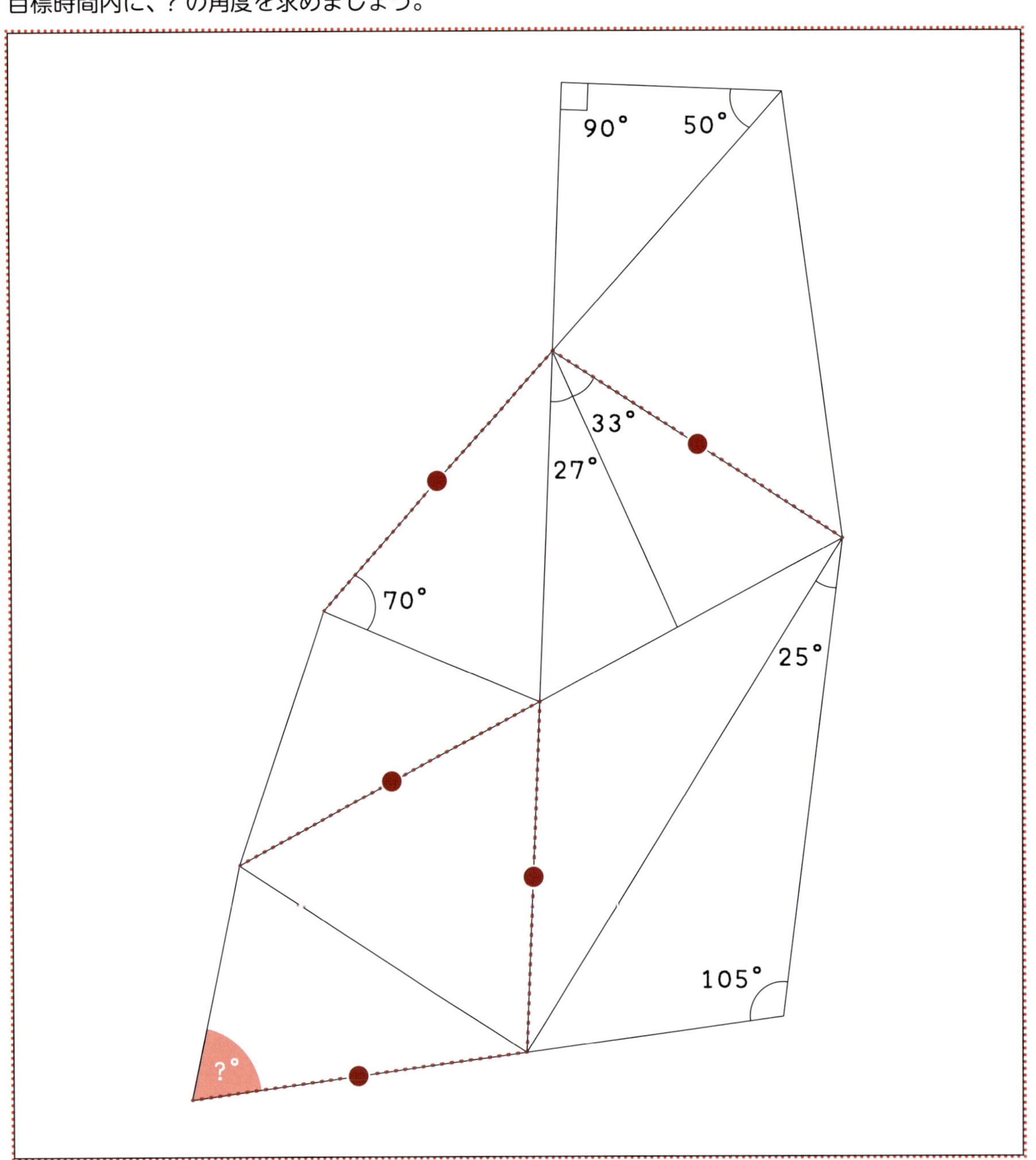

答え

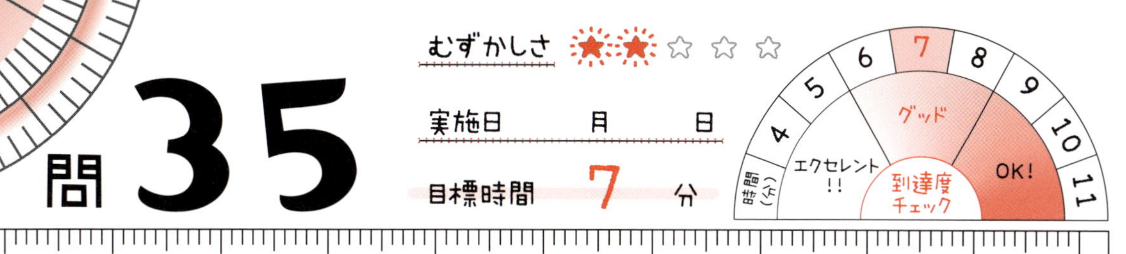

目標時間内に、？の面積を求めましょう。

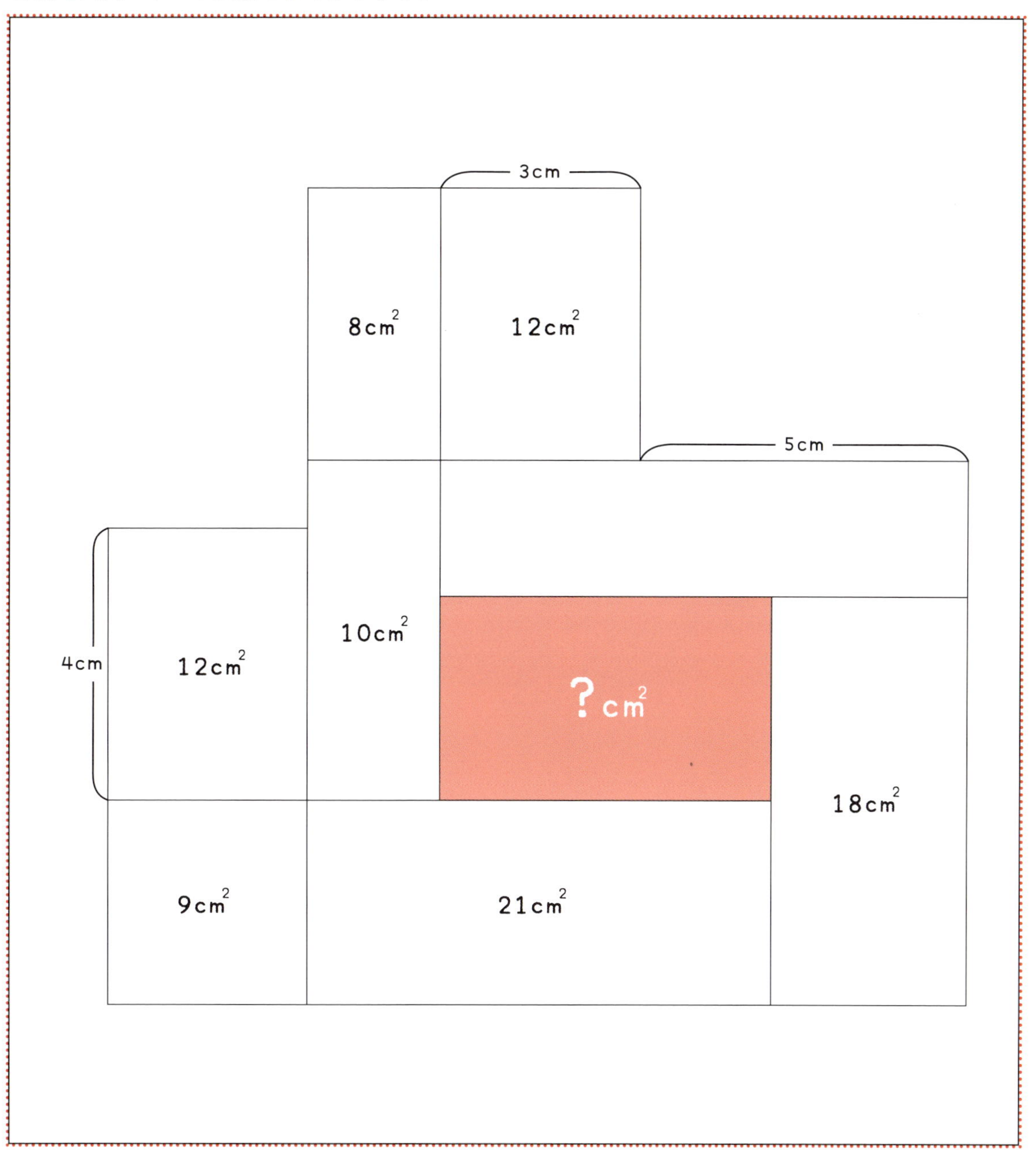

答え

むずかしさ ★★☆☆☆

問 36

実施日　　月　　日

目標時間 7 分

時間(分) 4 5 6 7 8 9 10 11
エクセレント!! グッド OK!
到達度チェック

目標時間内に、? の角度を求めましょう。

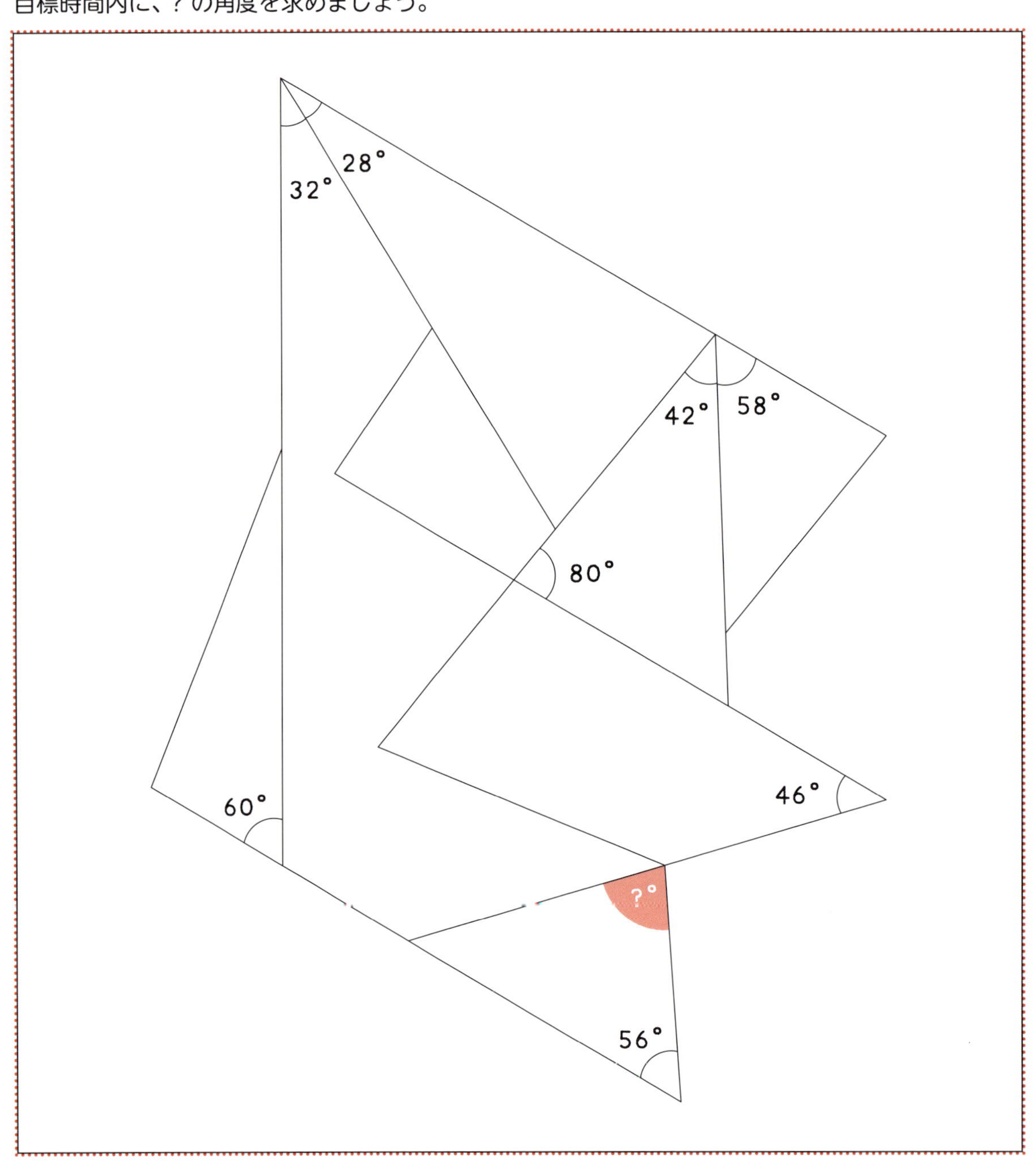

答え

問37

むずかしさ ★★☆☆☆

実施日　　月　　日

目標時間 7 分

時間（分） 4 5 6 7 8 9 10 11
エクセレント!! グッド OK! 到達度チェック

目標時間内に、? の面積を求めましょう。

6cm²
21cm²
9cm²
6cm²
9cm²
18cm²
15cm²
7cm²
10cm²
14cm²
? cm²

答え

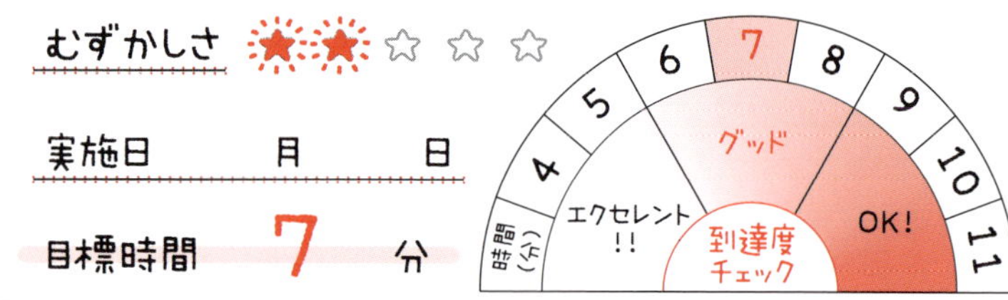

目標時間内に、? の角度を求めましょう。

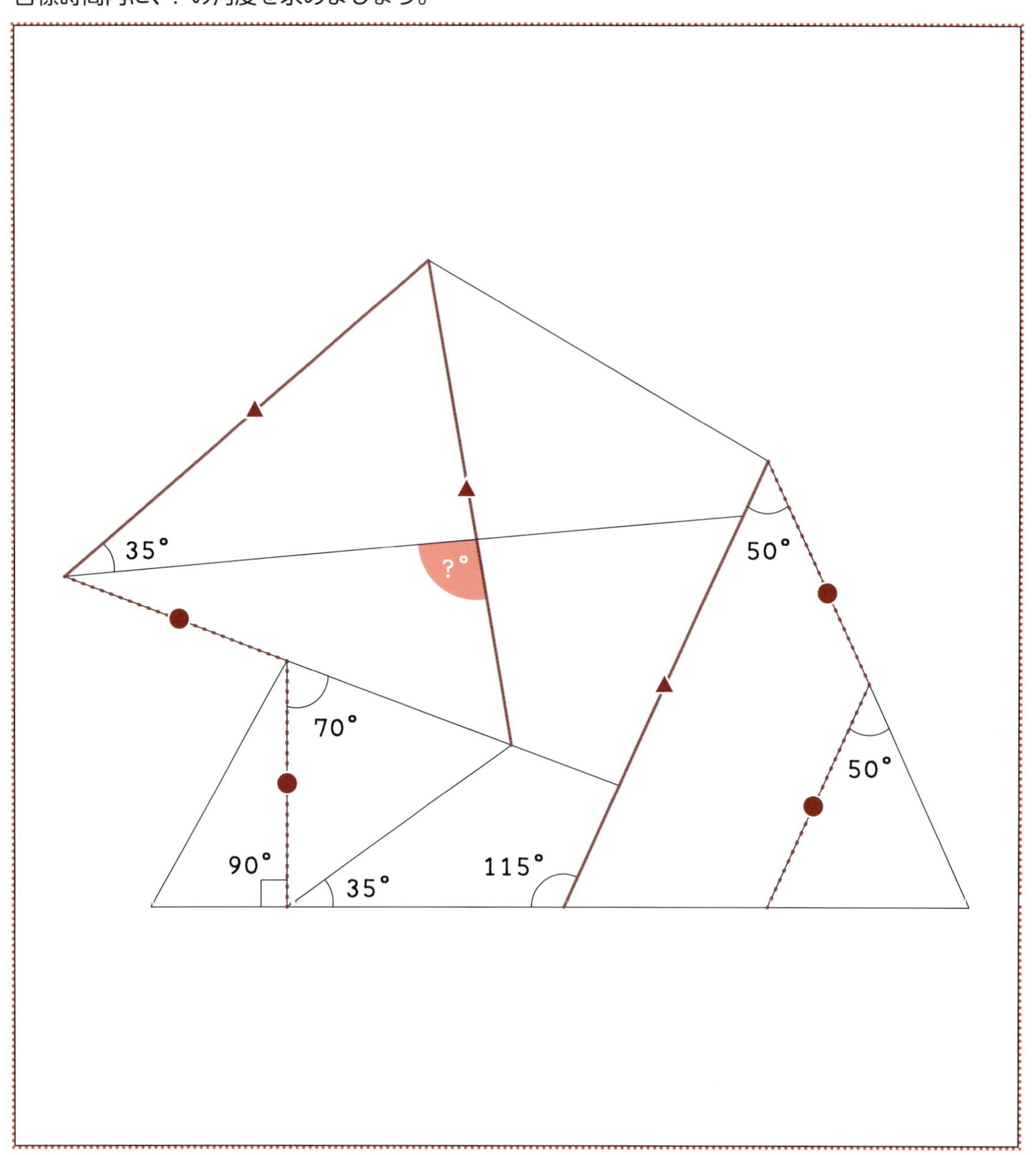

答え

むずかしさ ★★★☆☆

実施日　　月　　日

目標時間 7 分

時間(分) 4 5 6 7 8 9 10 11

エクセレント!! グッド OK! 到達度チェック

目標時間内に、? の面積を求めましょう。

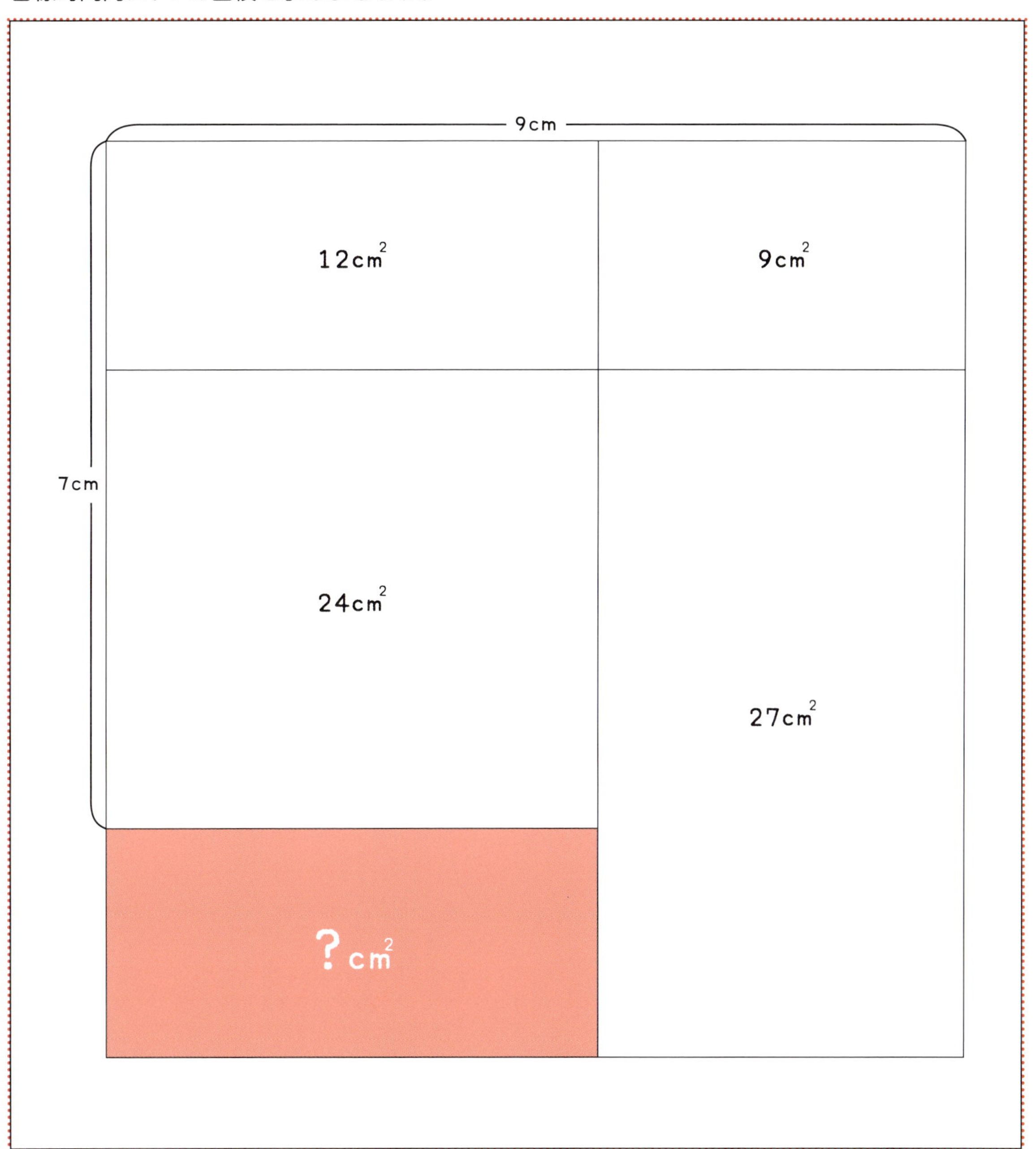

答え

目標時間内に、？の角度を求めましょう。

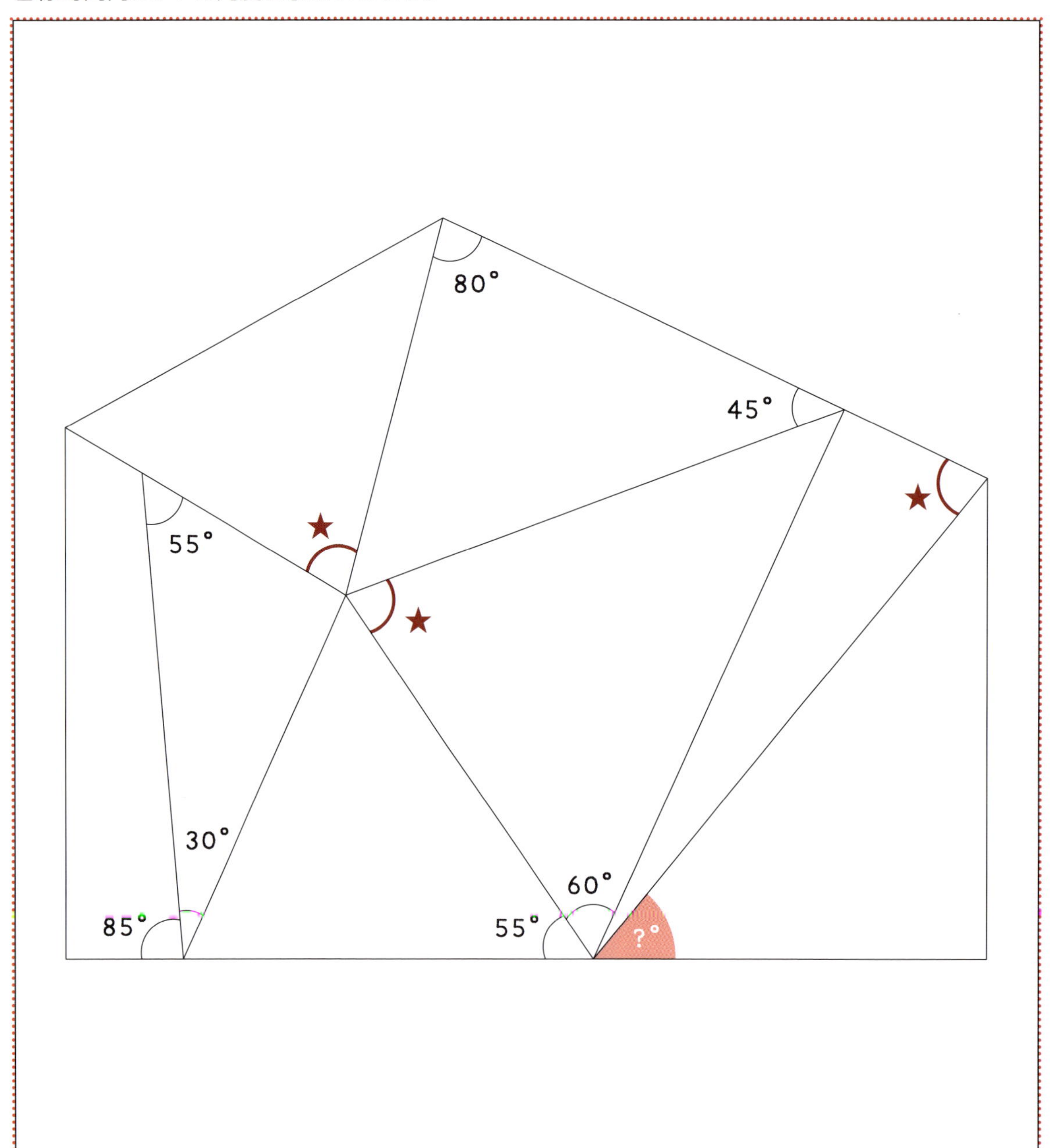

答え

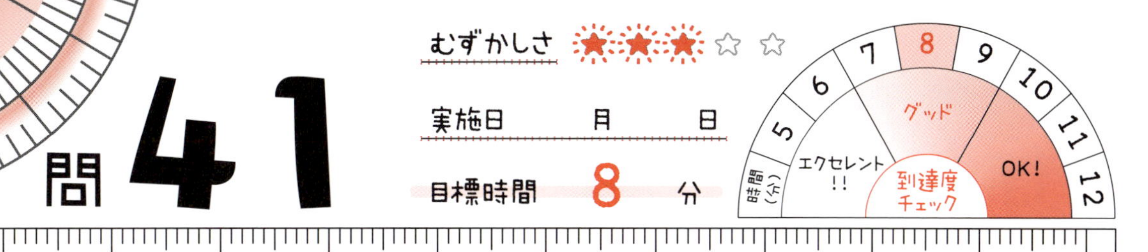

目標時間内に、? の面積を求めましょう。

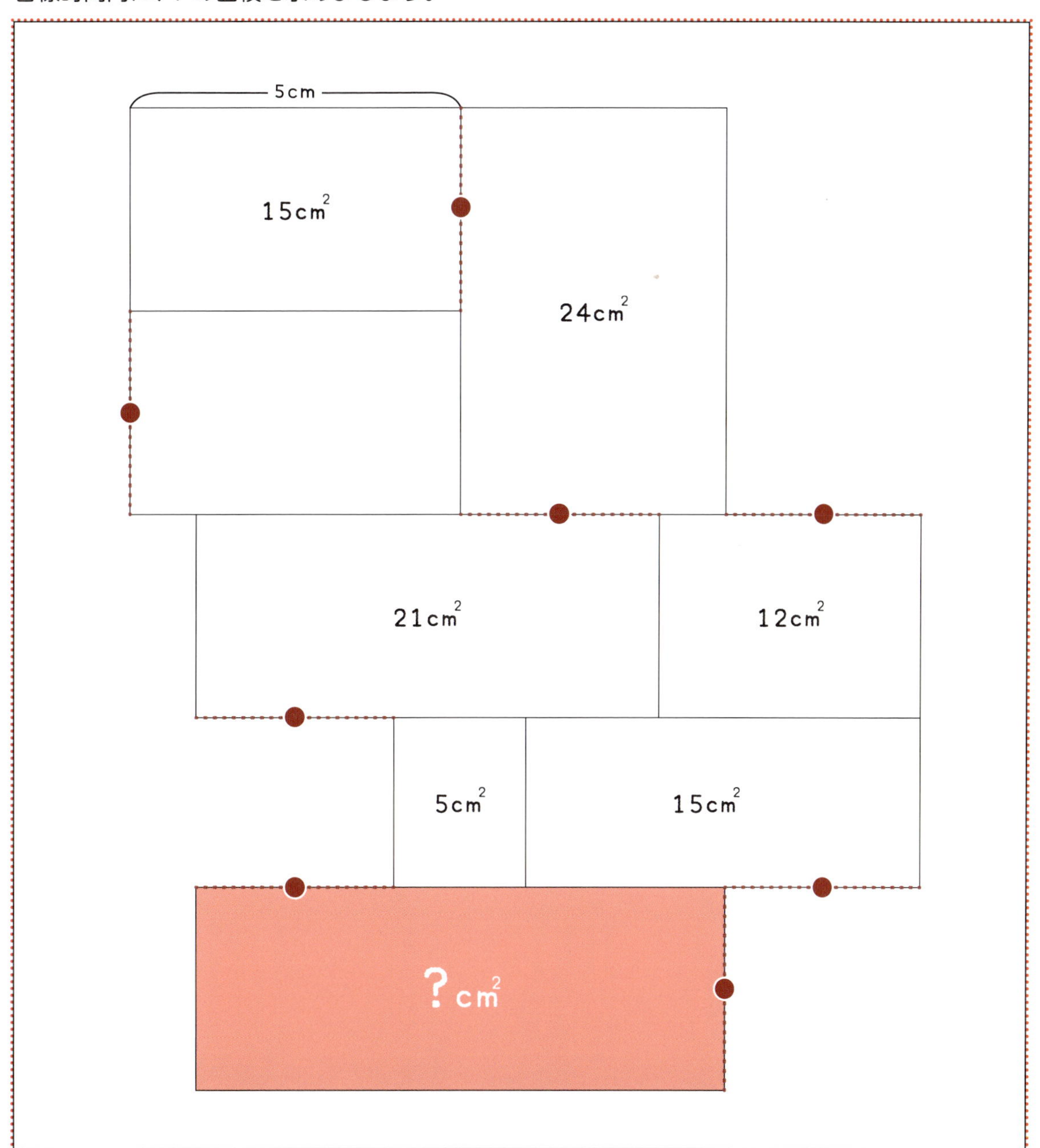

答え

問42

むずかしさ ★★★☆☆

実施日　　月　　日

目標時間 8 分

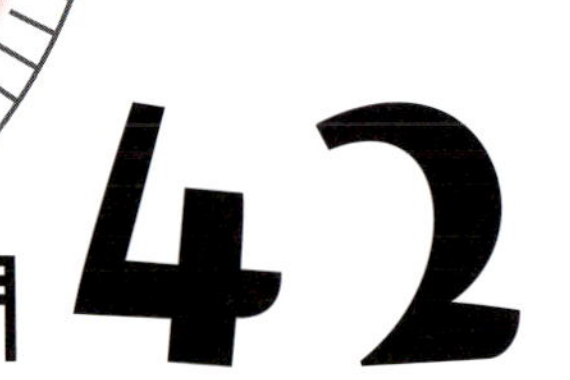

時間（分） 5 6 7 8 9 10 11 12
エクセレント!! グッド OK!
到達度チェック

目標時間内に、? の角度を求めましょう。

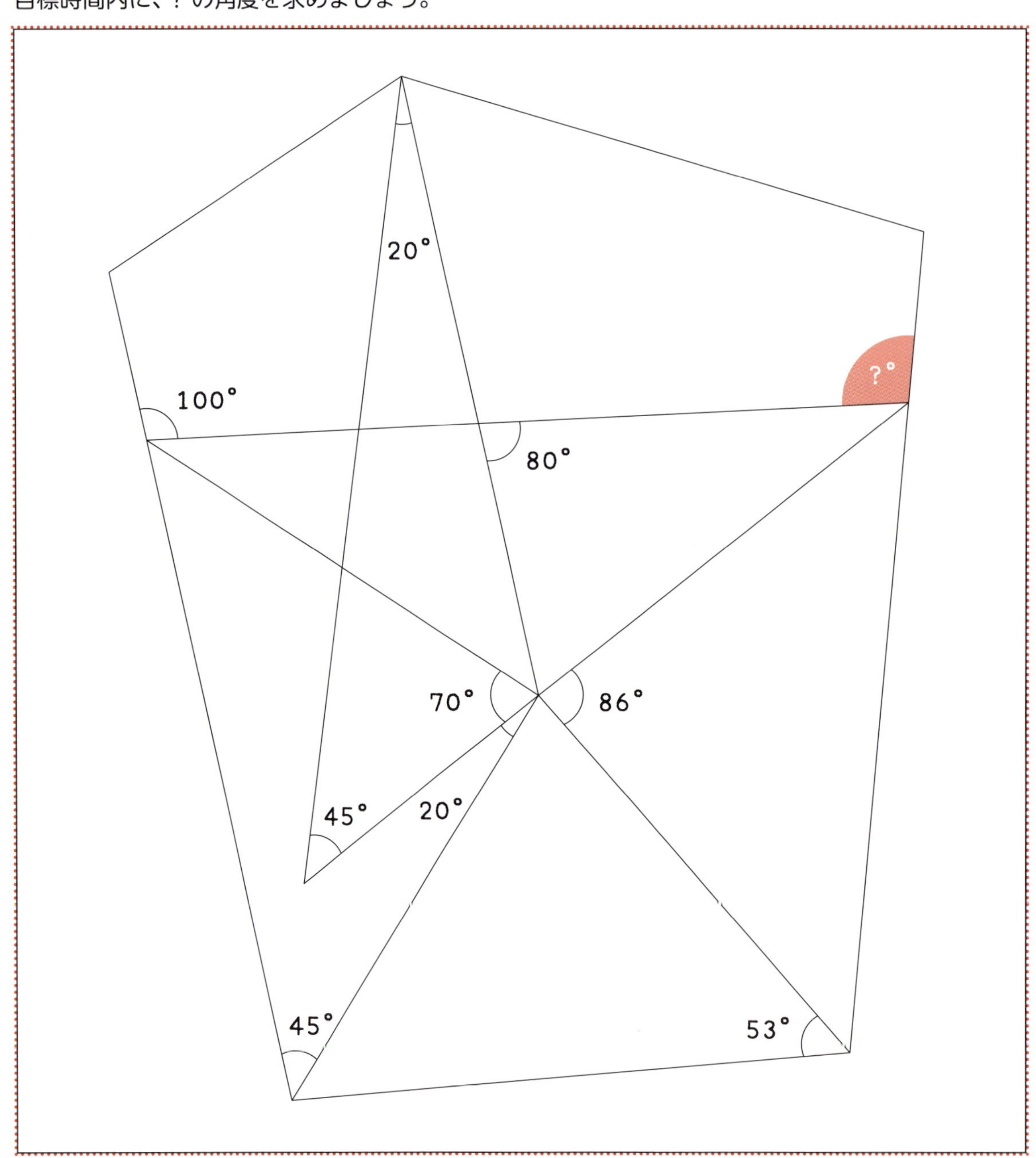

答え

問43

むずかしさ ★★★☆☆

実施日　　月　　日

目標時間 8 分

到達度チェック　時間（分）5 6 7 8 9 10 11 12　エクセレント!!　グッド　OK!

目標時間内に、? の面積を求めましょう。

13cm²　26cm²

25cm²　15cm²

15cm²　?cm²

19cm²

答え

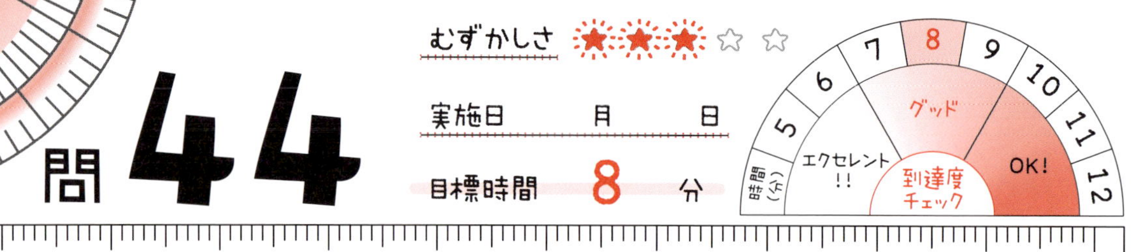

目標時間内に、？の角度を求めましょう。

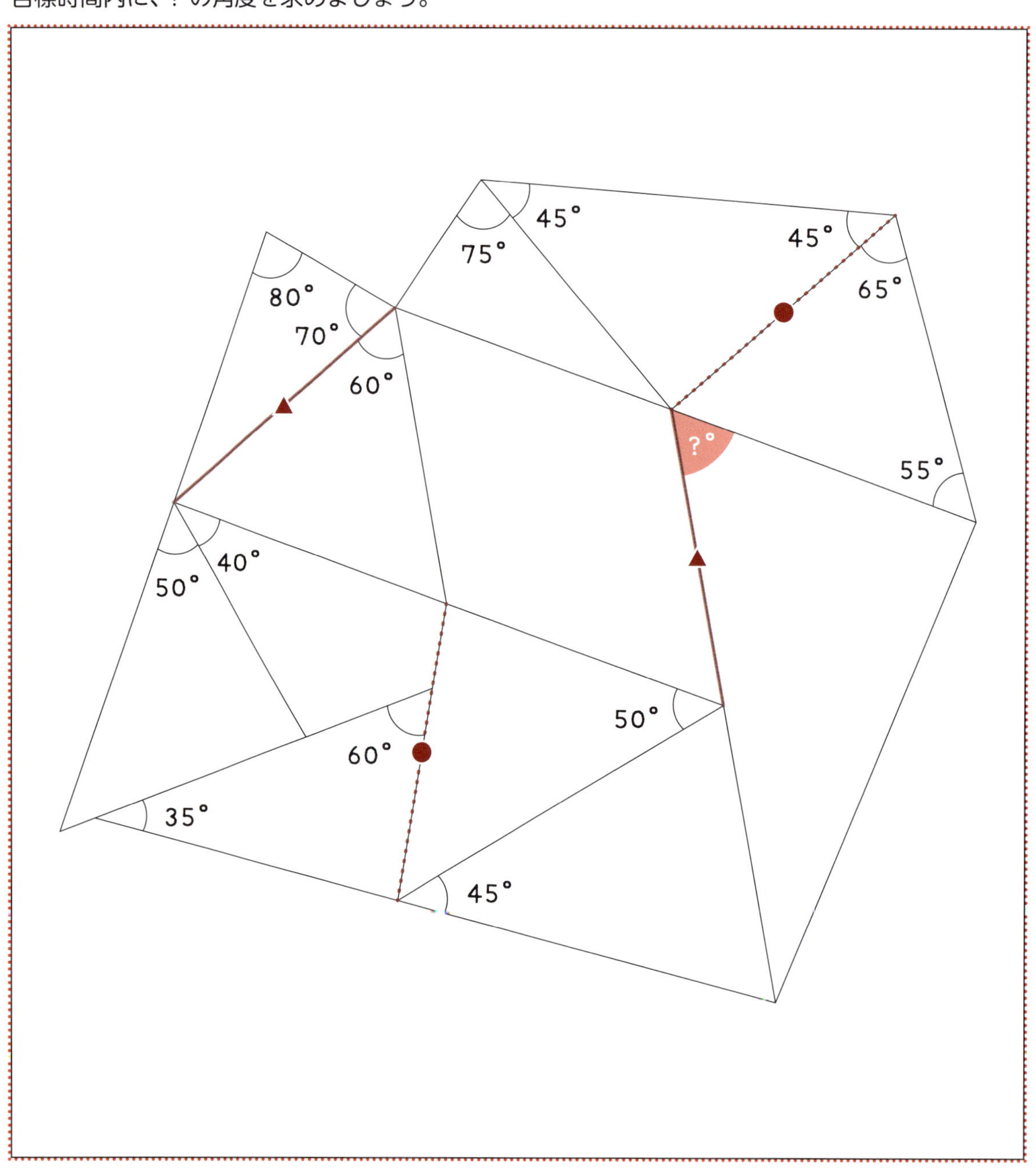

答え

目標時間内に、? の面積を求めましょう。

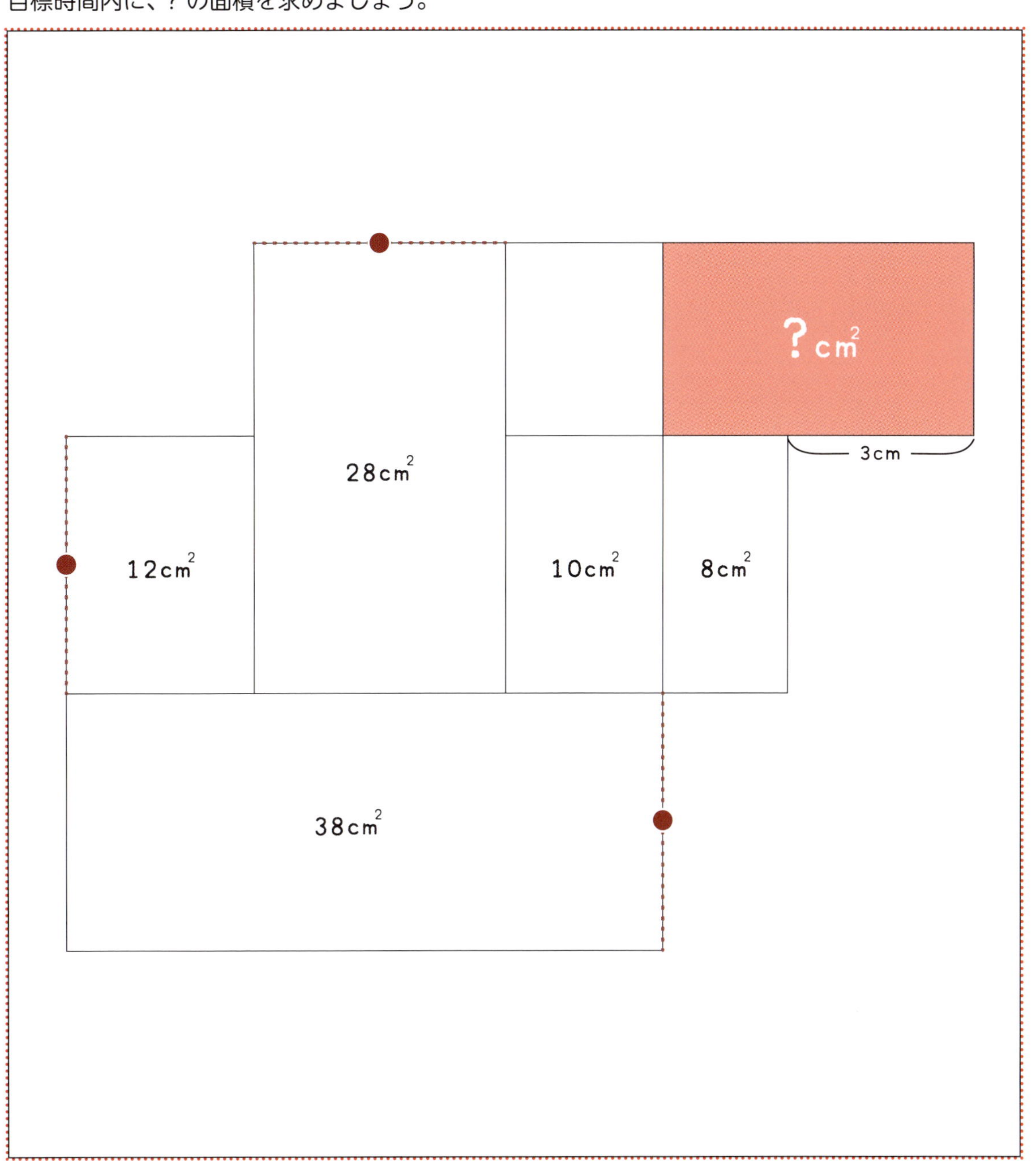

答え

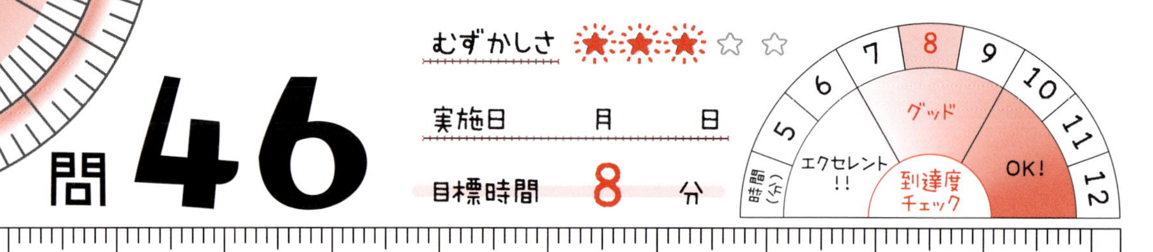

目標時間内に、？の角度を求めましょう。

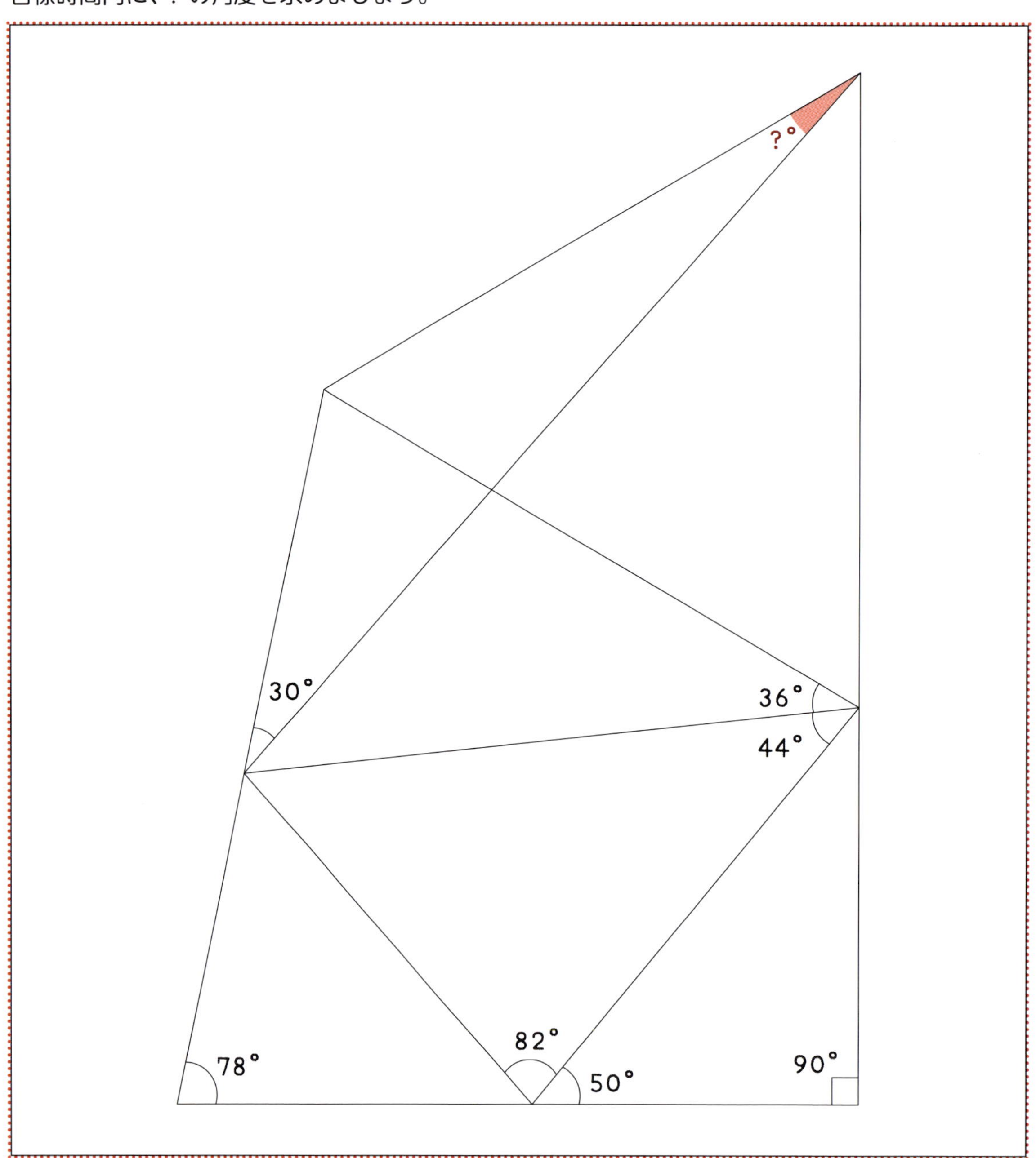

答え

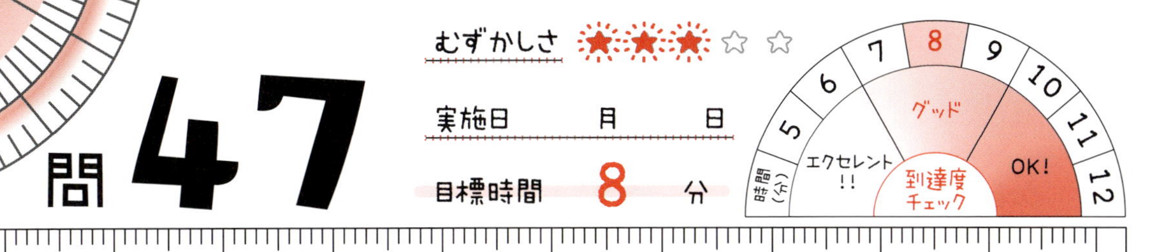

目標時間内に、? の面積を求めましょう。

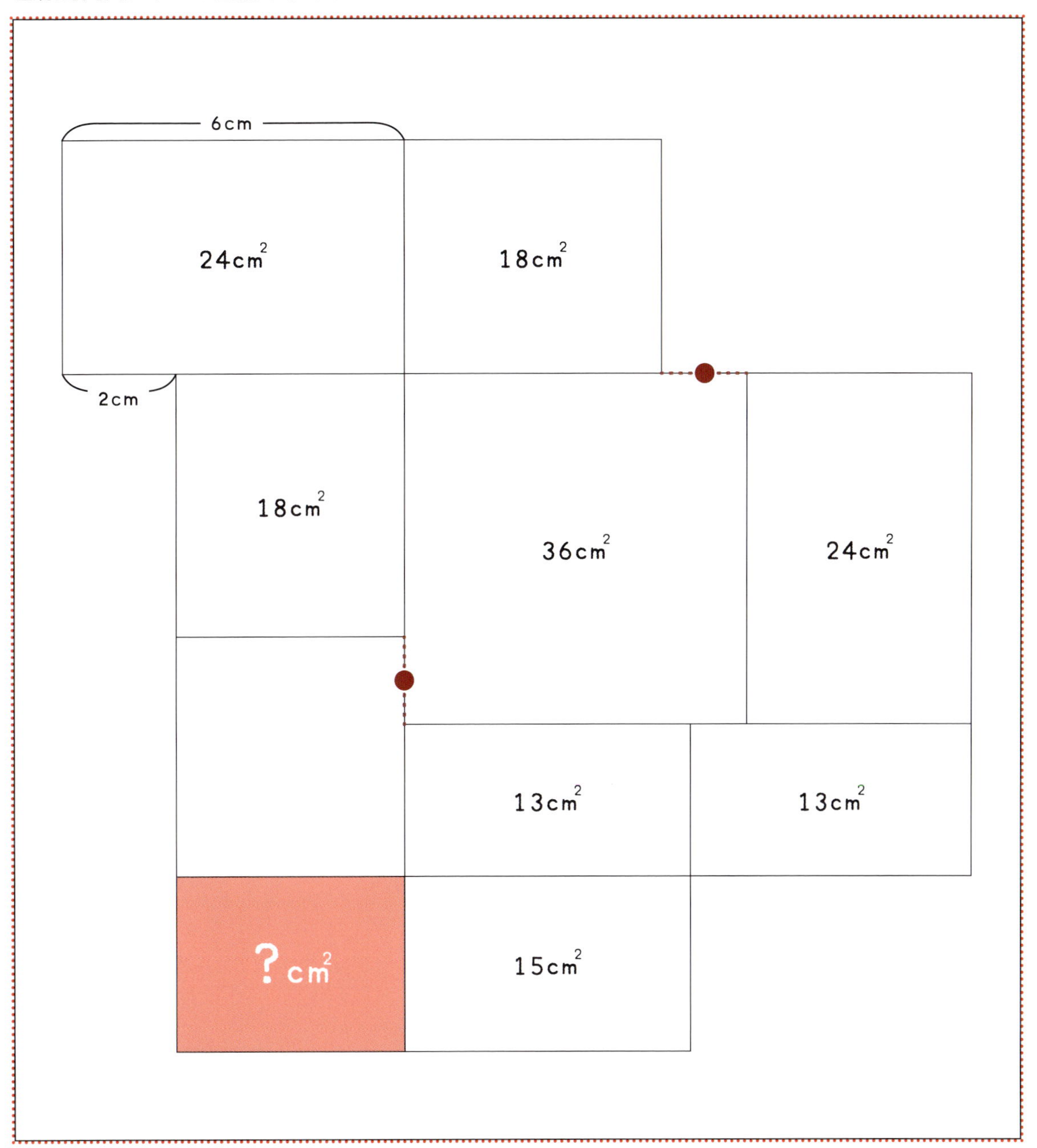

答え

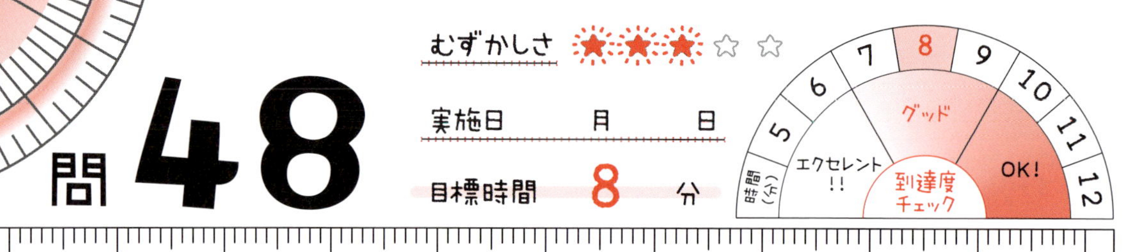

目標時間内に、? の角度を求めましょう。

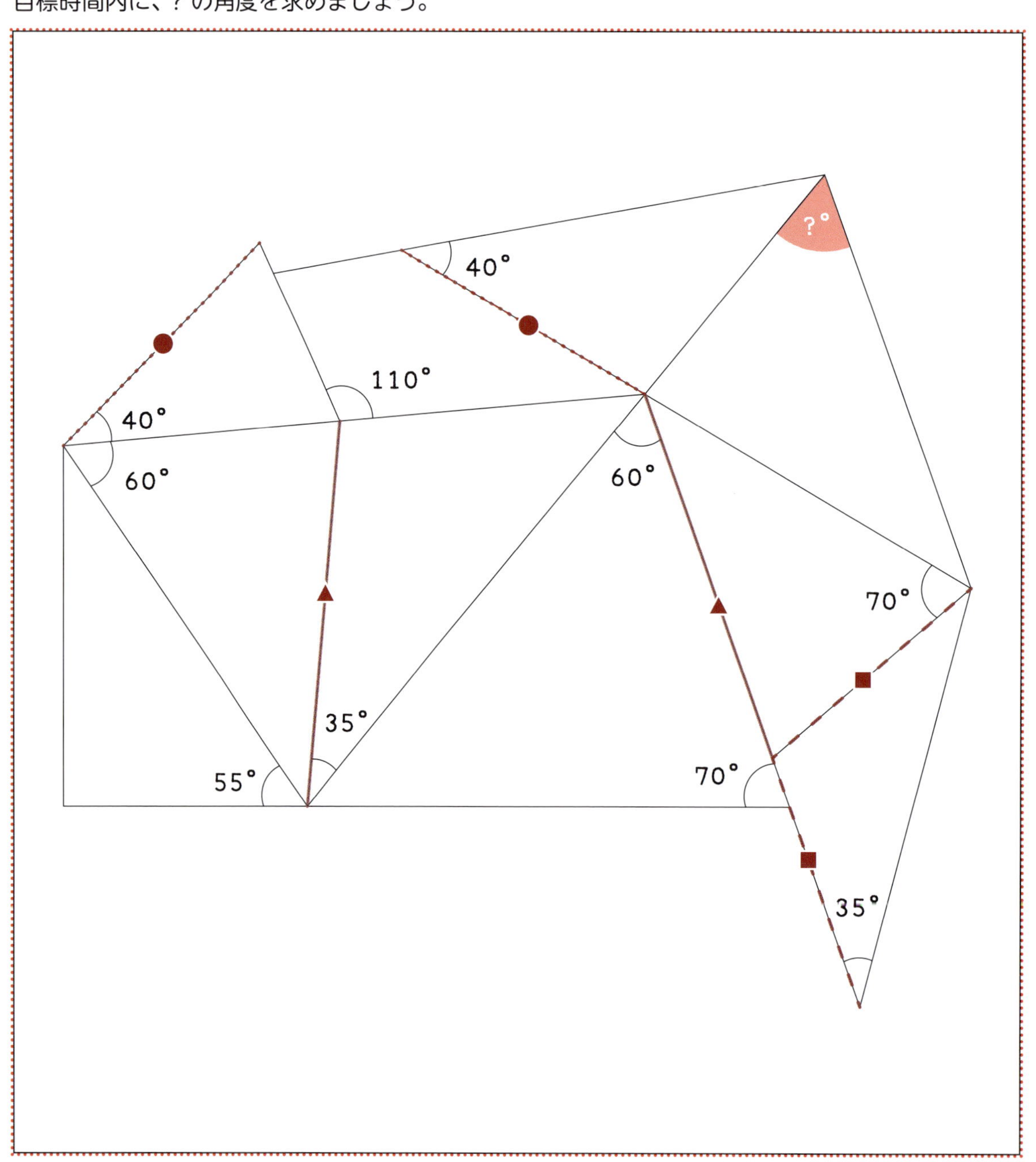

答え

問49

むずかしさ ★★★☆☆

実施日　月　日

目標時間 8 分

到達度チェック
時間（分） 5 6 7 8 9 10 11 12
エクセレント!! グッド OK!

目標時間内に、？の面積を求めましょう。

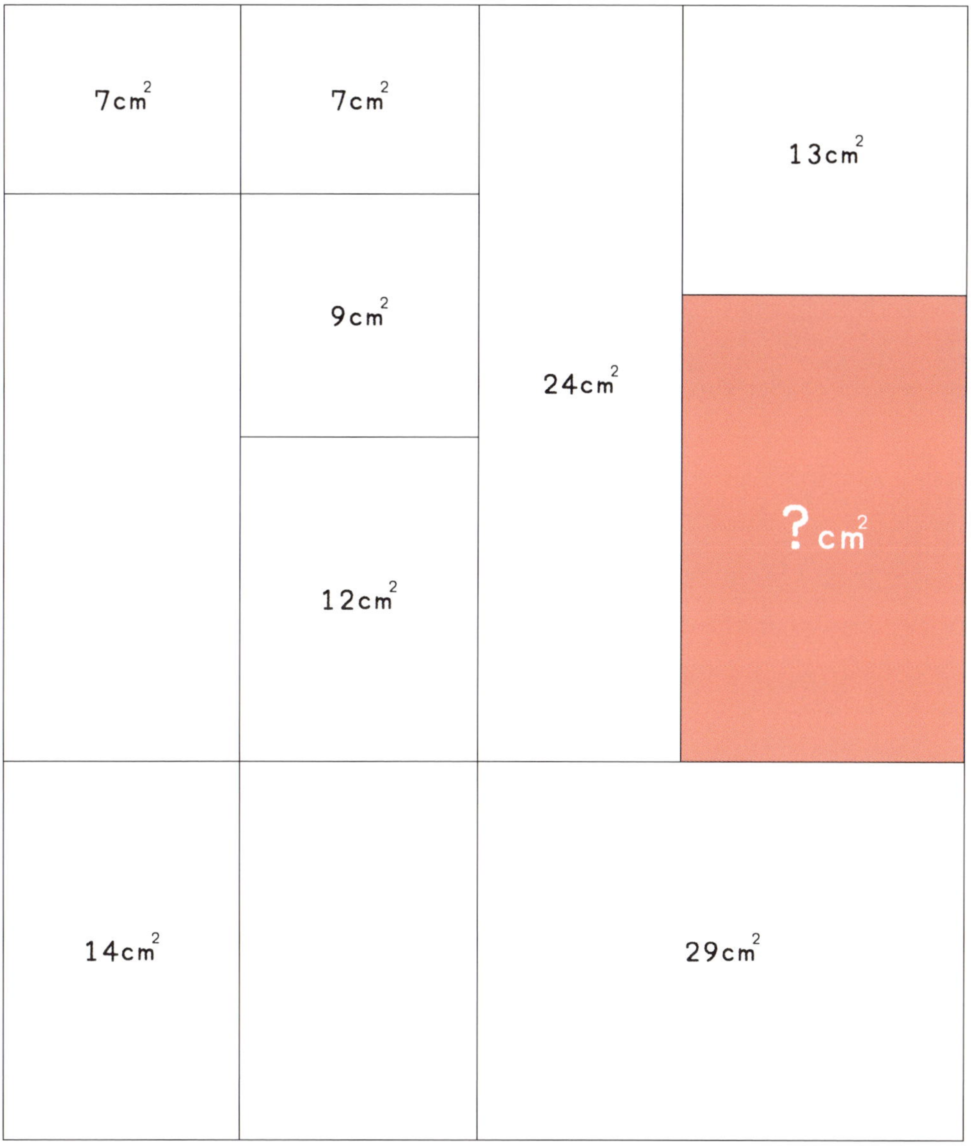

7cm²　7cm²　13cm²　9cm²　24cm²　?cm²　12cm²　14cm²　29cm²

答え

問 50

目標時間内に、? の角度を求めましょう。

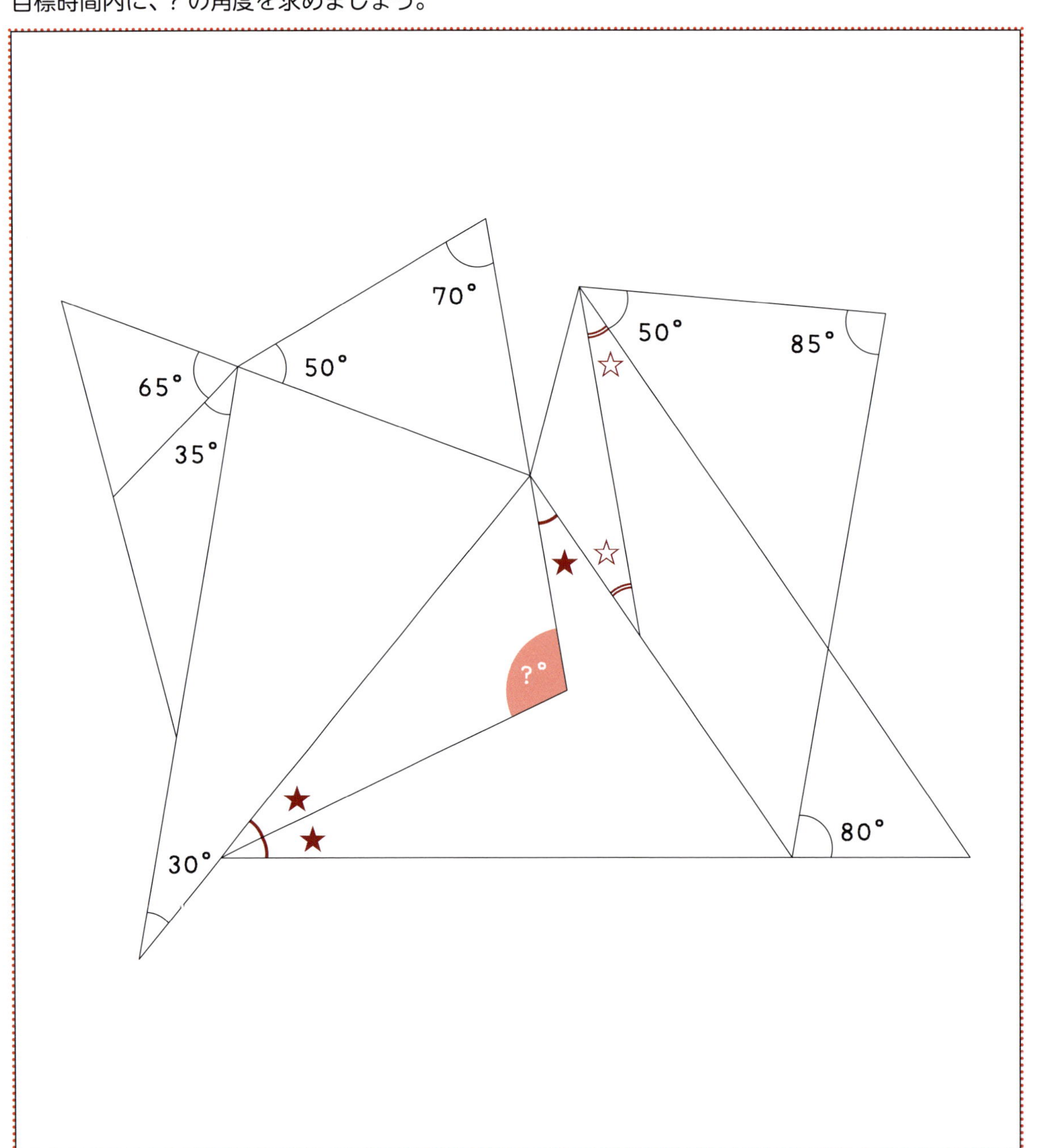

答え

目標時間内に、? の面積を求めましょう。

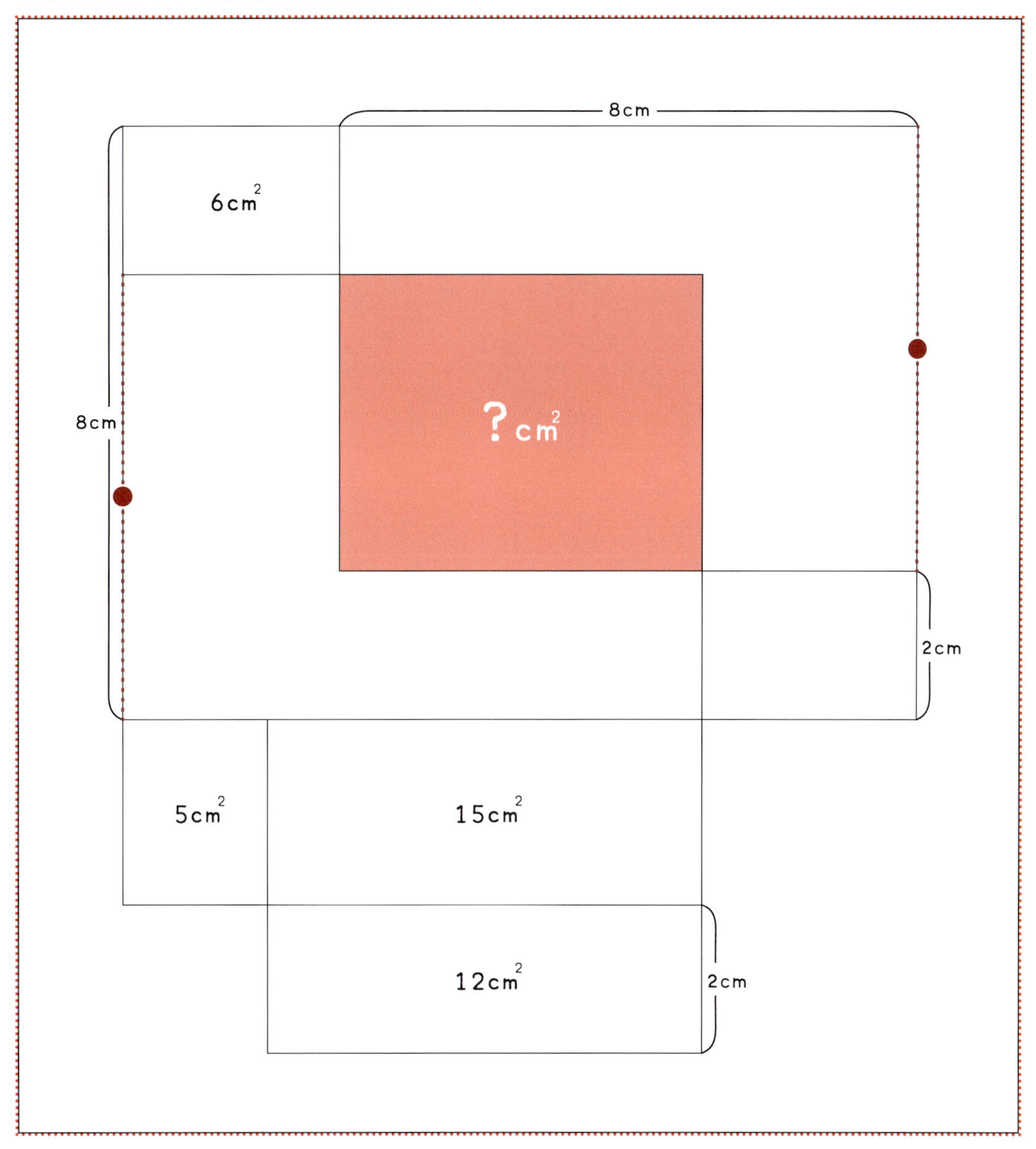

答え

目標時間内に、? の角度を求めましょう。

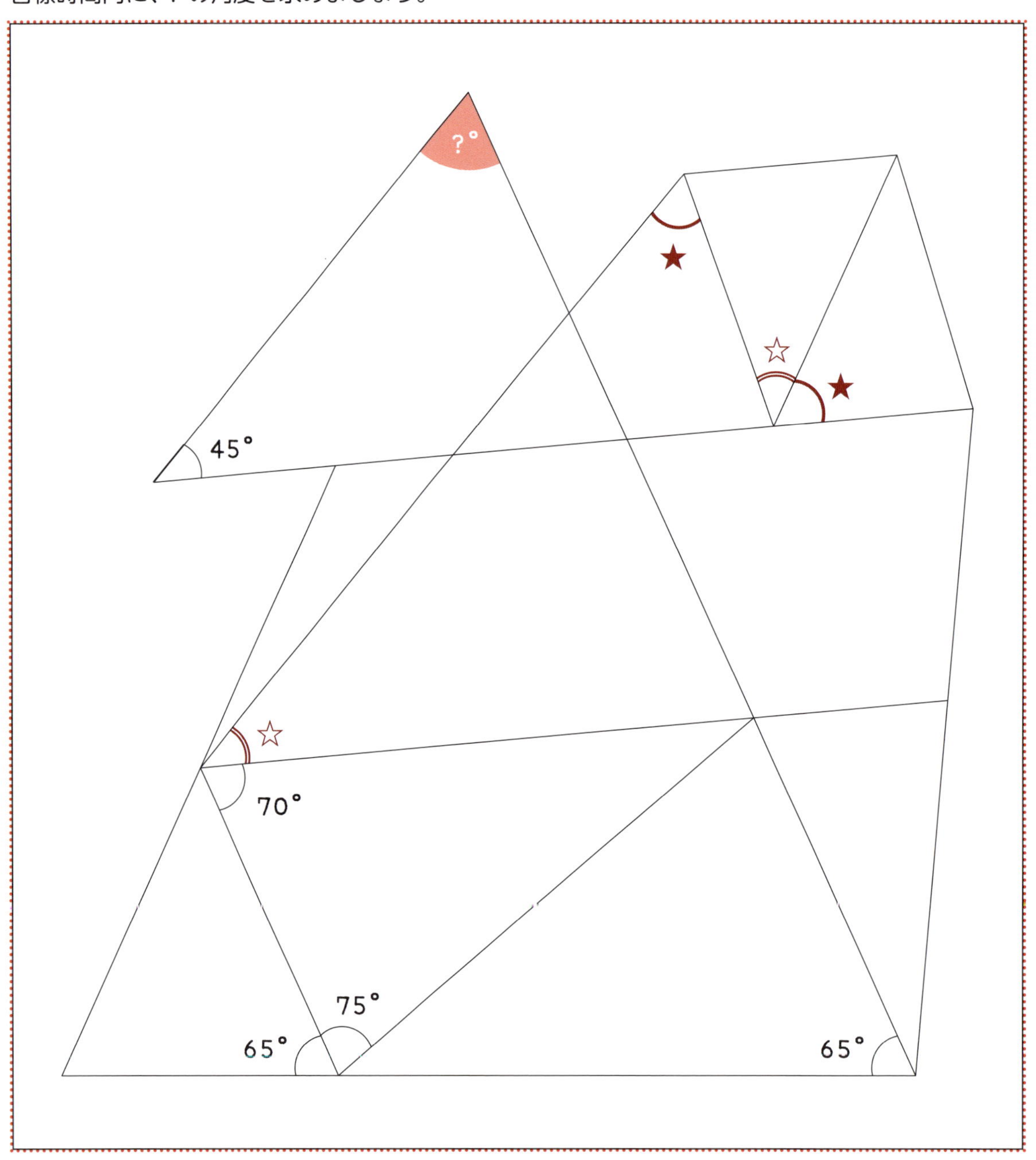

答え

目標時間内に、？の面積を求めましょう。

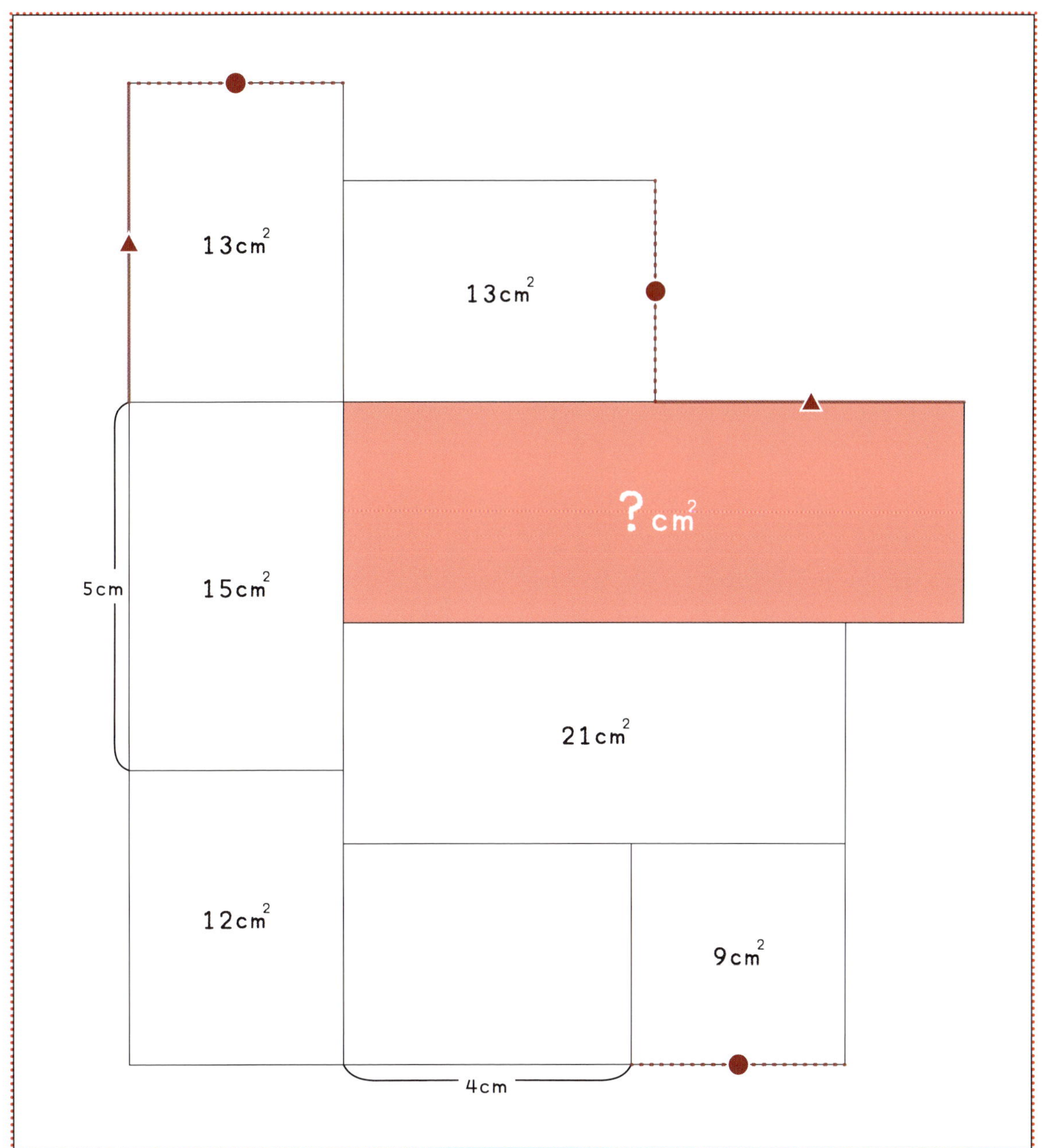

答え

問54

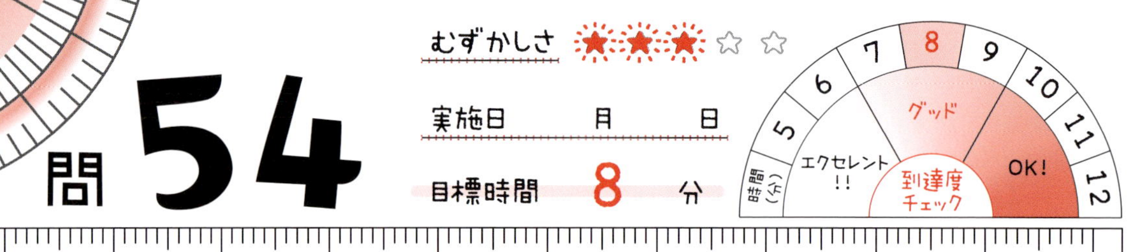

目標時間内に、? の角度を求めましょう。

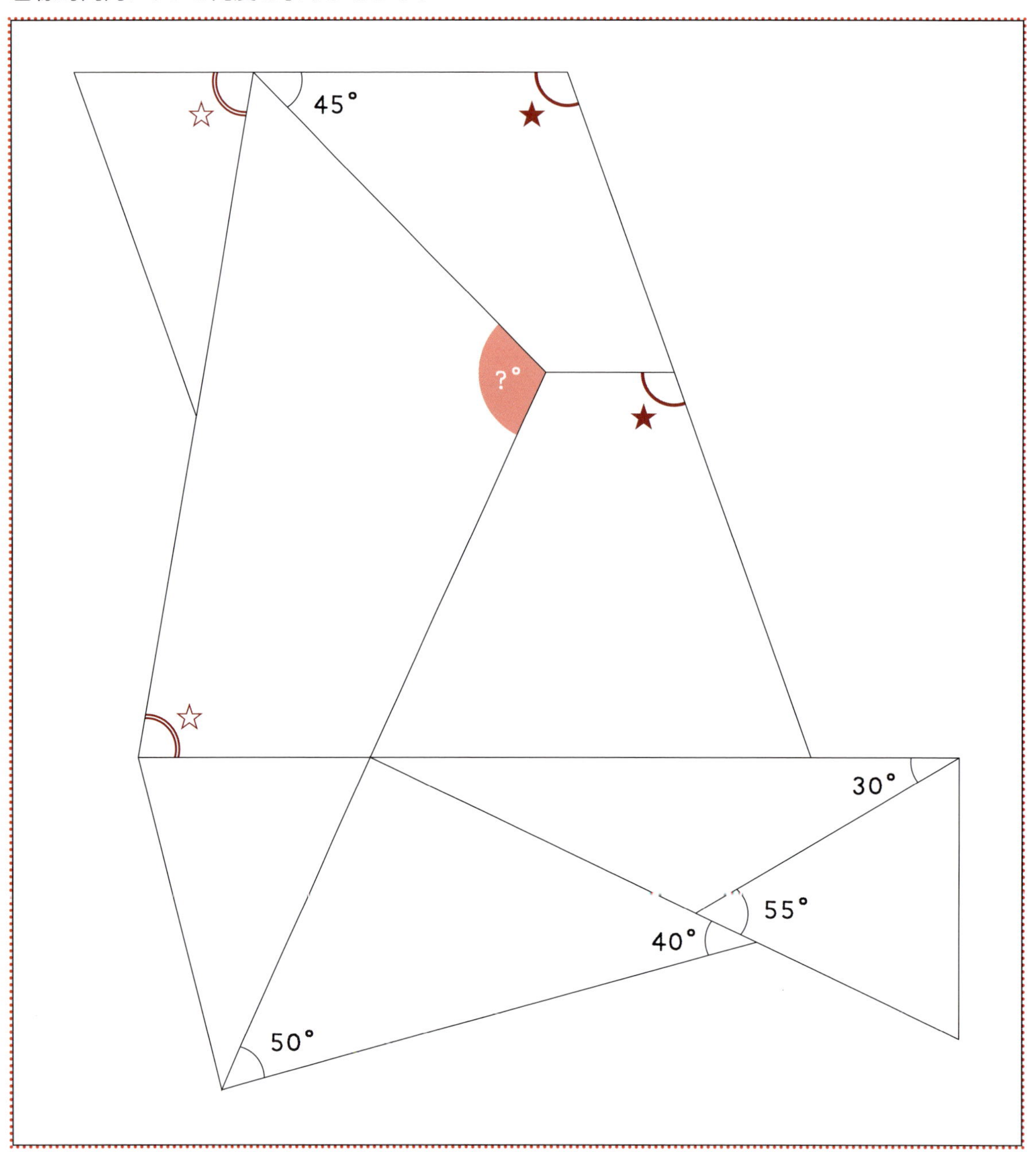

答え

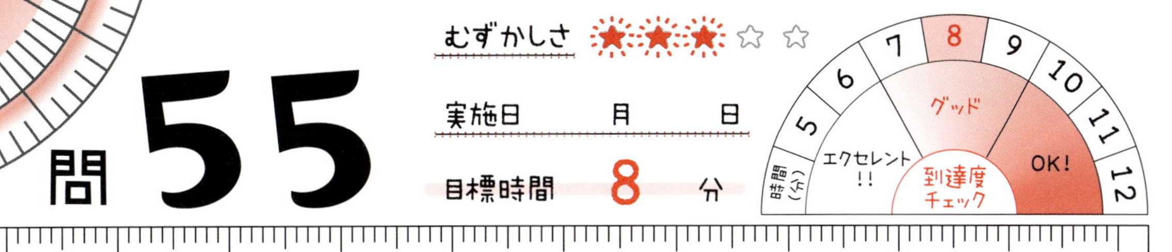

目標時間内に、？の面積を求めましょう。

8cm²
6cm²
9cm²
15cm²
29cm²
?cm²
18cm²
12cm²
7cm²
9cm²

答え

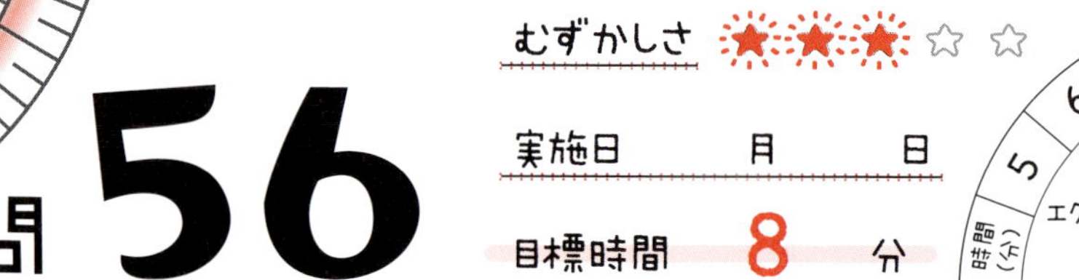

目標時間内に、? の角度を求めましょう。

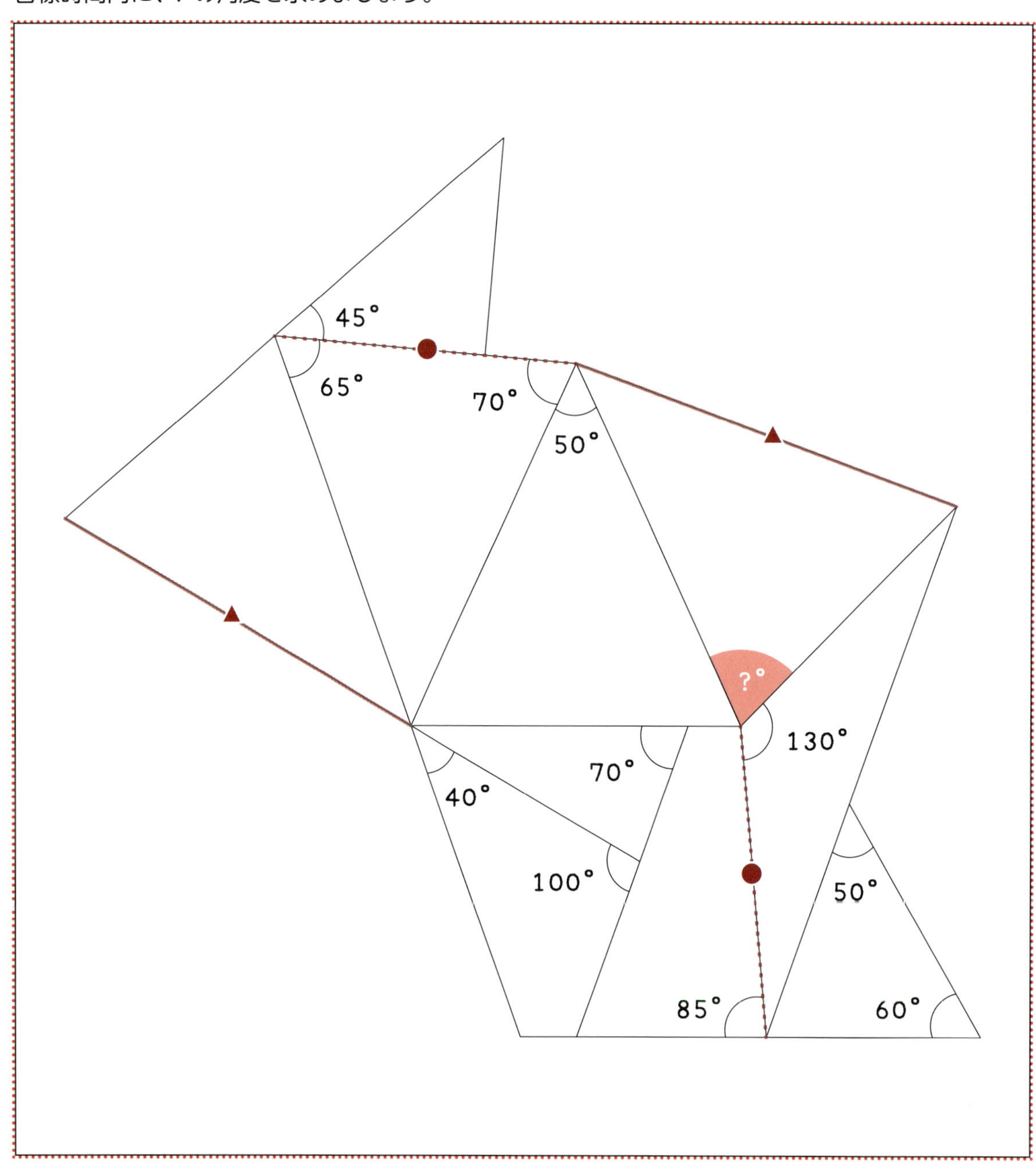

答え

目標時間内に、? の面積を求めましょう。

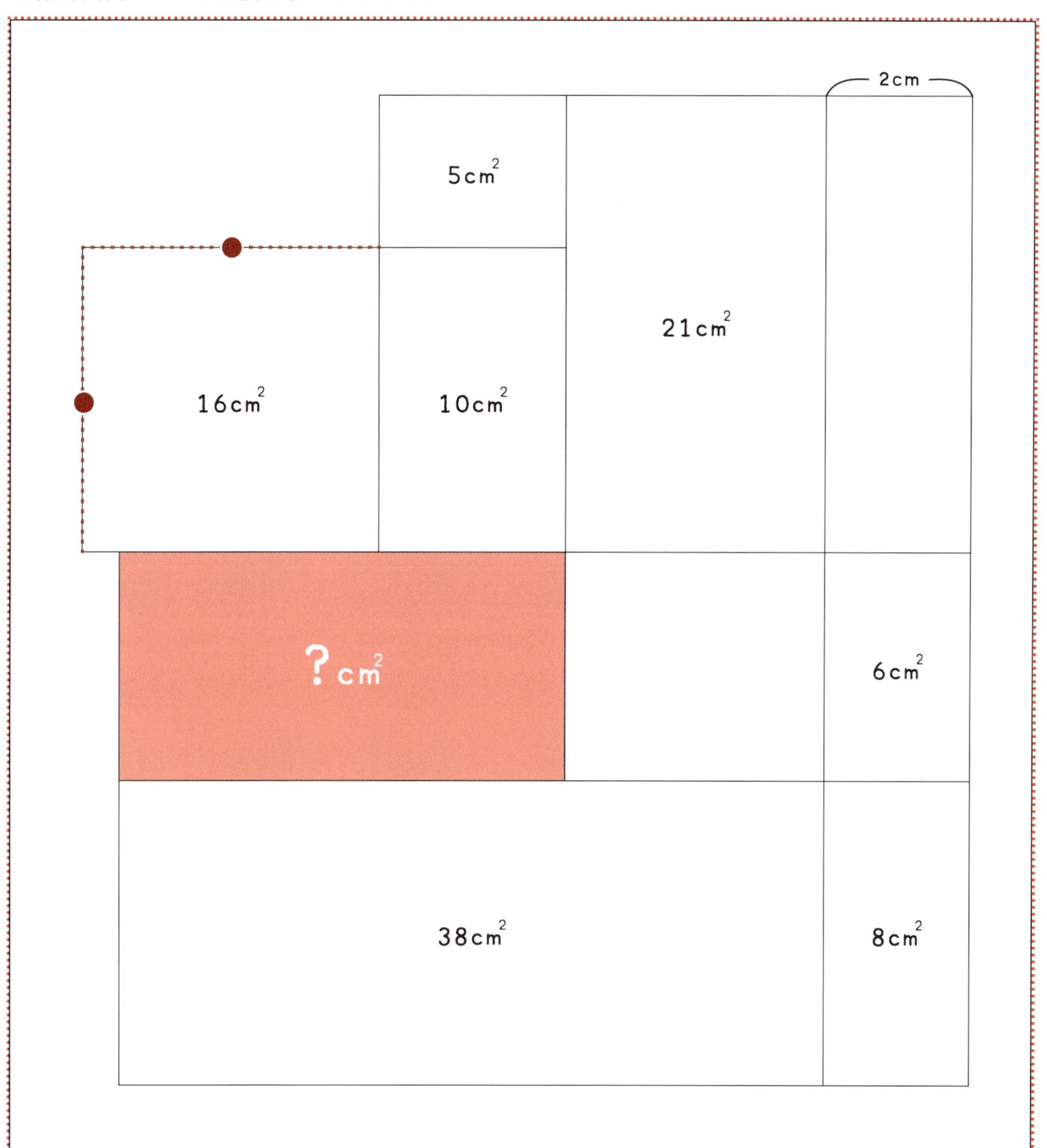

答え

目標時間内に、? の角度を求めましょう。

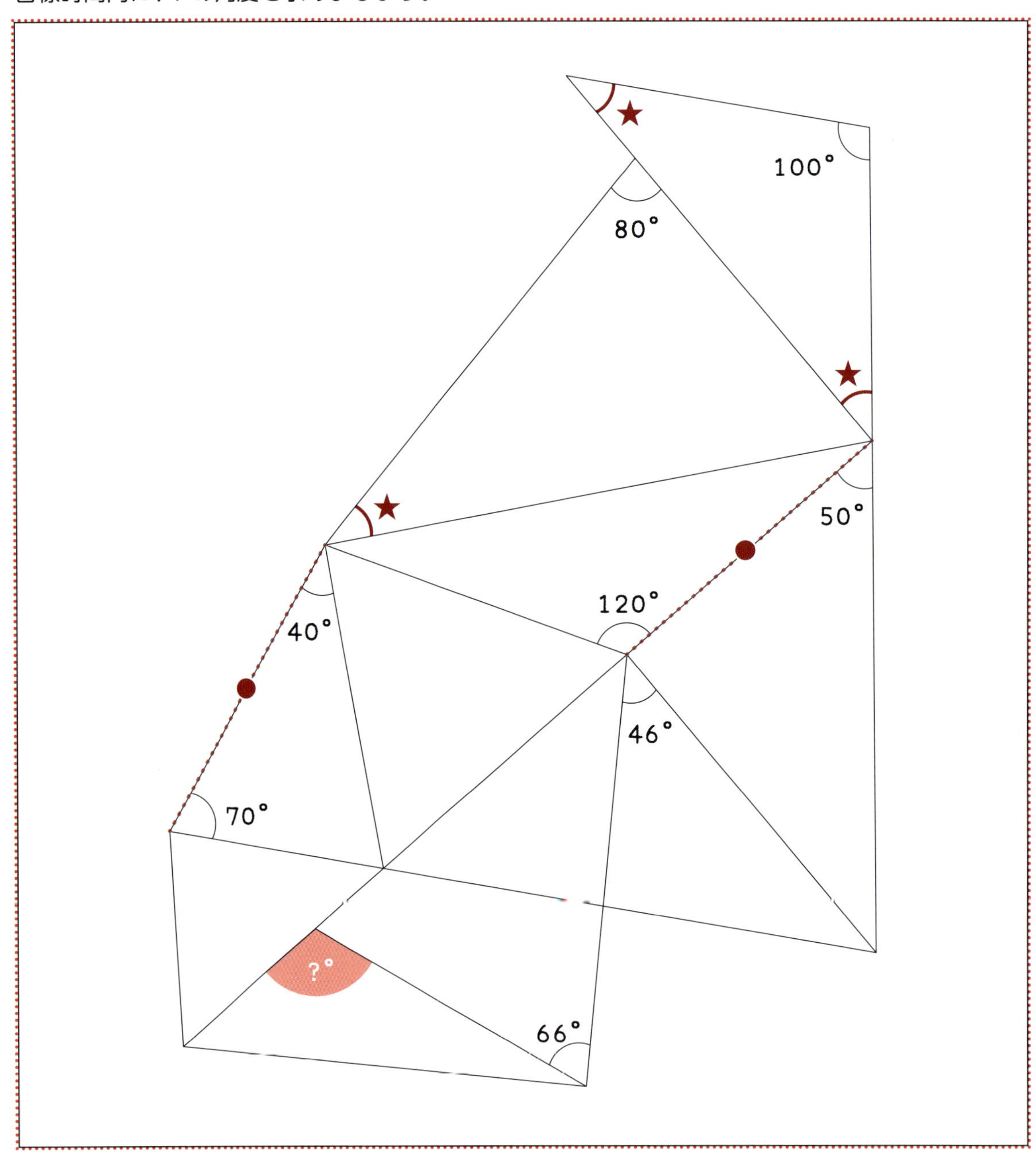

答え

目標時間内に、? の面積を求めましょう。

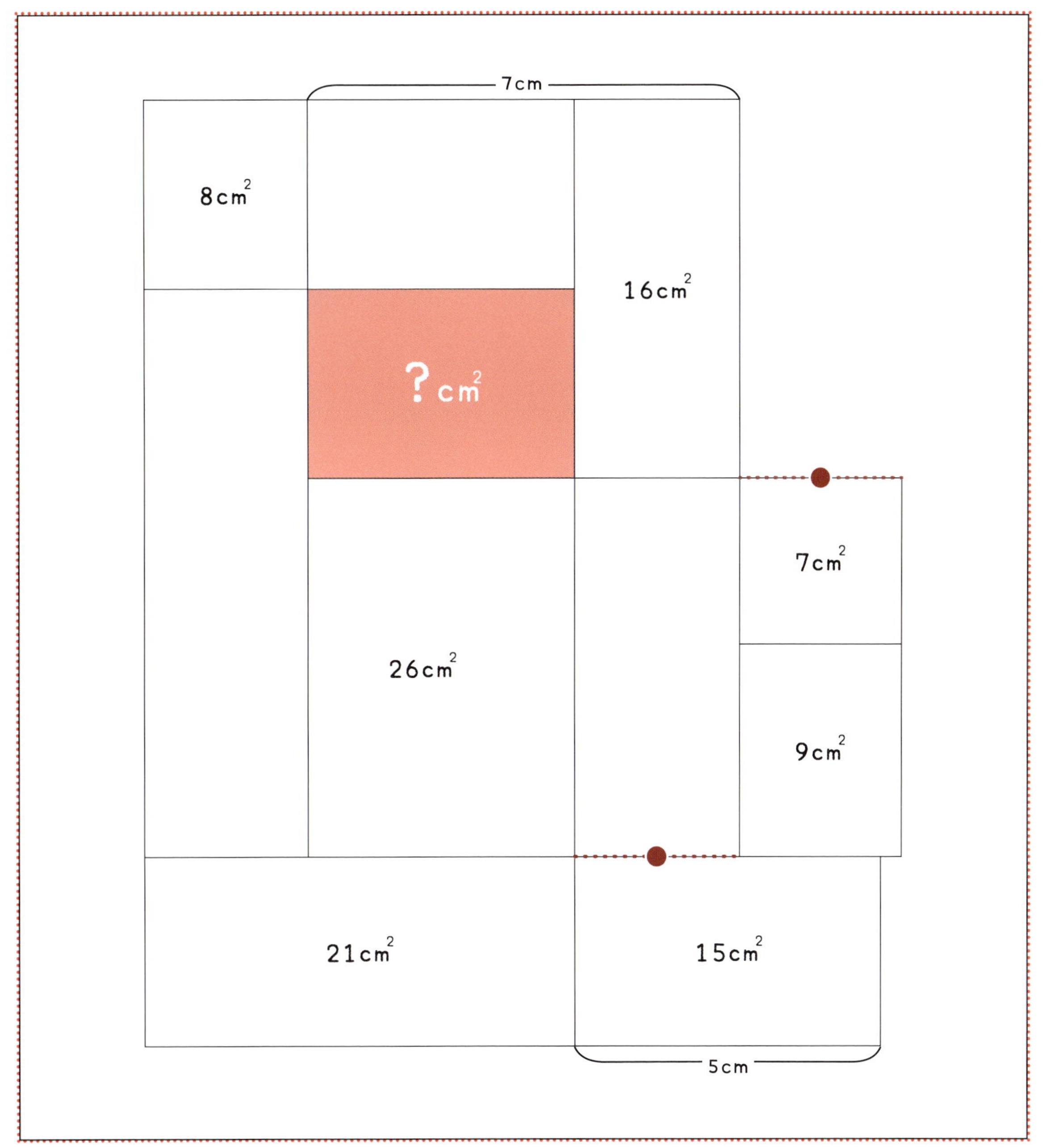

答え

問60

むずかしさ ★★★☆☆

実施日　　月　　日

目標時間 8 分

到達度チェック：時間（分） 5 6 7 8 9 10 11 12 ／ エクセレント!! ／ グッド ／ OK!

目標時間内に、？の角度を求めましょう。

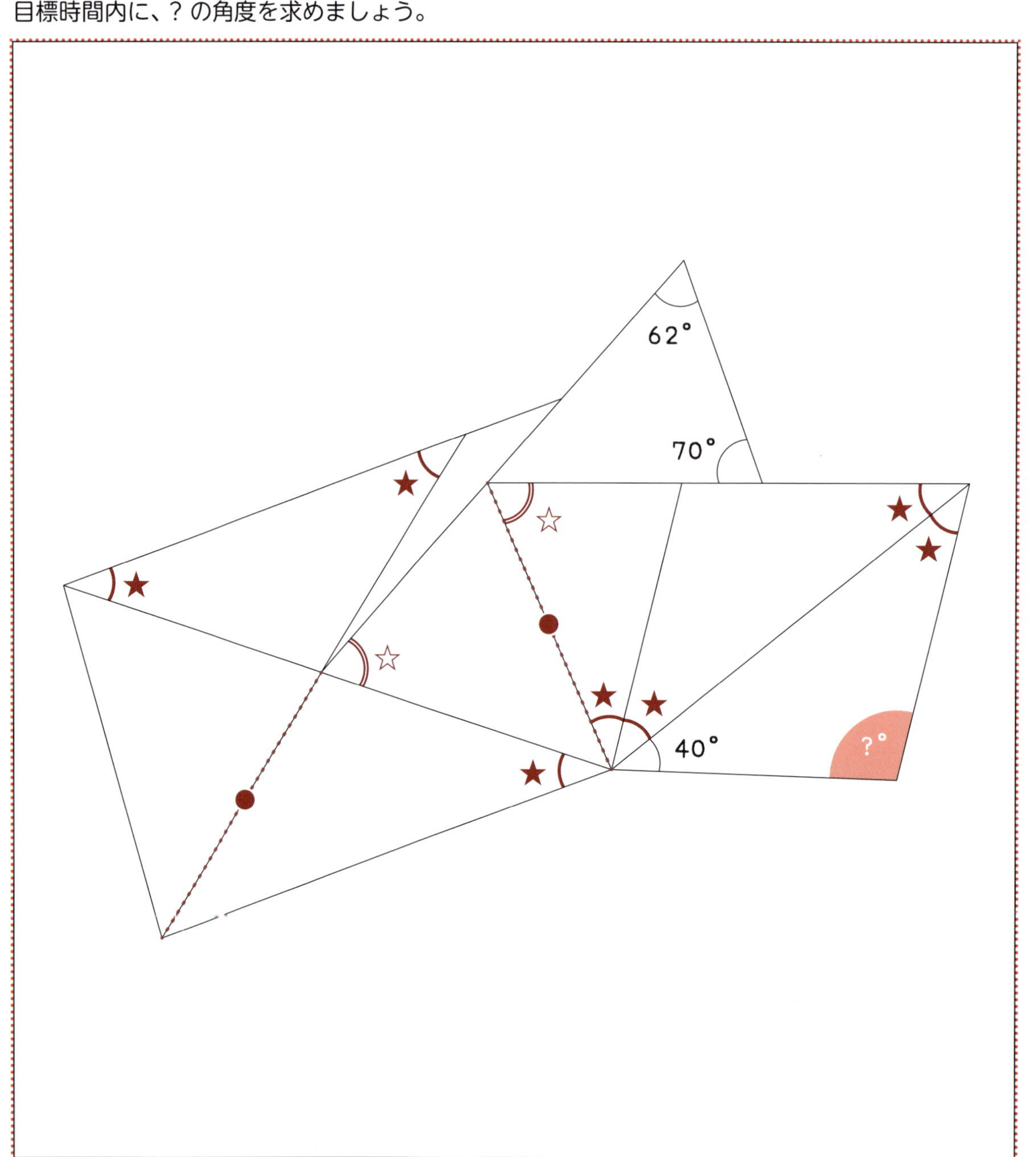

答え

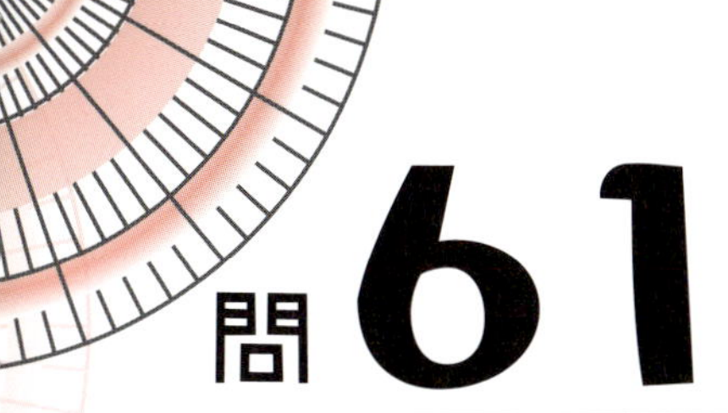

問61

むずかしさ ★★★☆☆

実施日　　月　　日

目標時間 8 分

時間（分） 5 6 7 8 9 10 11 12
エクセレント!! グッド OK! 到達度チェック

目標時間内に、？の面積を求めましょう。

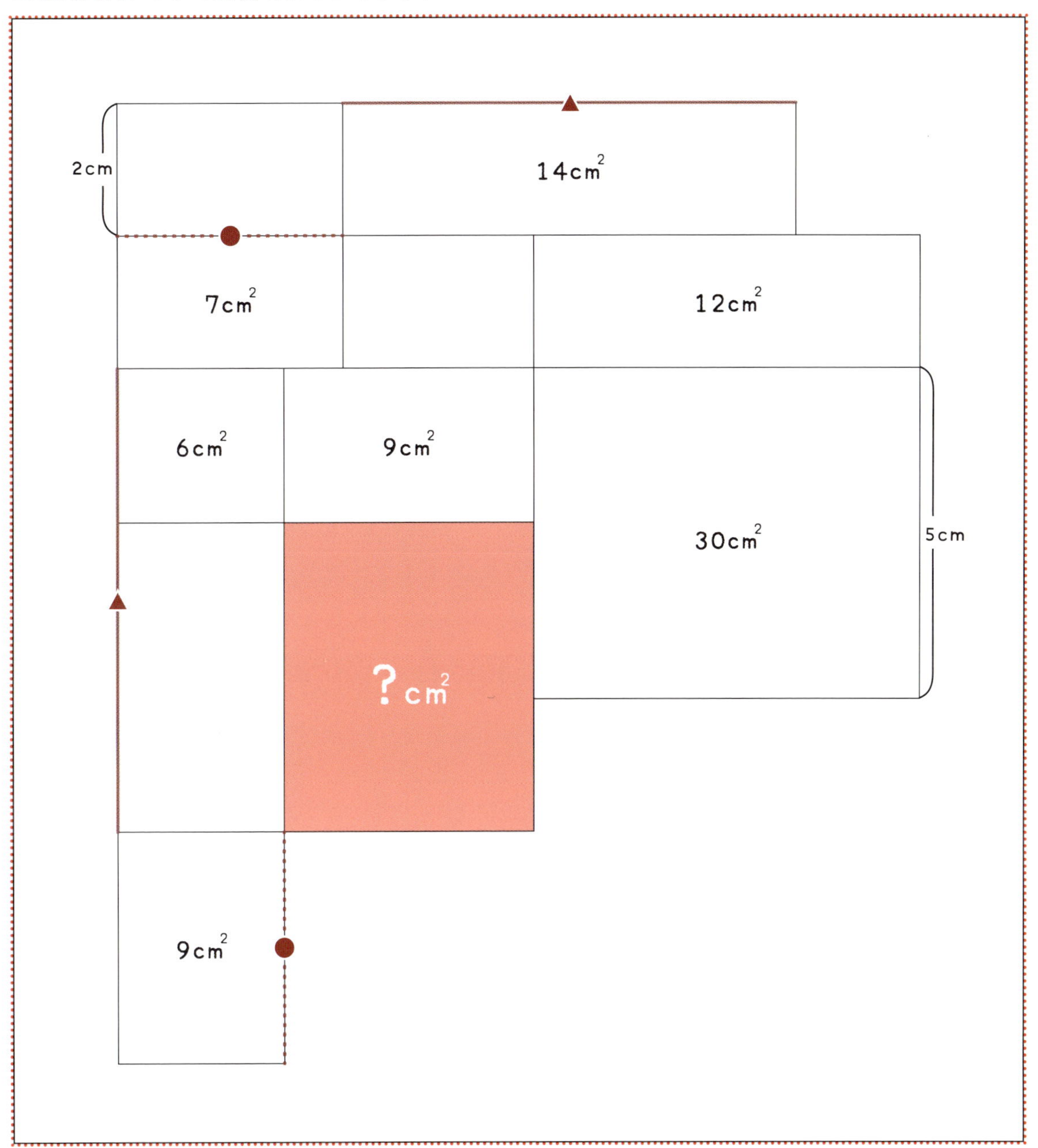

答え

むずかしさ ★★★☆☆

問62

実施日　　月　　日

目標時間 8 分

時間（分） 5 6 7 8 9 10 11 12

エクセレント!! グッド OK! 到達度チェック

目標時間内に、？の角度を求めましょう。

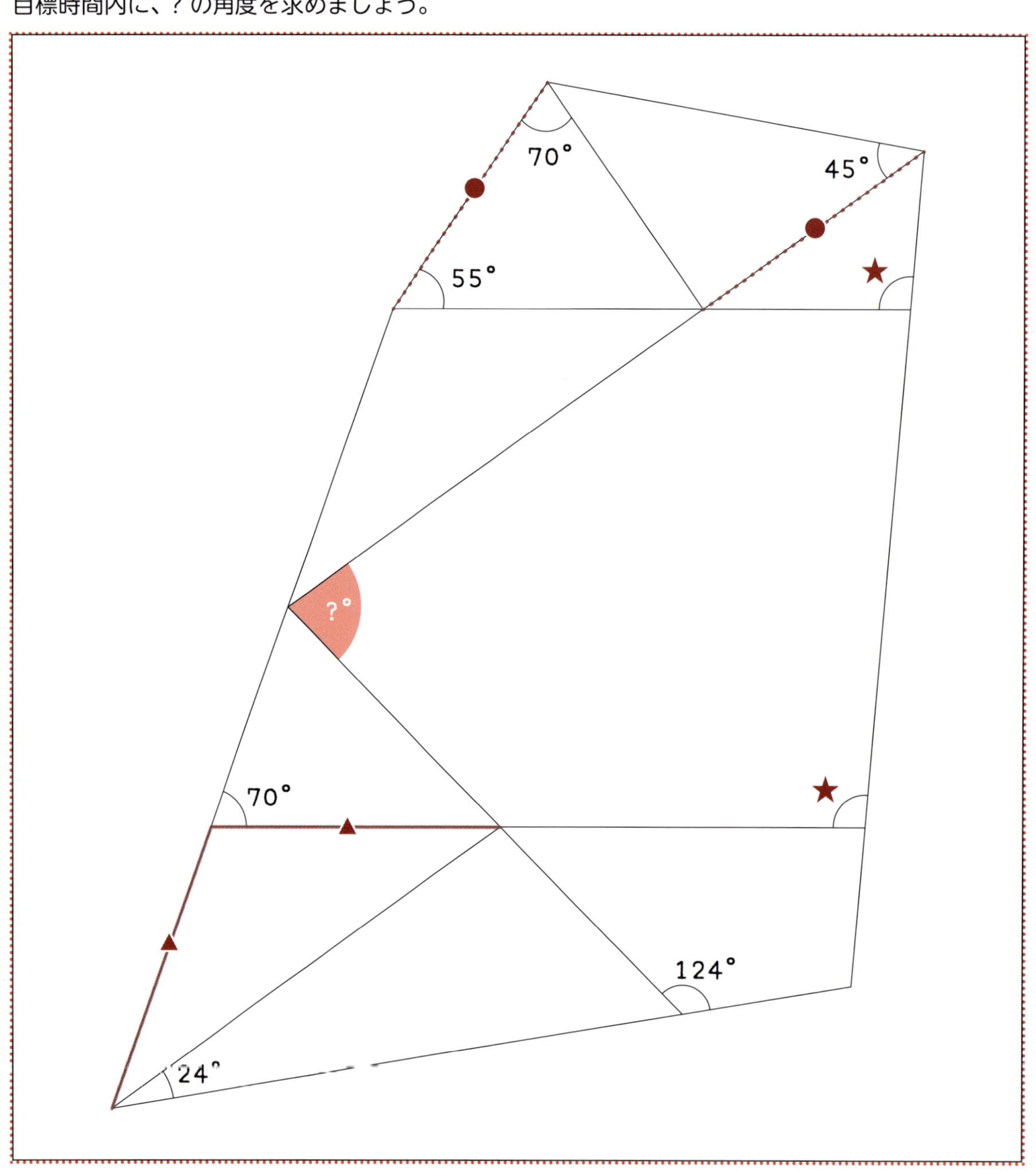

答え

問 63

むずかしさ ★★★☆☆

実施日　　月　　日

目標時間 8 分

時間（分） 5 6 7 8 9 10 11 12
エクセレント!! グッド OK!
到達度チェック

目標時間内に、？の面積を求めましょう。

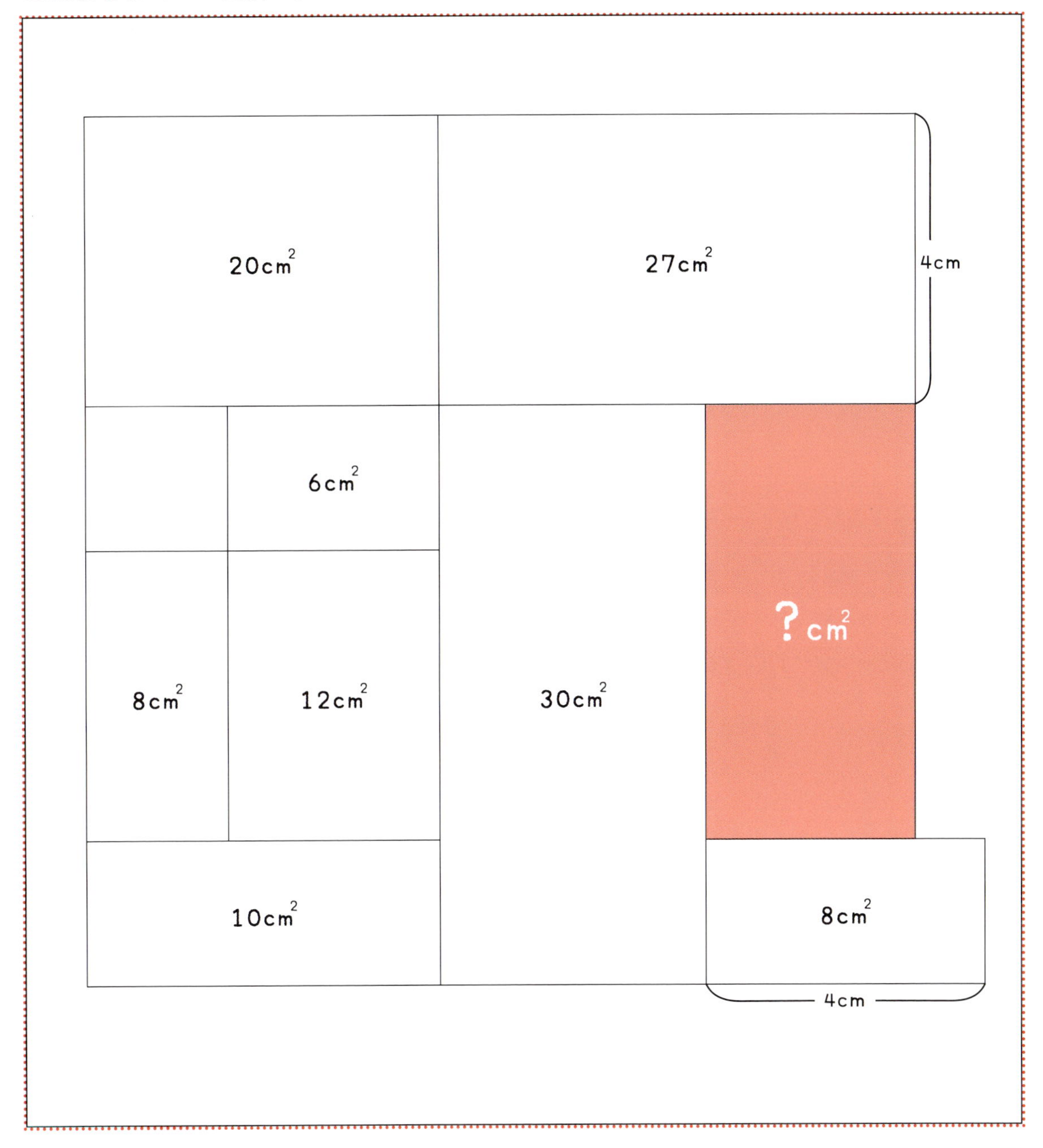

答え

問 64

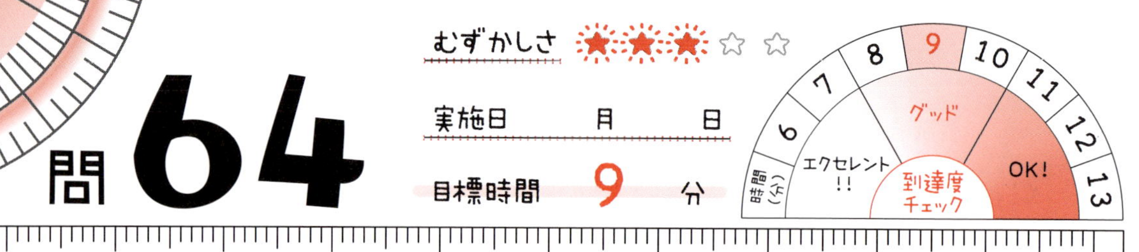

目標時間内に、? の角度を求めましょう。

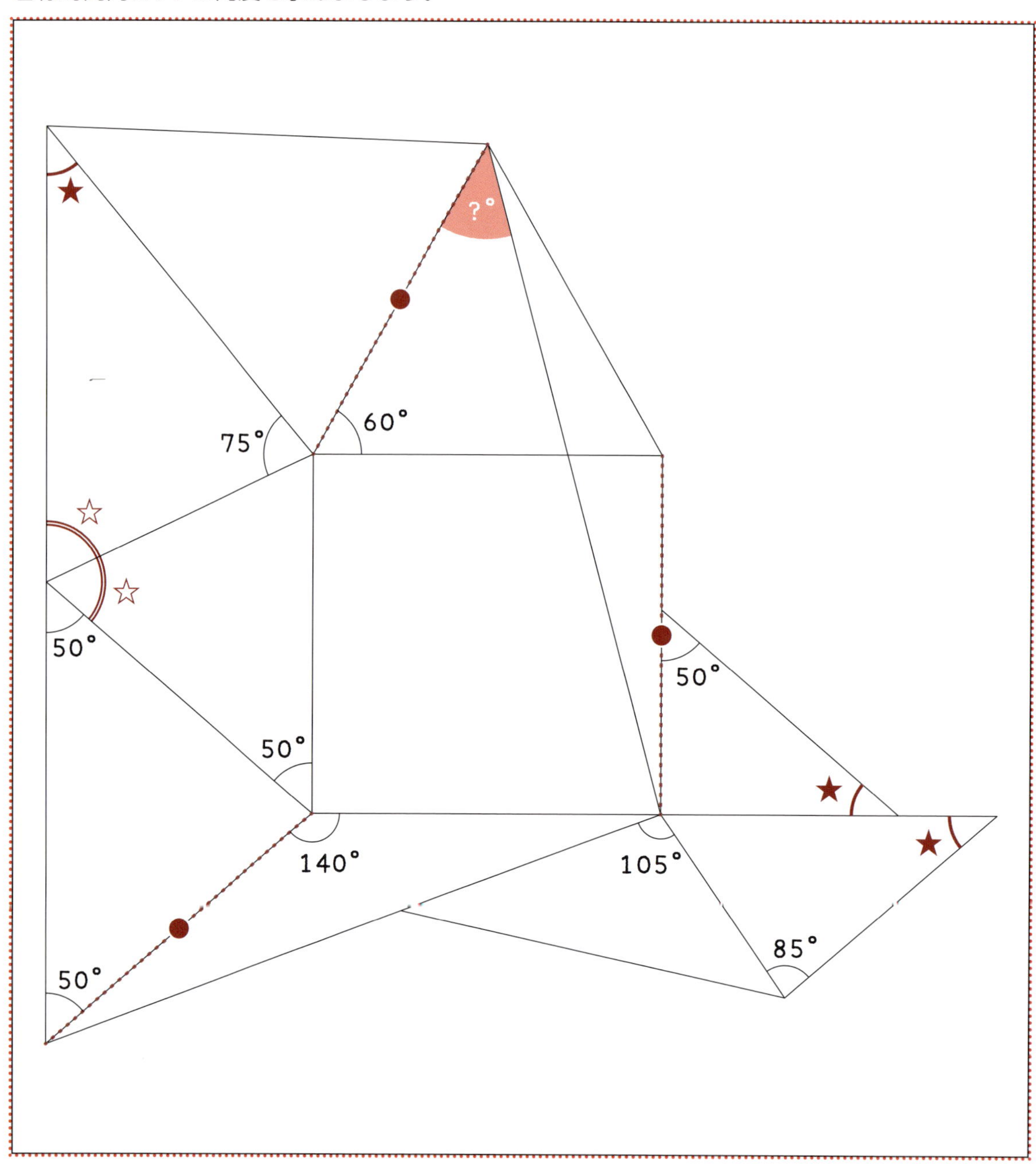

答え

目標時間内に、？の面積を求めましょう。

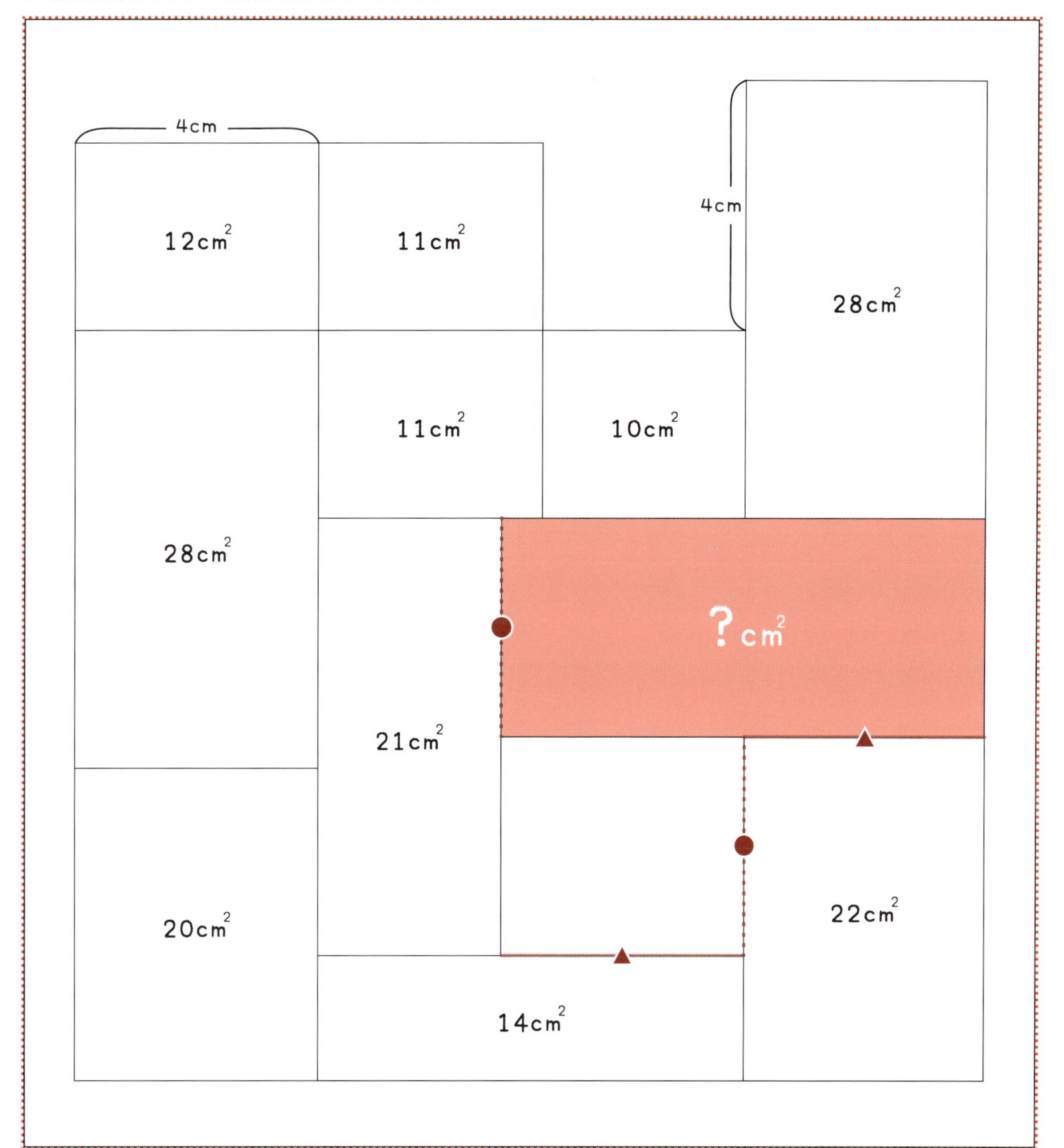

答え

むずかしさ ★★★★☆

実施日　　月　　日

目標時間 10 分

目標時間内に、？の角度を求めましょう。

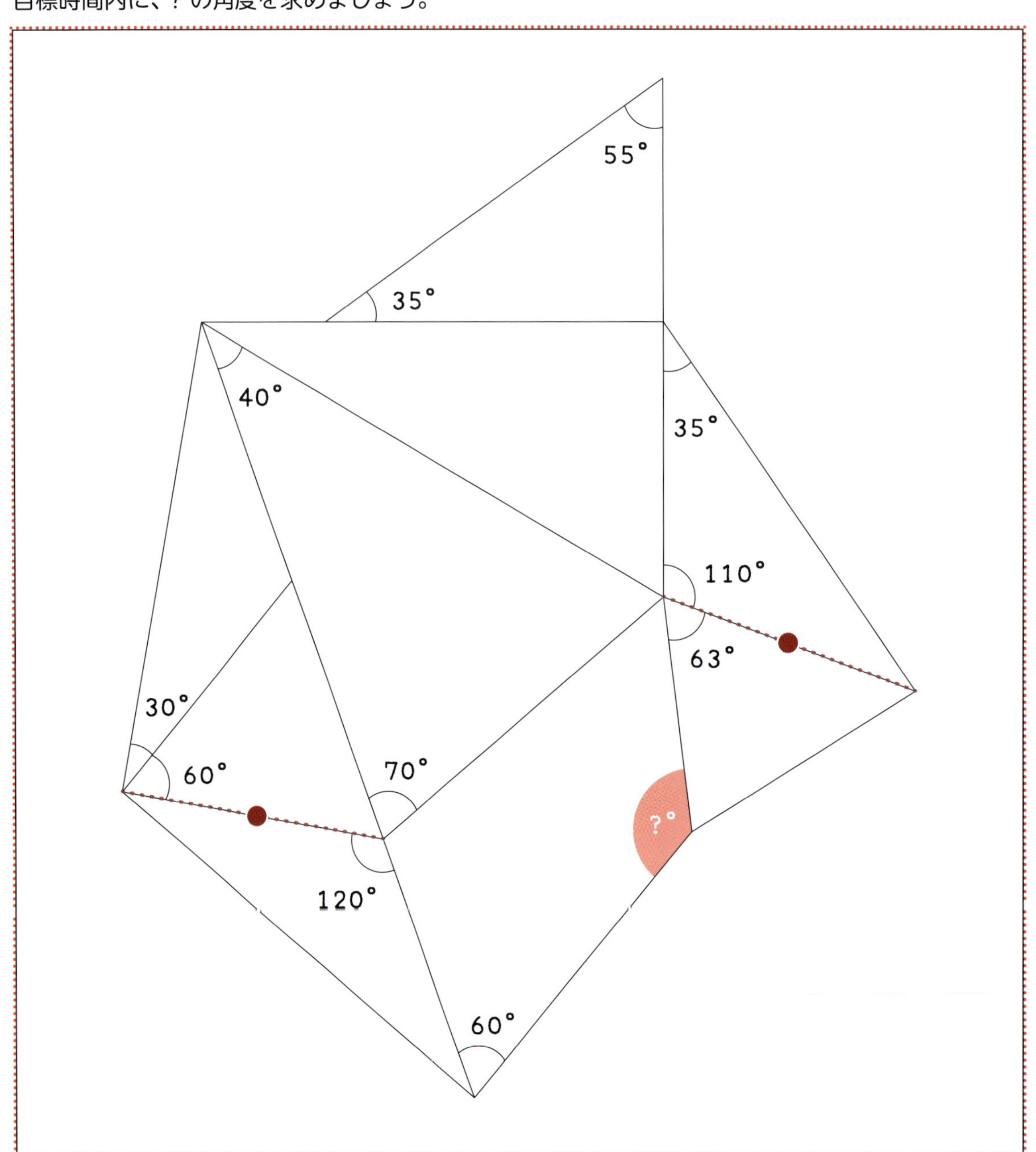

答え

問67

むずかしさ ★★★★☆

実施日　　月　　日

目標時間 10 分

到達度チェック　時間(分) 7 8 9 10 11 12 13 14　エクセレント!!　グッド　OK!

目標時間内に、? の面積を求めましょう。

$20cm^2$　$10cm^2$　$16cm^2$　$24cm^2$　$18cm^2$　$19cm^2$　$7cm^2$　$20cm^2$　5cm　$15cm^2$　$20cm^2$　$?cm^2$

答え

問 68

むずかしさ ★★★★☆

実施日　　月　　日

目標時間 12 分

到達度チェック　時間（分）　9　10　11　12　13　14　15　16　エクセレント!!　グッド　OK!

目標時間内に、？の角度を求めましょう。

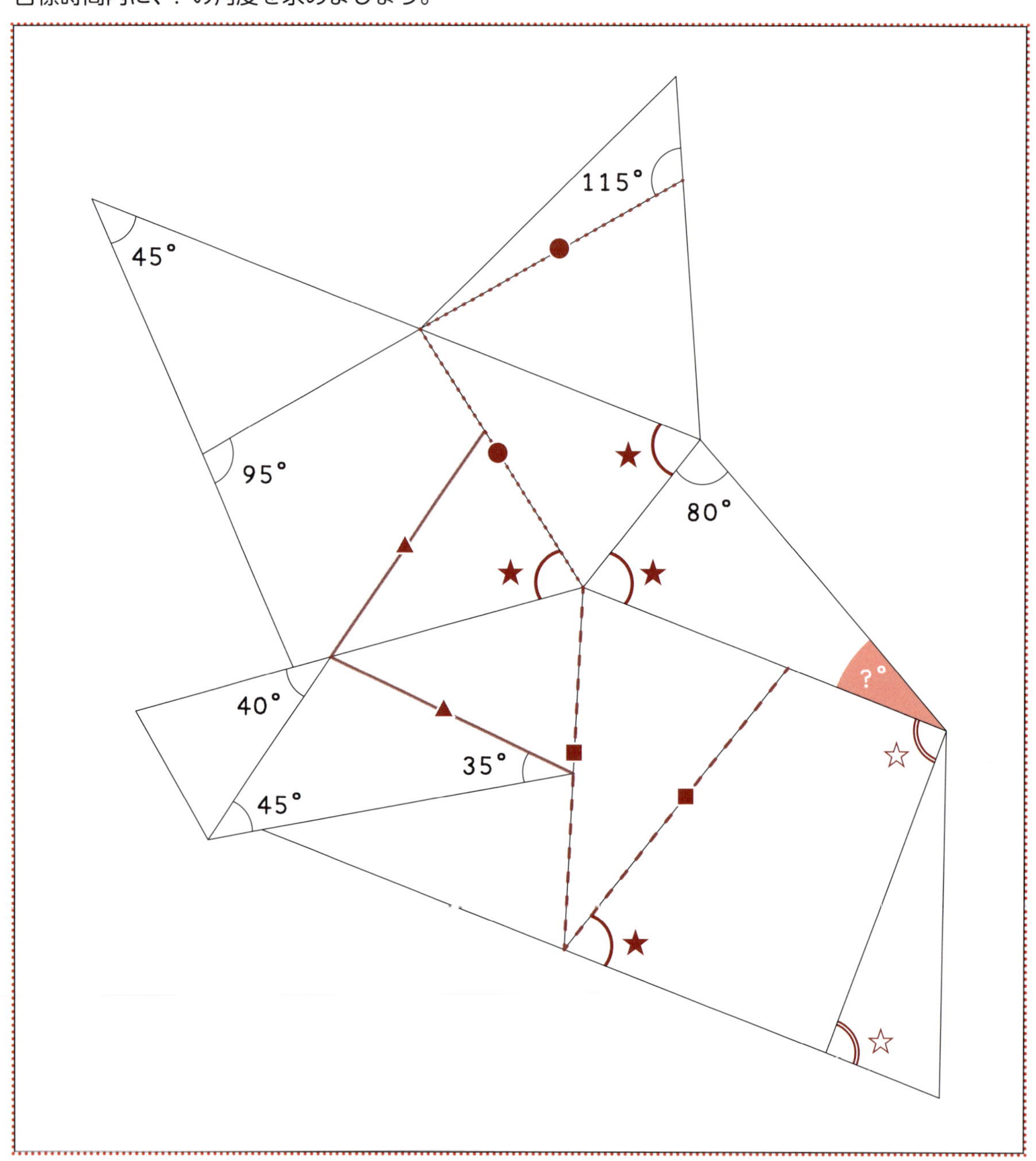

答え

むずかしさ ★★★★☆

実施日　　月　　日

目標時間 12 分

時間(分) 9 10 11 12 13 14 15 16

エクセレント!! グッド OK! 到達度チェック

目標時間内に、? の面積を求めましょう。

21cm²
40cm²
13cm²
17cm²
19cm²
16cm²
3cm
20cm²
8cm²
10cm²
?cm²
21cm²
9cm²
9cm²
16cm²
4cm

答え

目標時間内に、? の角度を求めましょう。

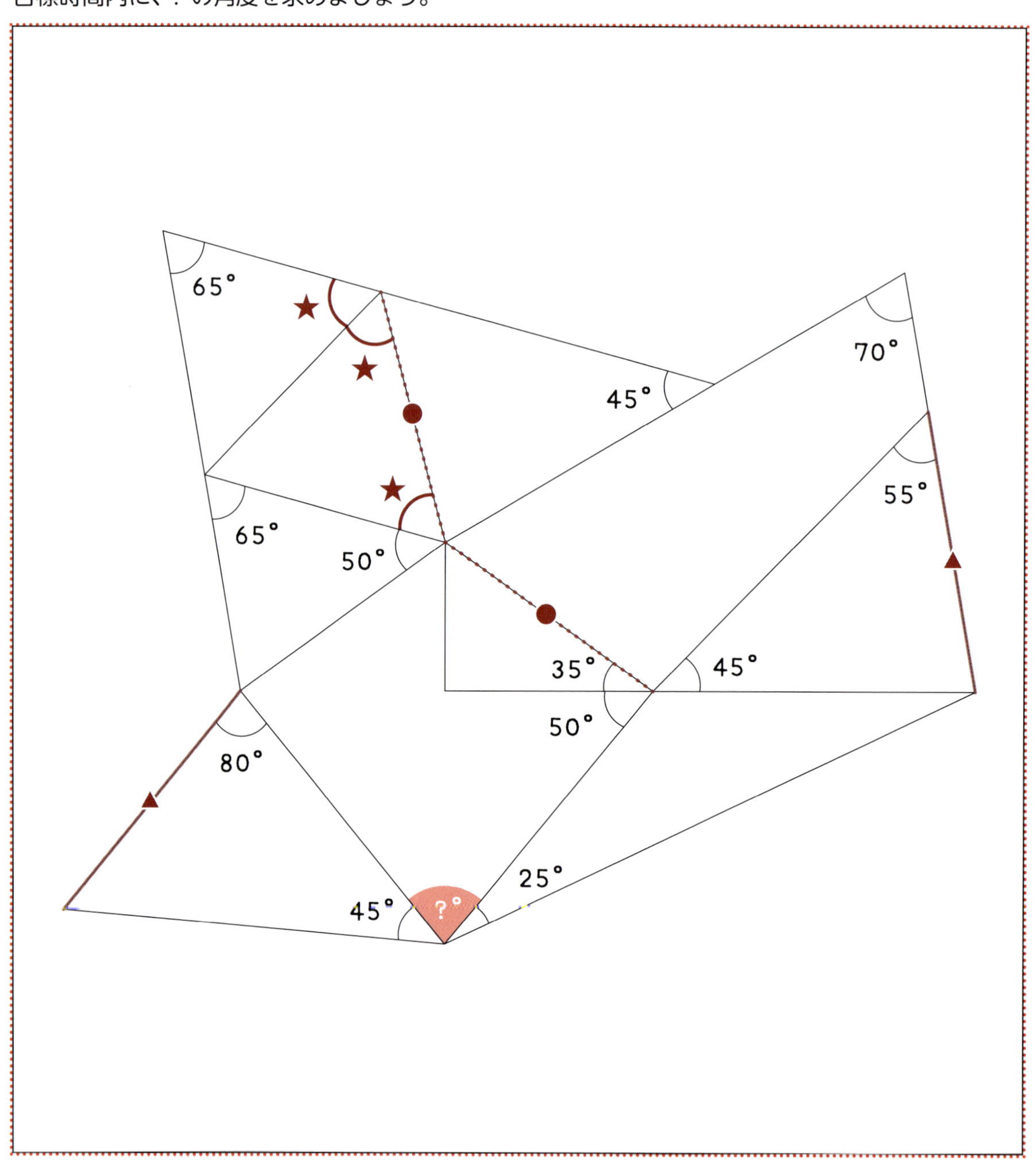

答え

目標時間内に、? の面積を求めましょう。

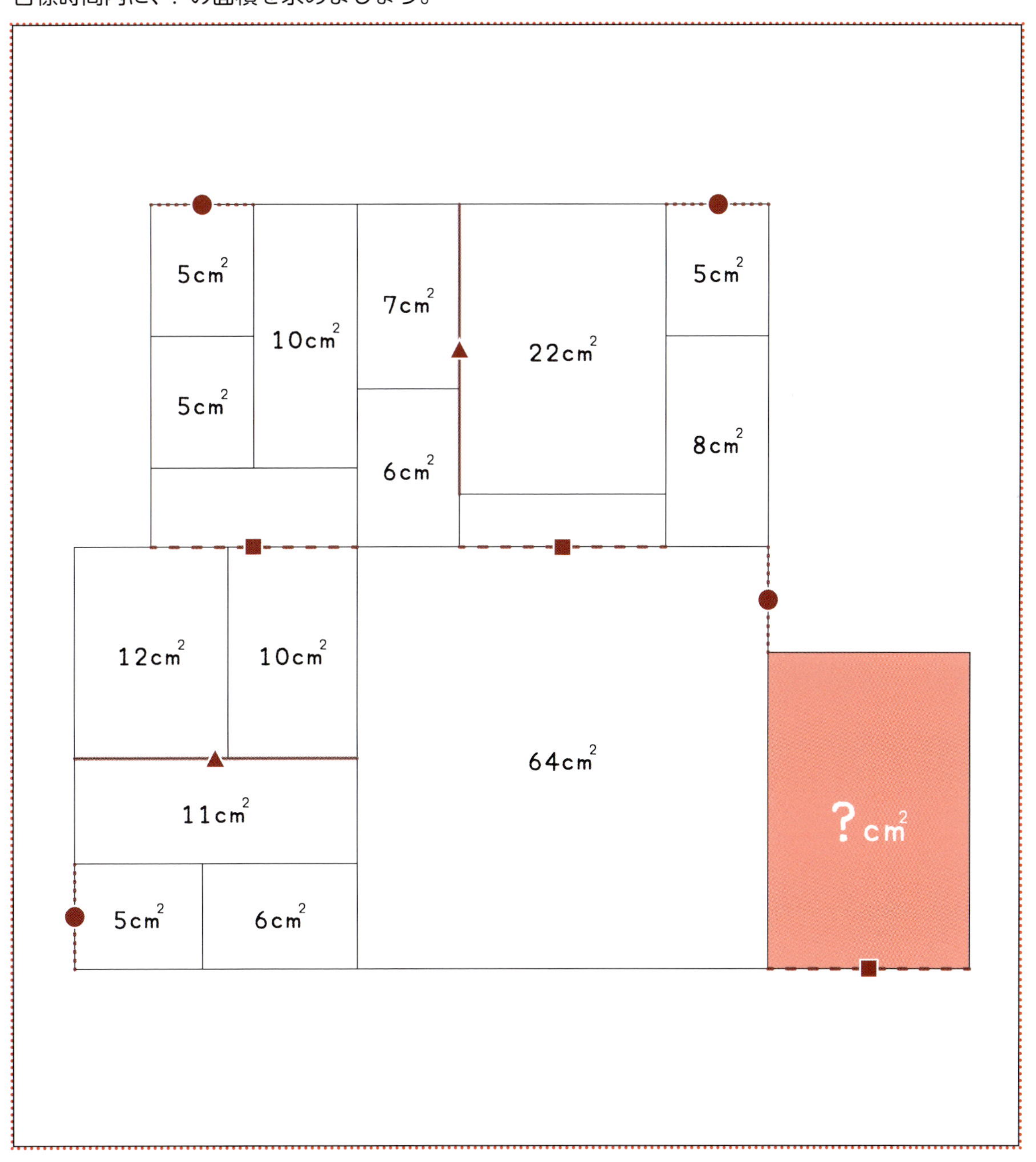

答え

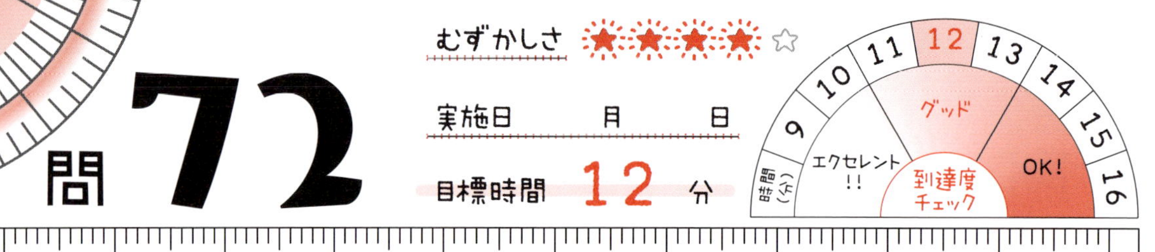

目標時間内に、？の角度を求めましょう。

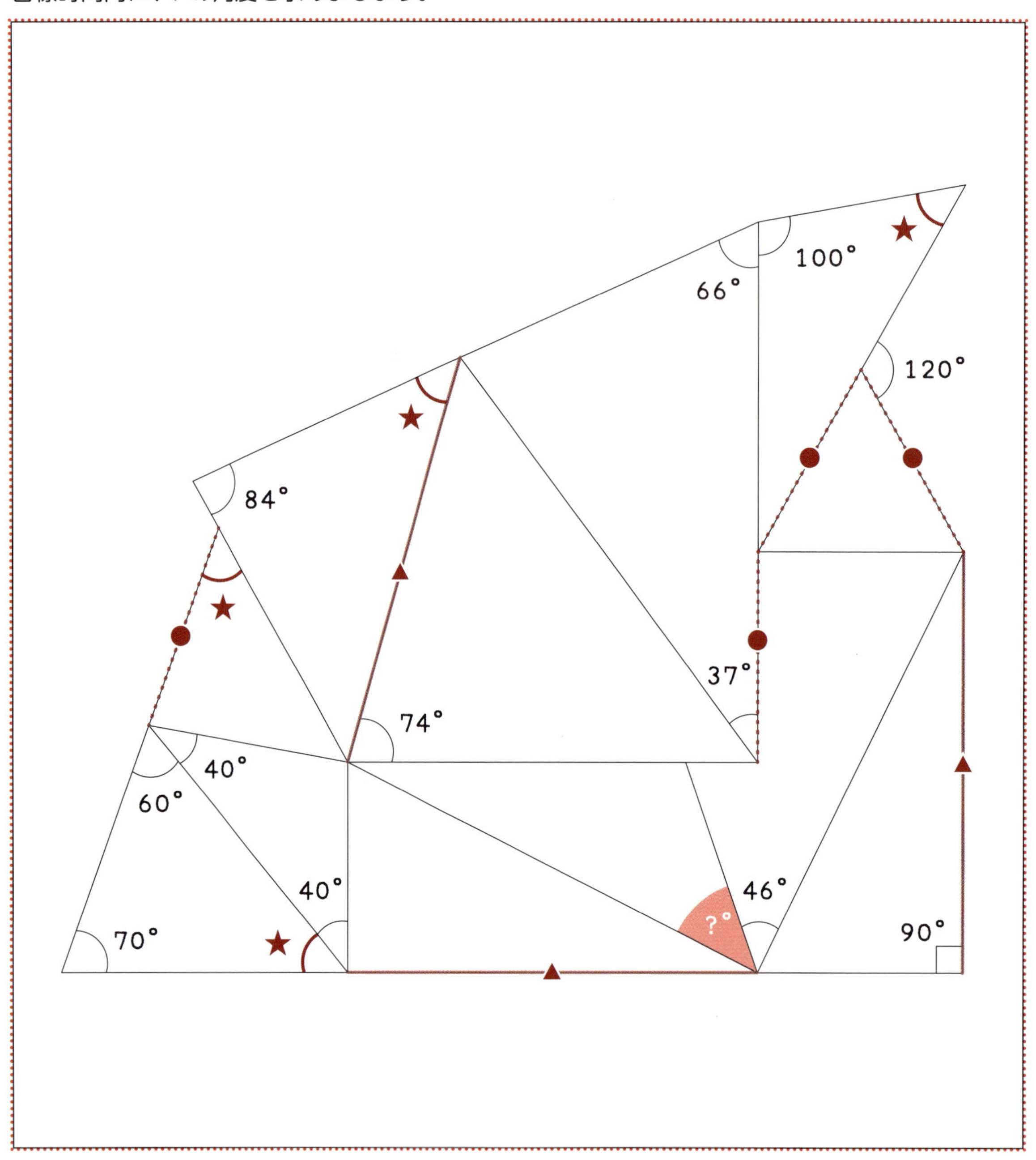

答え

目標時間内に、? の面積を求めましょう。

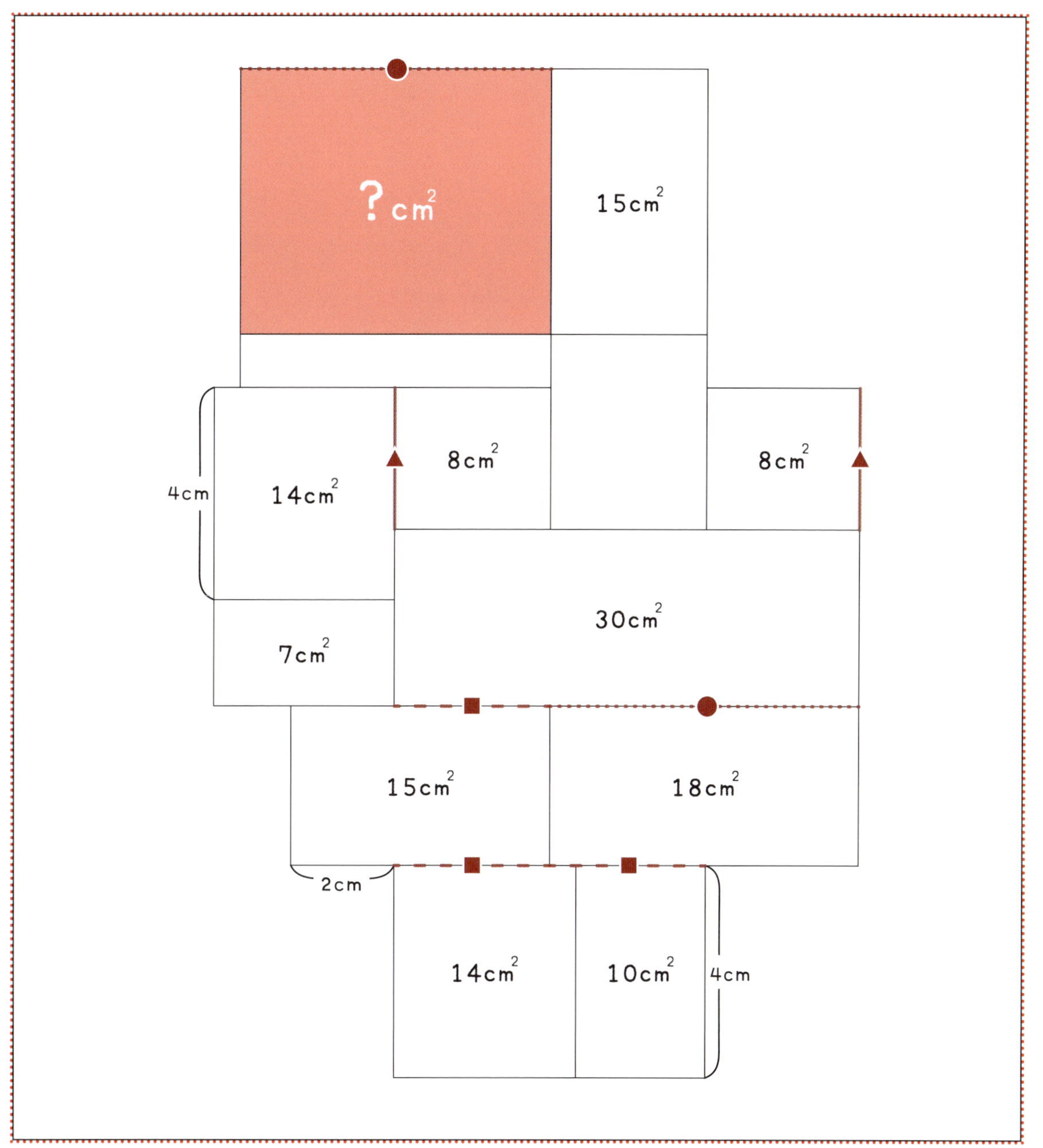

答え

目標時間内に、? の角度を求めましょう。

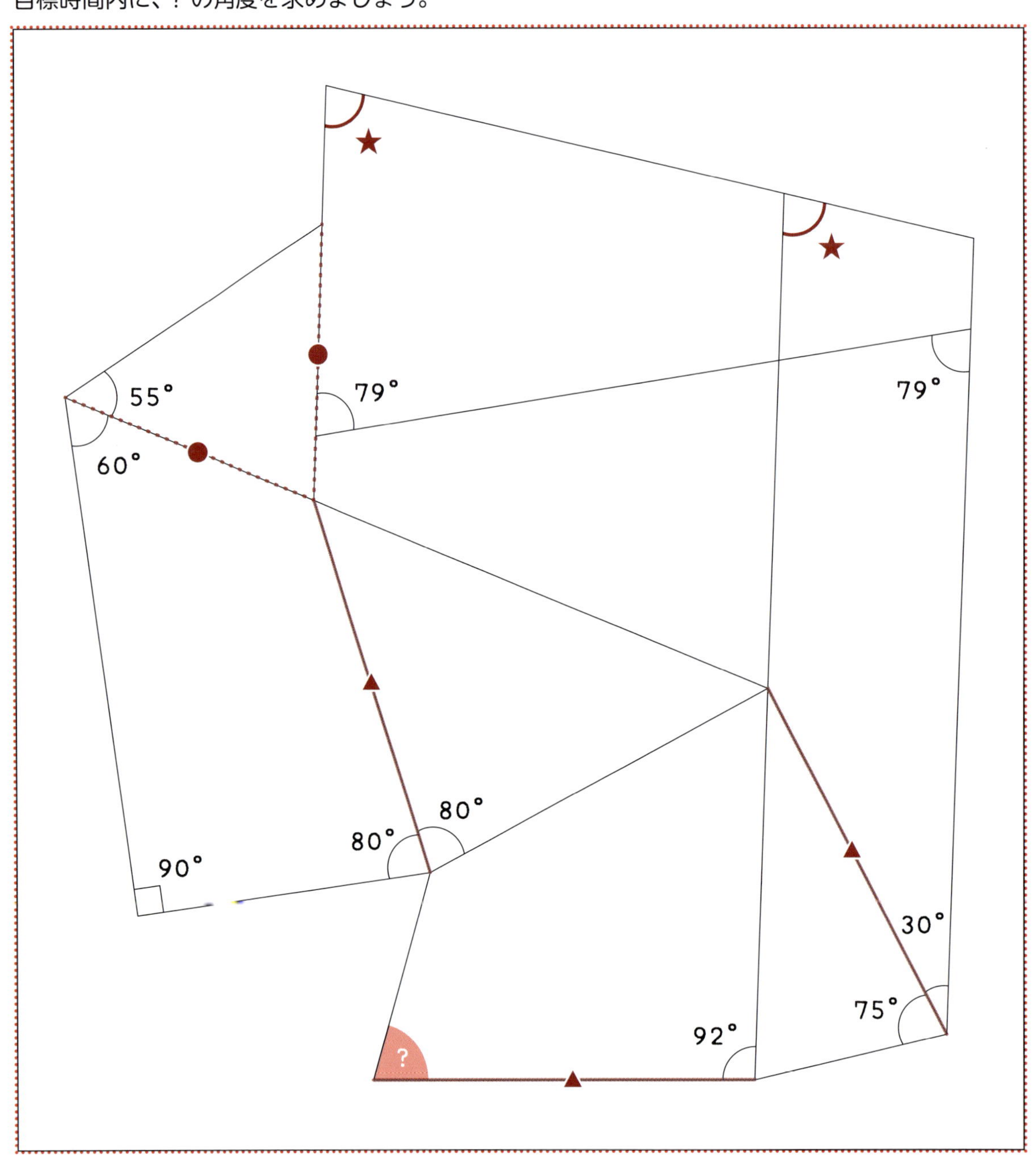

答え

問 75

むずかしさ ★★★★☆

実施日　　月　　日

目標時間 15 分

時間(分) 12 13 14 15 16 17 18 19
エクセレント!! グッド OK! 到達度チェック

目標時間内に、? の面積を求めましょう。

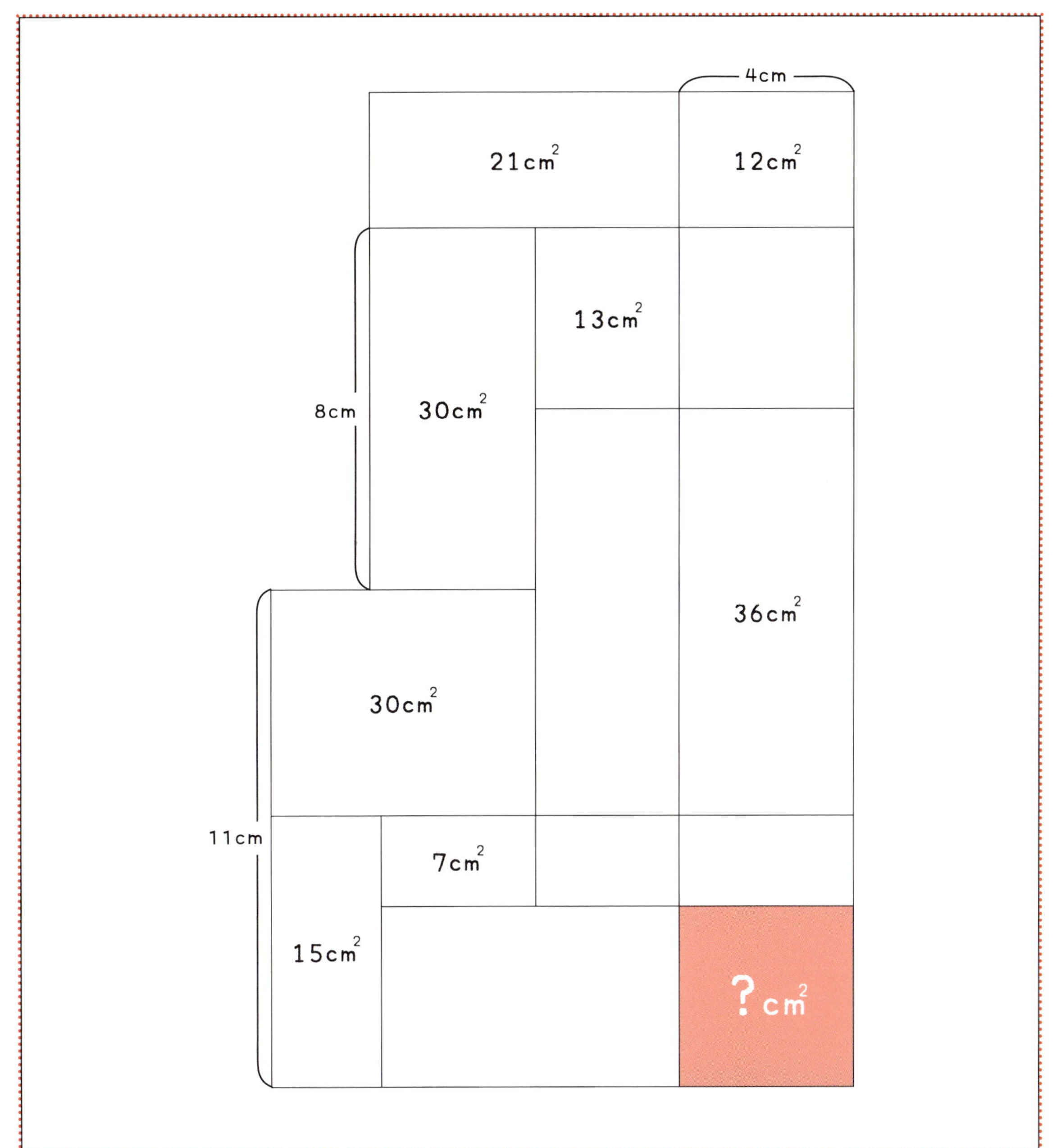

答え

問 76

むずかしさ ★★★★☆

実施日　　月　　日

目標時間 15 分

時間(分) 12 13 14 15 16 17 18 19
エクセレント!! グッド OK!
到達度チェック

目標時間内に、? の角度を求めましょう。

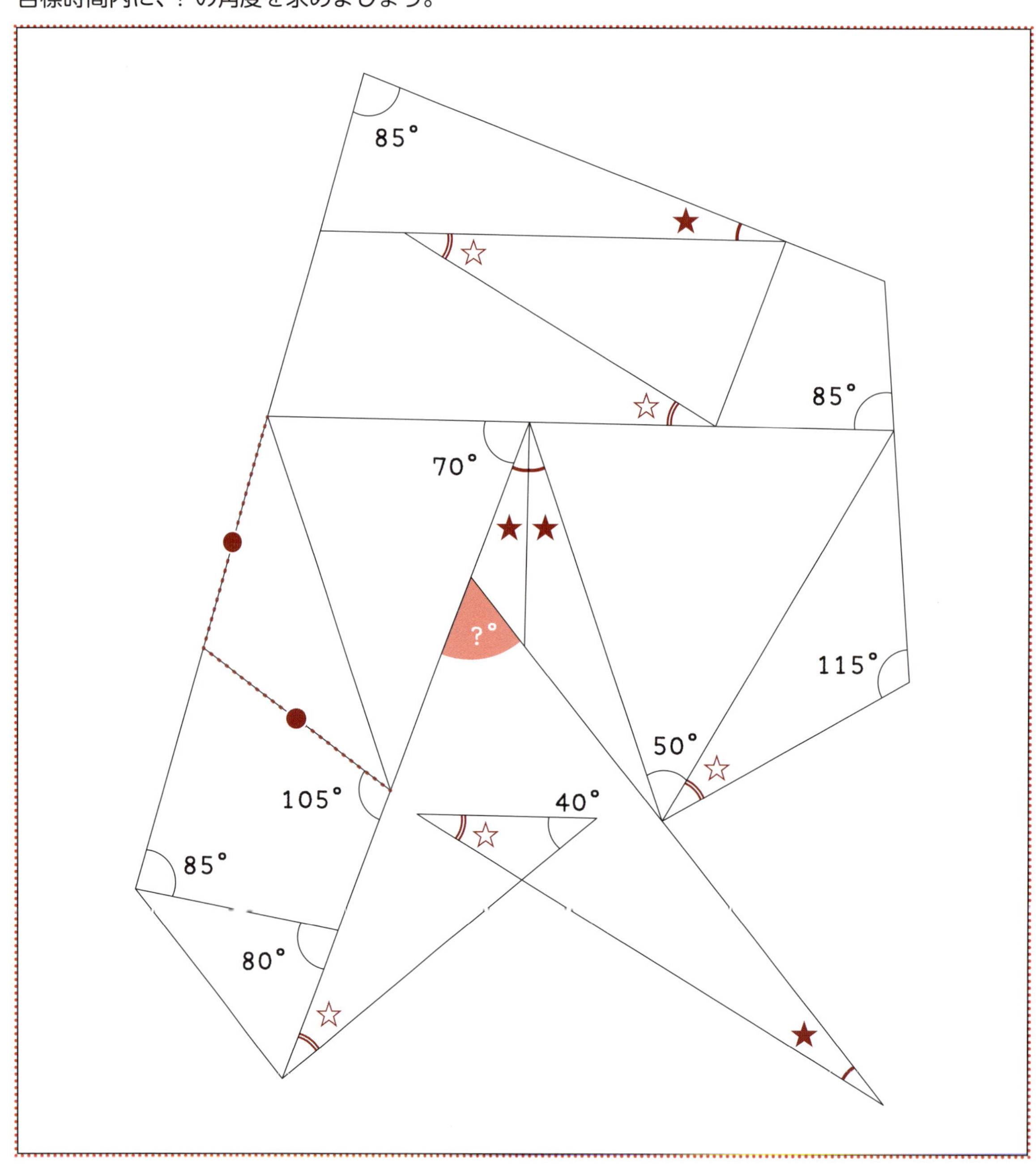

答え

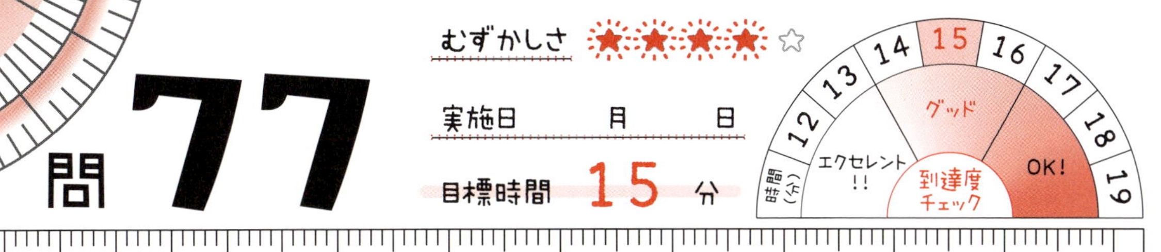

目標時間内に、？の面積を求めましょう。

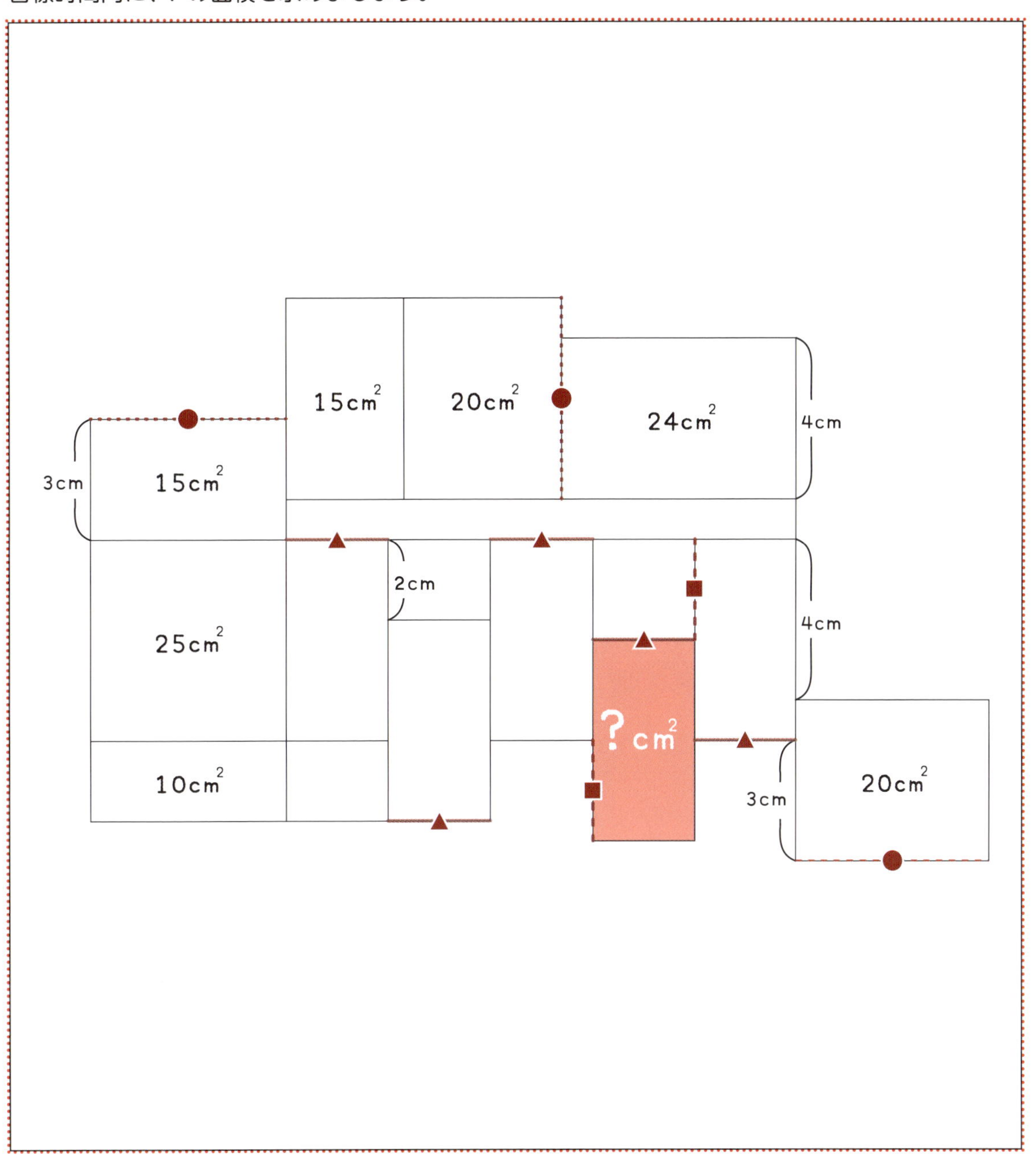

答え

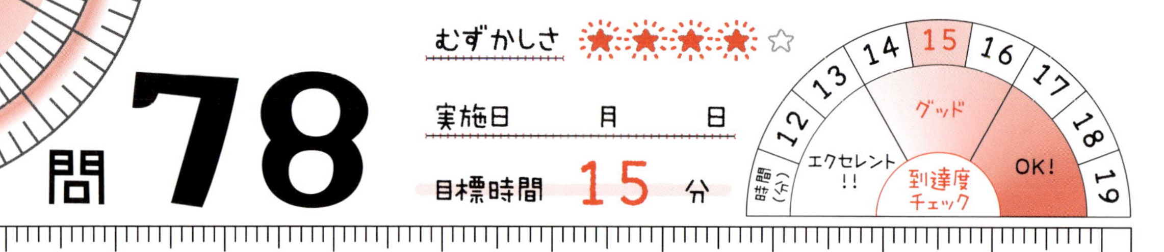

目標時間内に、? の角度を求めましょう。

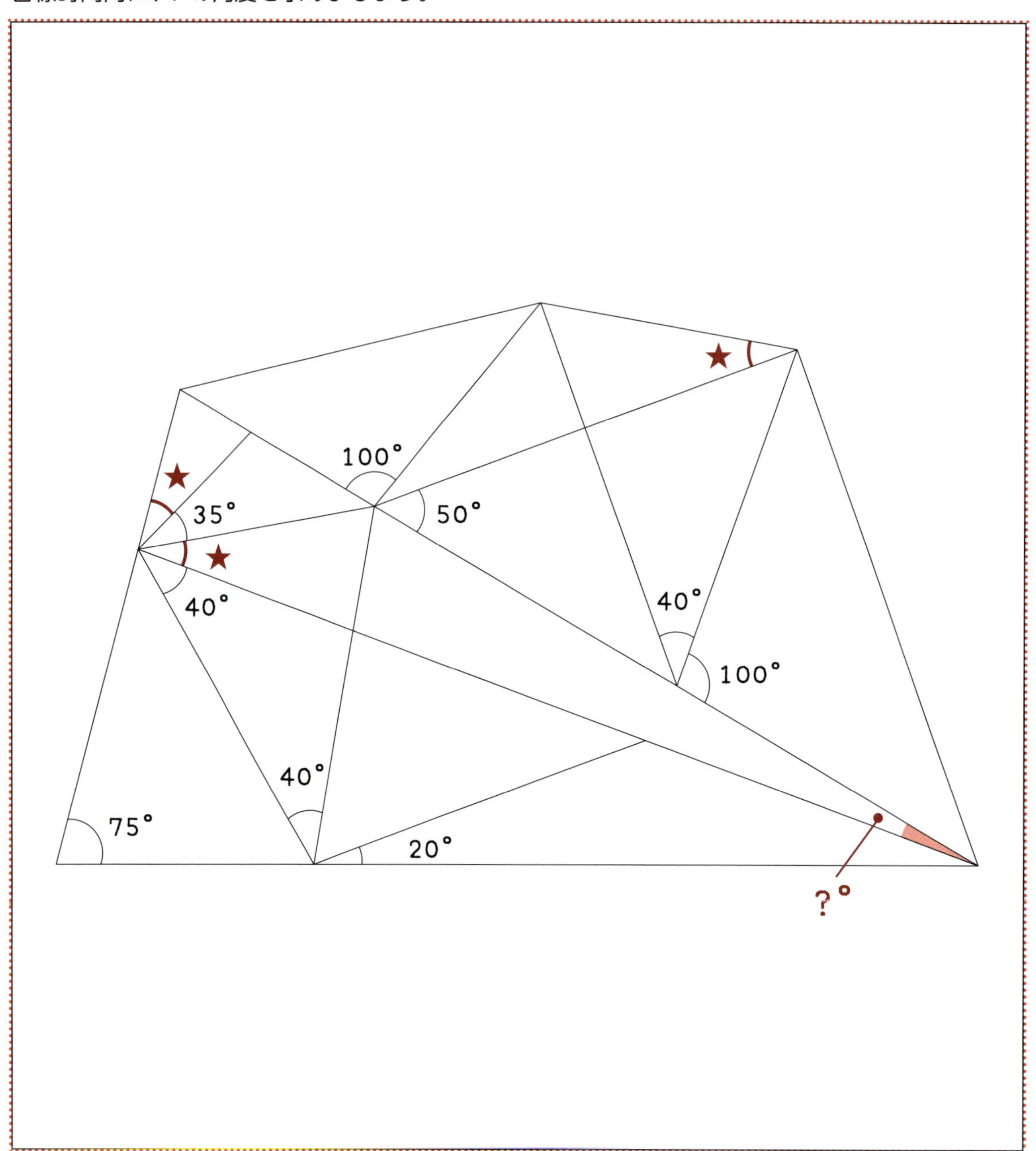

答え

問79

目標時間内に、？の面積を求めましょう。

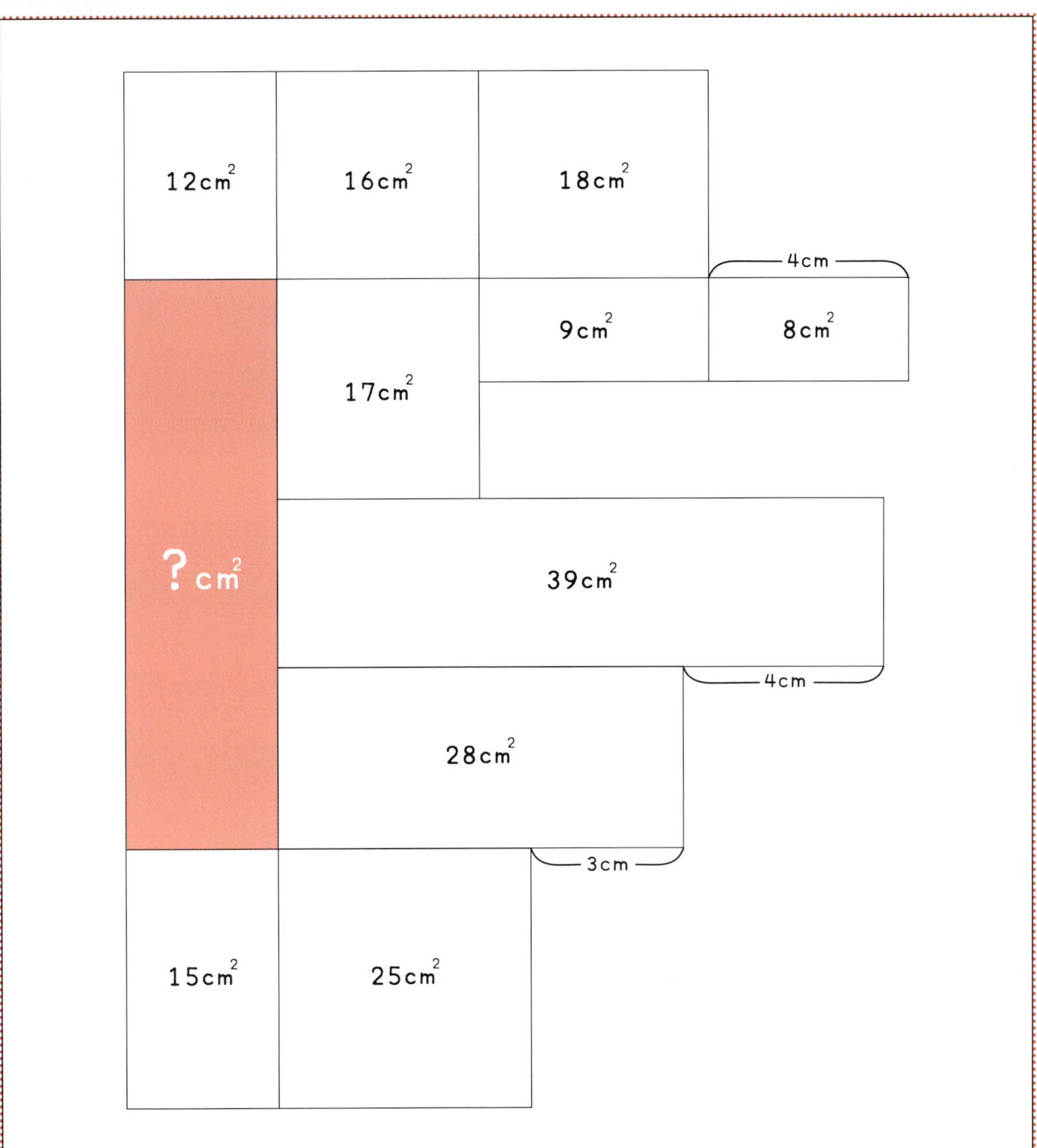

答え

むずかしさ ★★★★☆

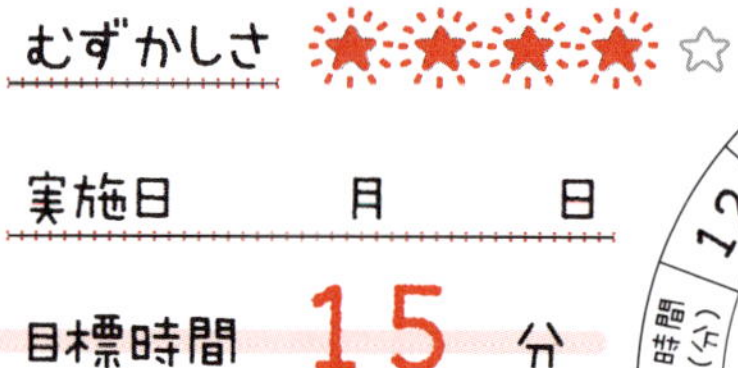

問80

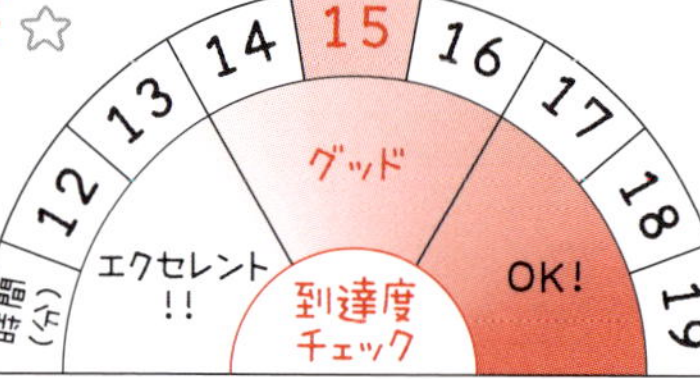

実施日　　月　　日

目標時間 15 分

目標時間内に、? の角度を求めましょう。

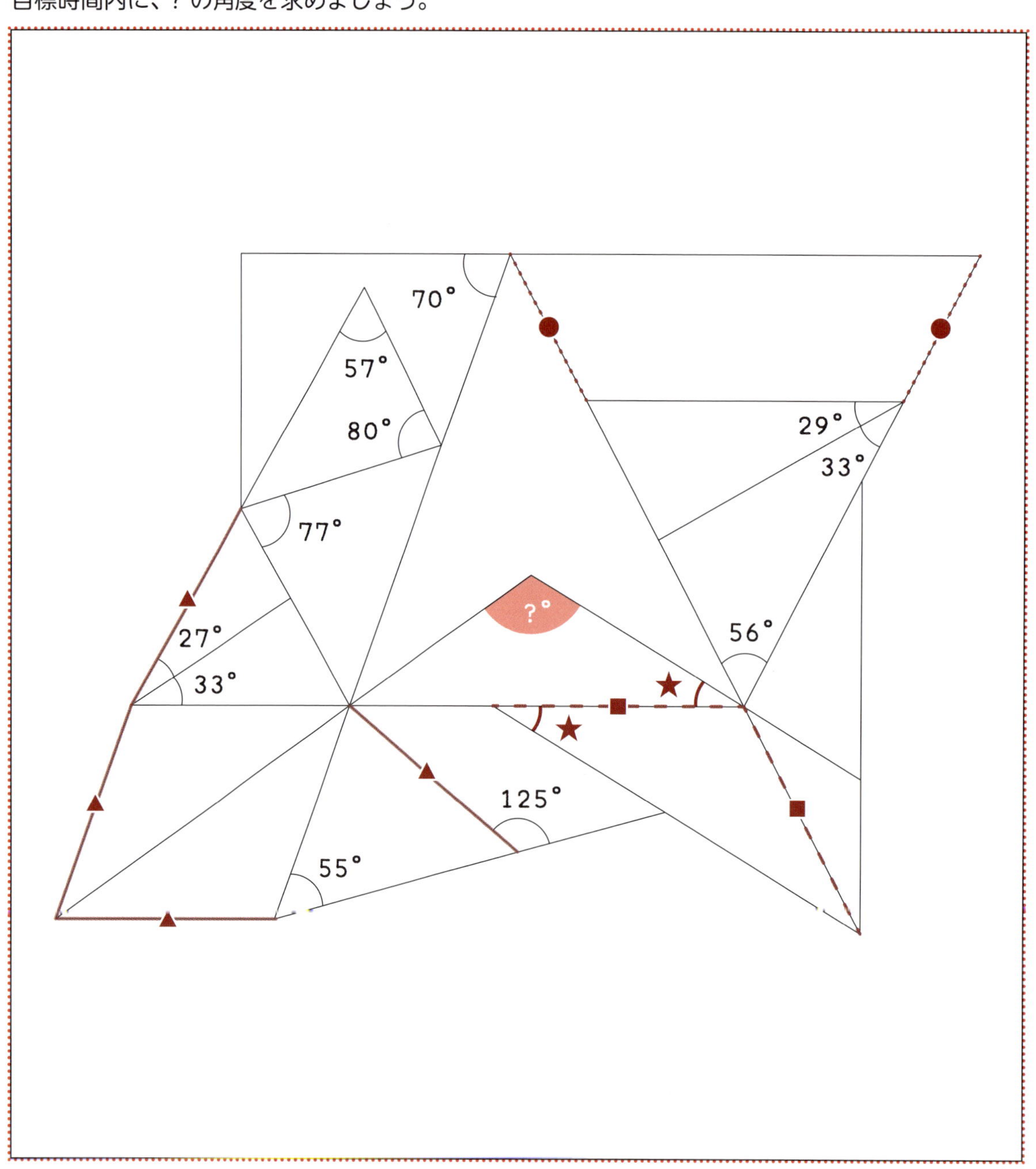

答え

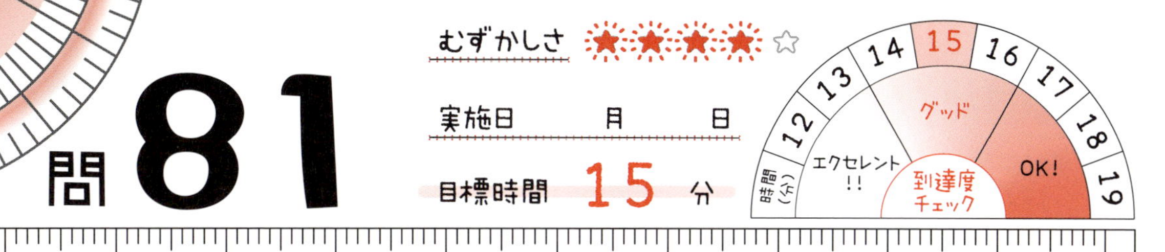

目標時間内に、? の面積を求めましょう。

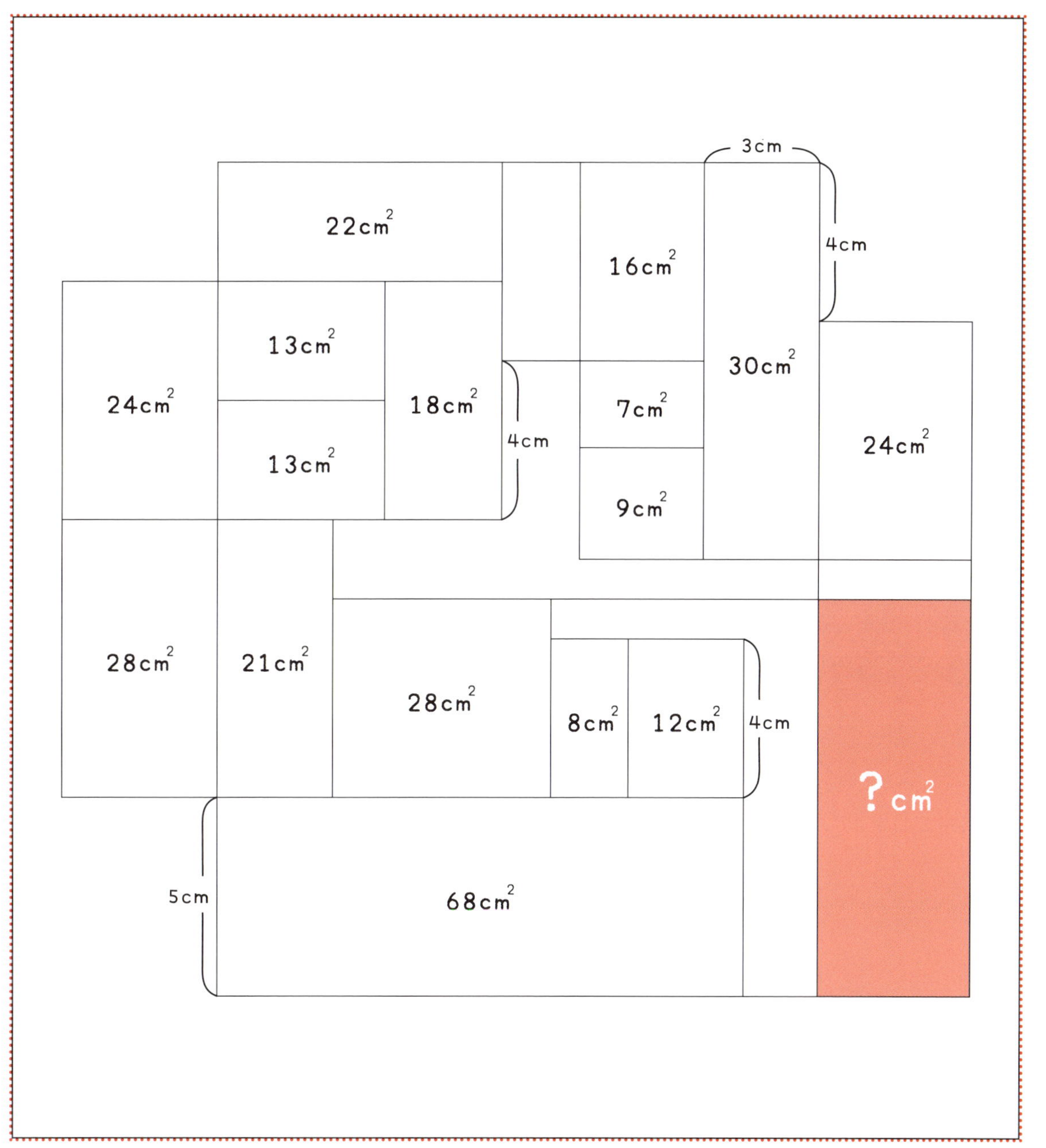

答え

問 82

むずかしさ ★★★★☆

目標時間 15 分

目標時間内に、？の面積を求めましょう。

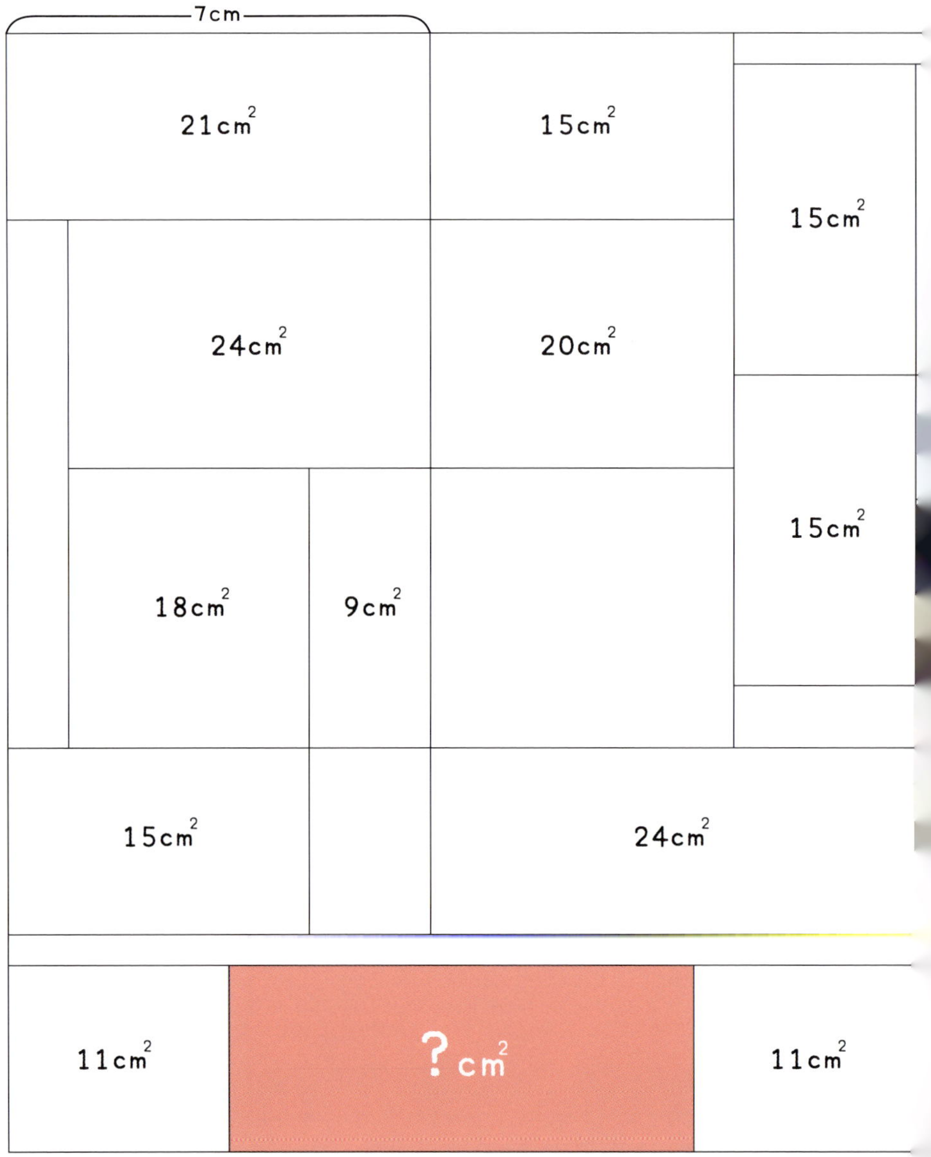

7cm

21cm²
15cm²
15cm²
24cm²
20cm²
15cm²
18cm²
9cm²
15cm²
24cm²
11cm²
？cm²
11cm²

時間（分） 12 13 14 15 16 17 18 19

エクセレント!! グッド OK!

到達度チェック

実施日　月　日

27cm²

35cm²

16cm²

12cm²

14cm²

21cm²

12cm²

15cm²

18cm²

20cm²

18cm²

答え

問83

むずかしさ ★★★★☆

目標時間 15 分

目標時間内に、? の面積を求めましょう。

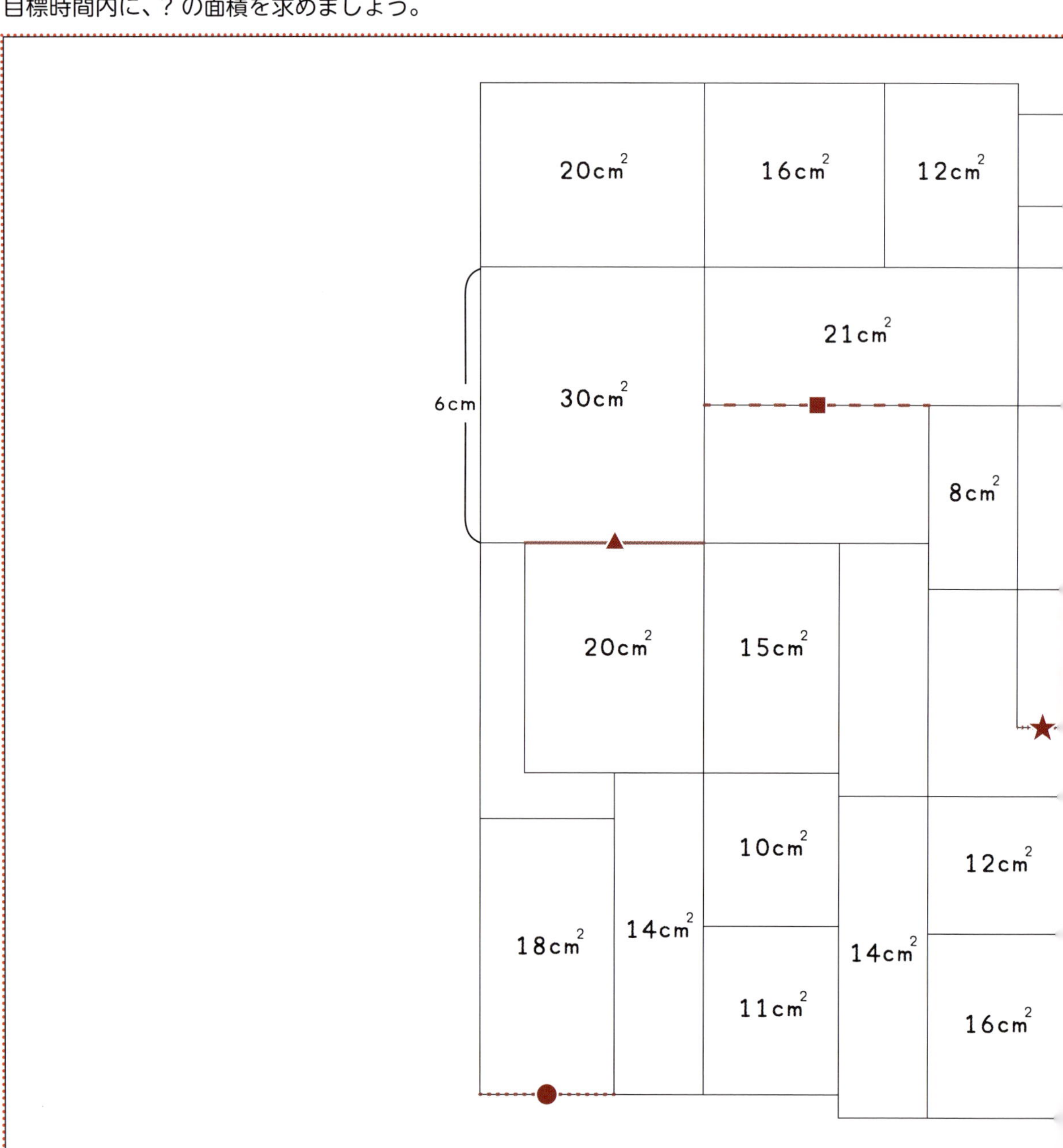

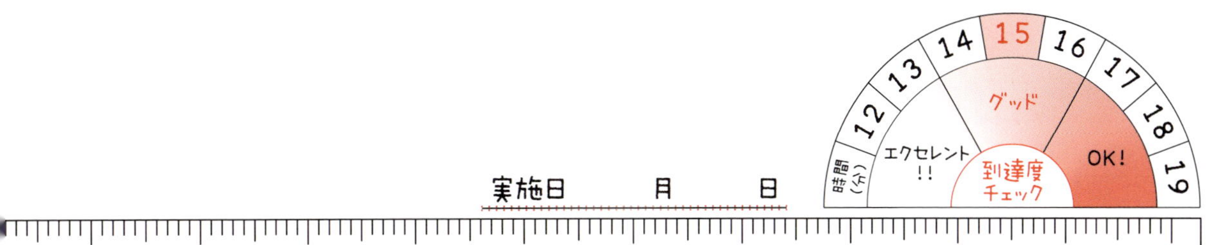

10cm²
18cm²
21cm²
13cm²
26cm²
15cm²
7cm²
30cm²
12cm²
?cm²
7cm²
19cm²
20cm²
13cm²
28cm²
21cm²
13cm²
8cm²

答え

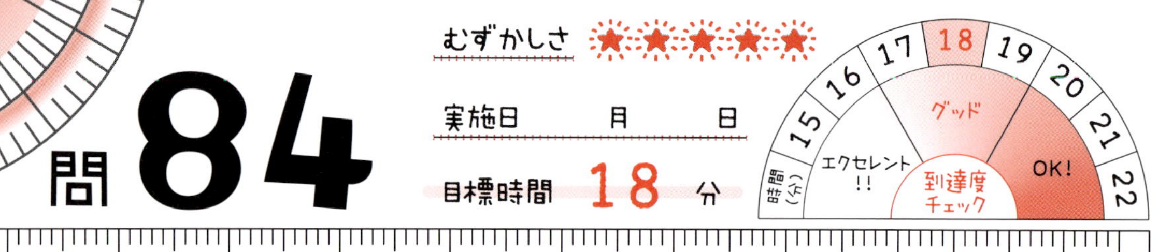

目標時間内に、? の面積を求めましょう。

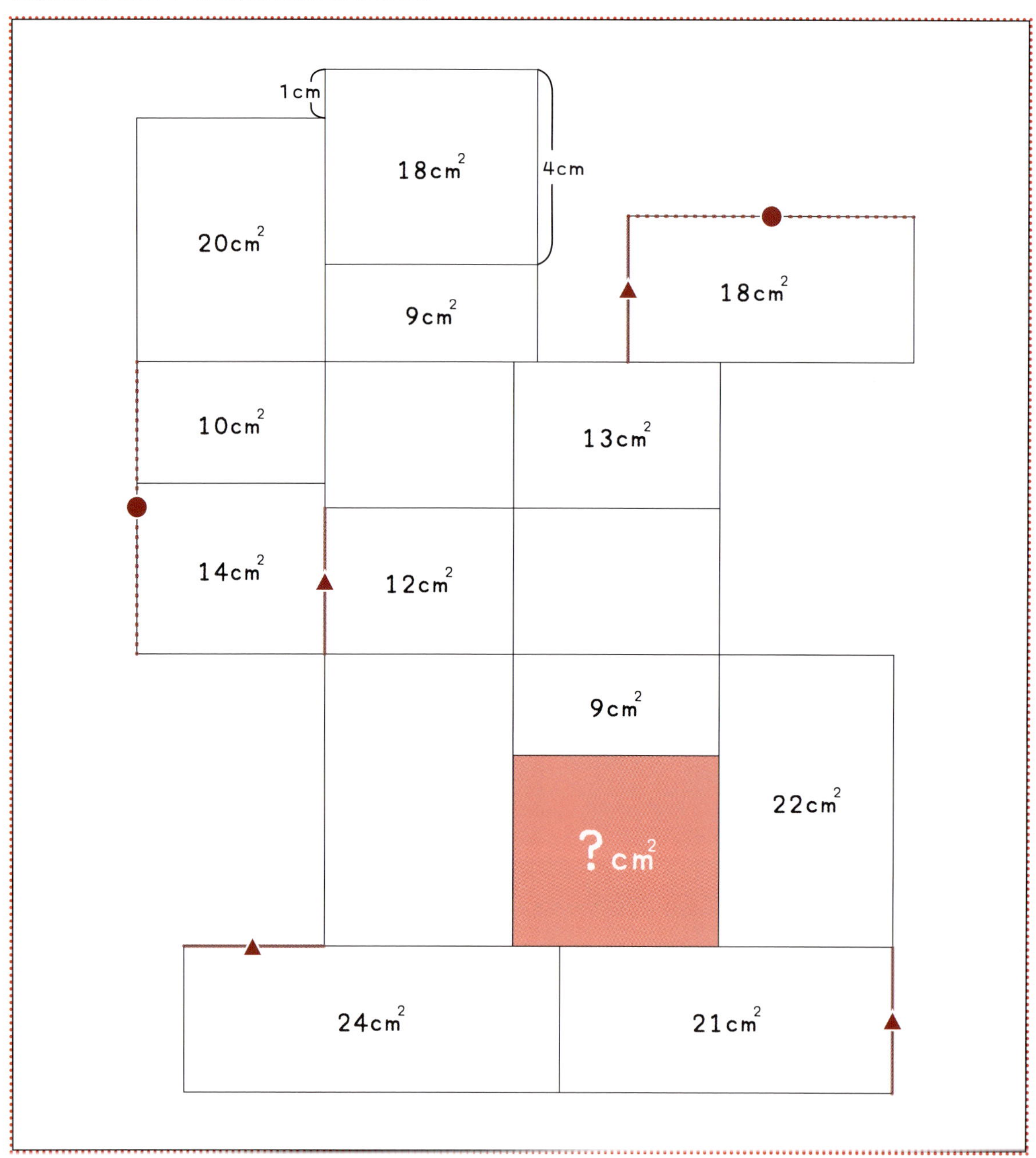

答え

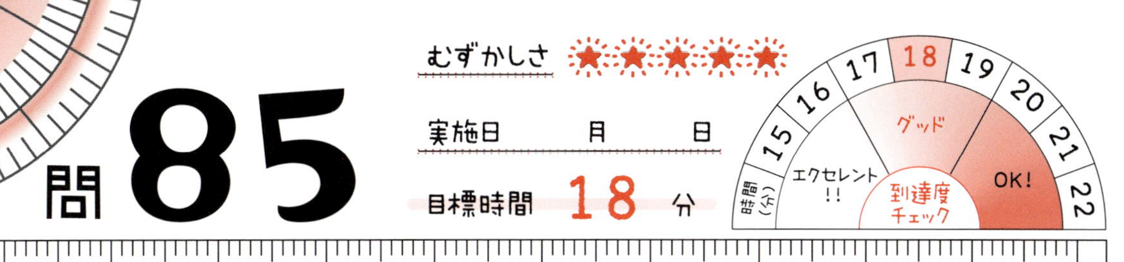

目標時間内に、？の角度を求めましょう。

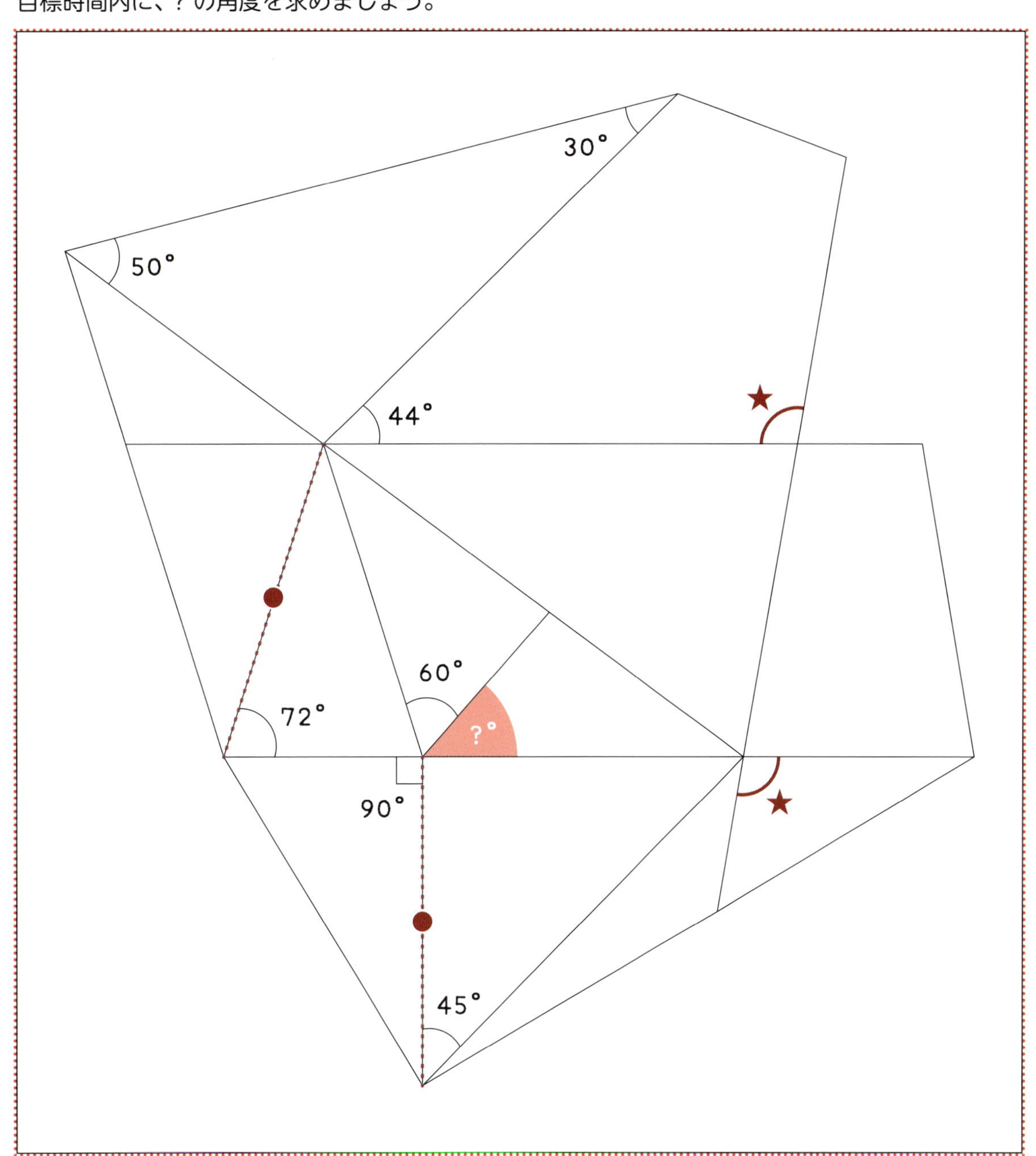

答え

むずかしさ ★★★★★

実施日　　月　　日

目標時間 18 分

時間(分) 15 16 17 18 19 20 21 22

エクセレント!! グッド OK! 到達度チェック

目標時間内に、？の面積を求めましょう。

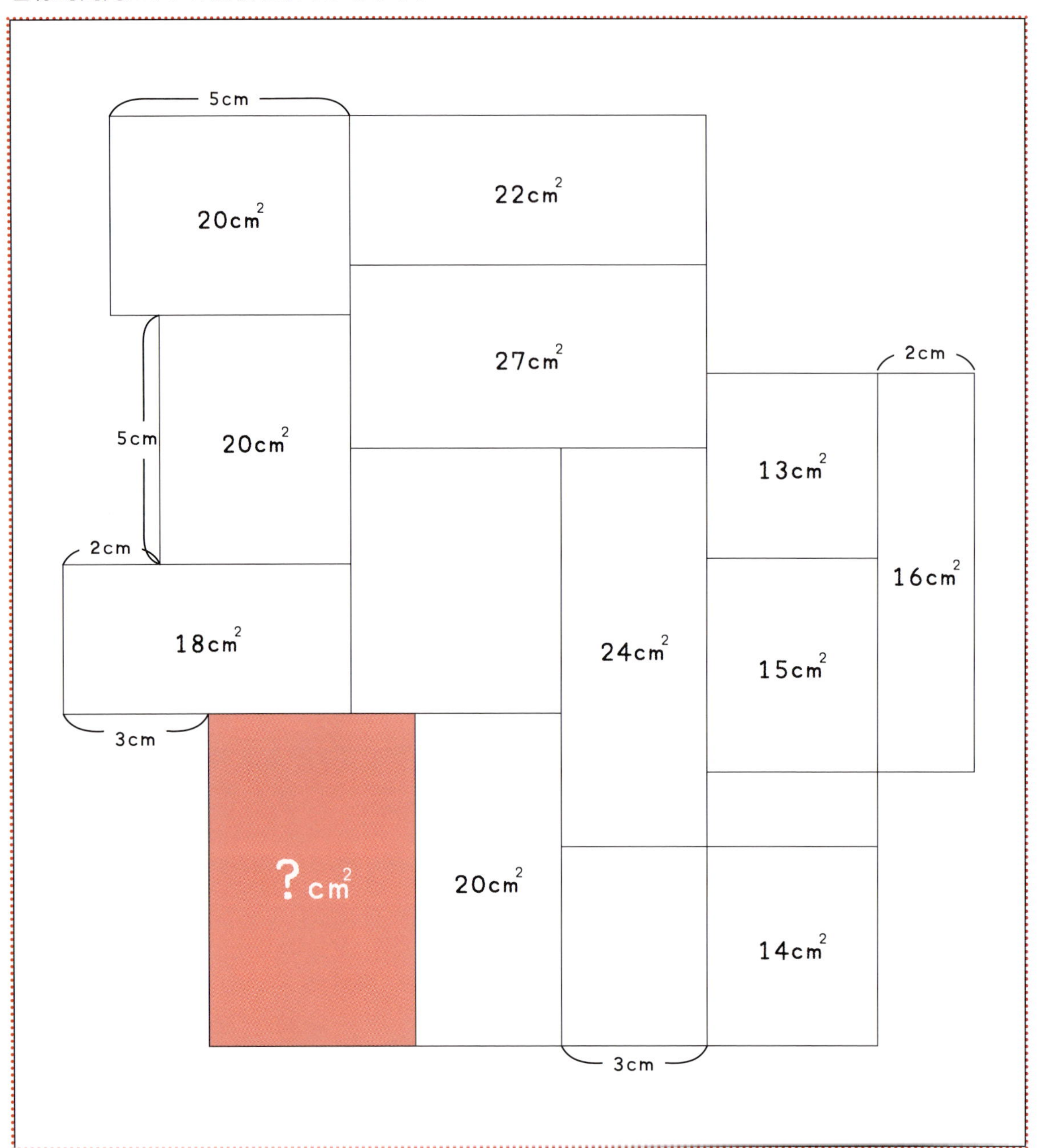

答え

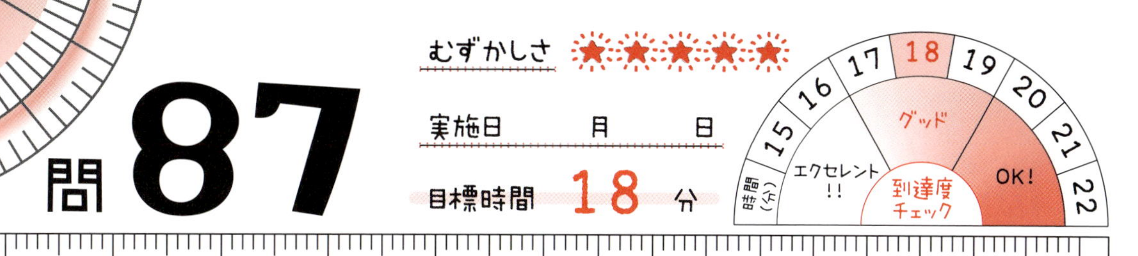

目標時間内に、?の角度を求めましょう。

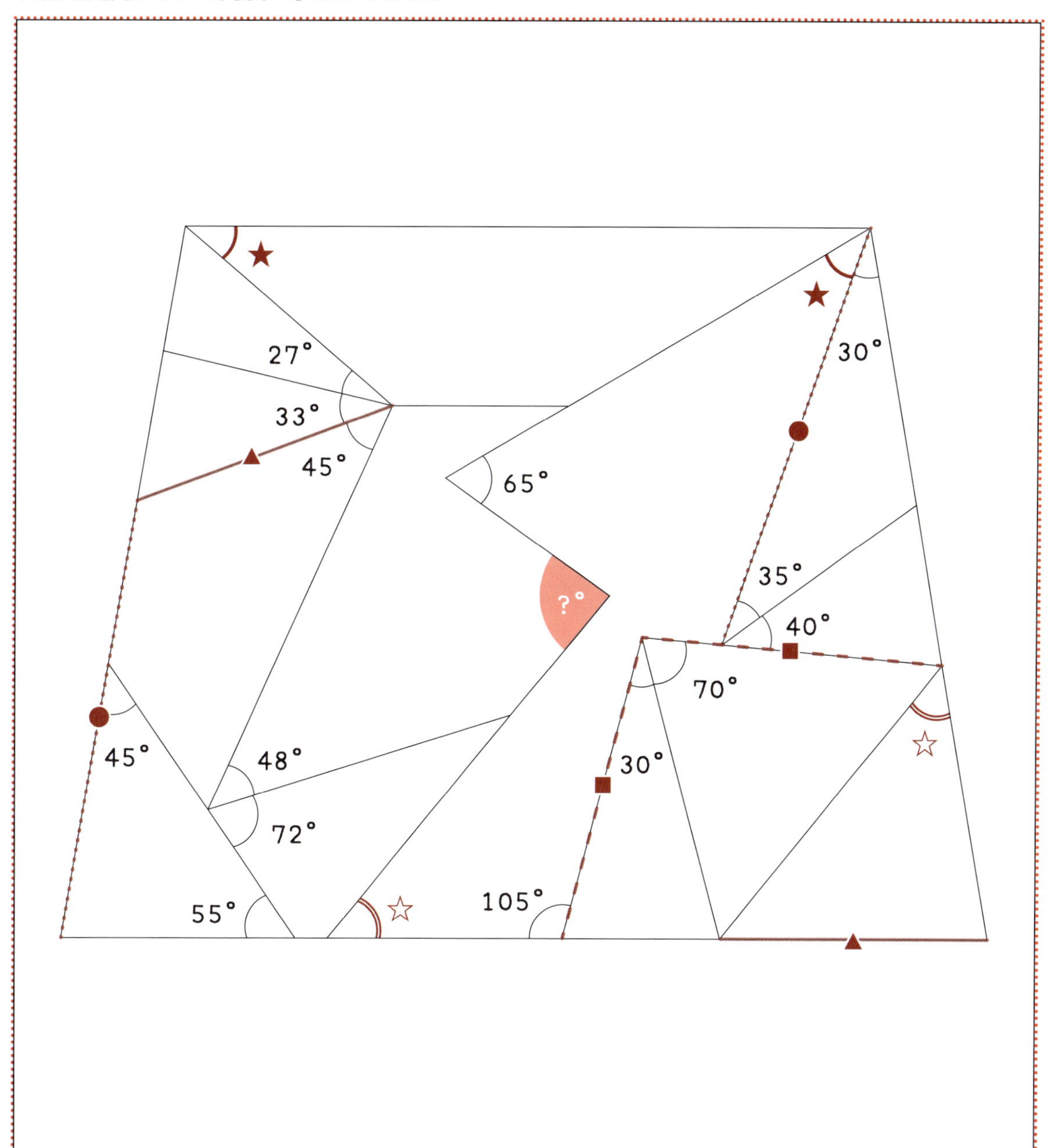

答え

問88

むずかしさ ★★★★★

目標時間 18 分

目標時間内に、？の面積を求めましょう。

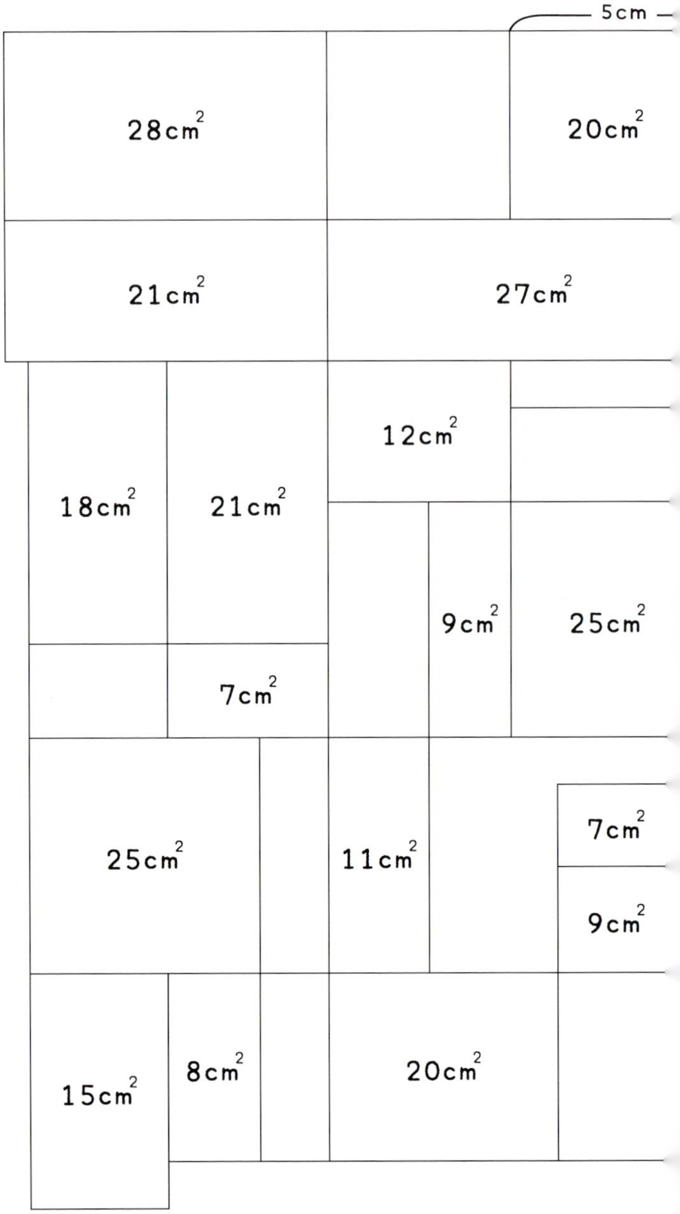

5cm

28cm²
20cm²
21cm²
27cm²
12cm²
18cm²
21cm²
9cm²
25cm²
7cm²
25cm²
11cm²
7cm²
9cm²
15cm²
8cm²
20cm²

時間（分） 15 16 17 18 19 20 21 22

エクセレント!! グッド OK! 到達度チェック

実施日　　月　　日

? cm²

24cm²

18cm²

36cm²

9cm²

10cm²

11cm²

15cm²

20cm²

12cm²

28cm²

12cm²

答え

問 89

むずかしさ ★★★★★

目標時間 18 分

目標時間内に、？の角度を求めましょう。

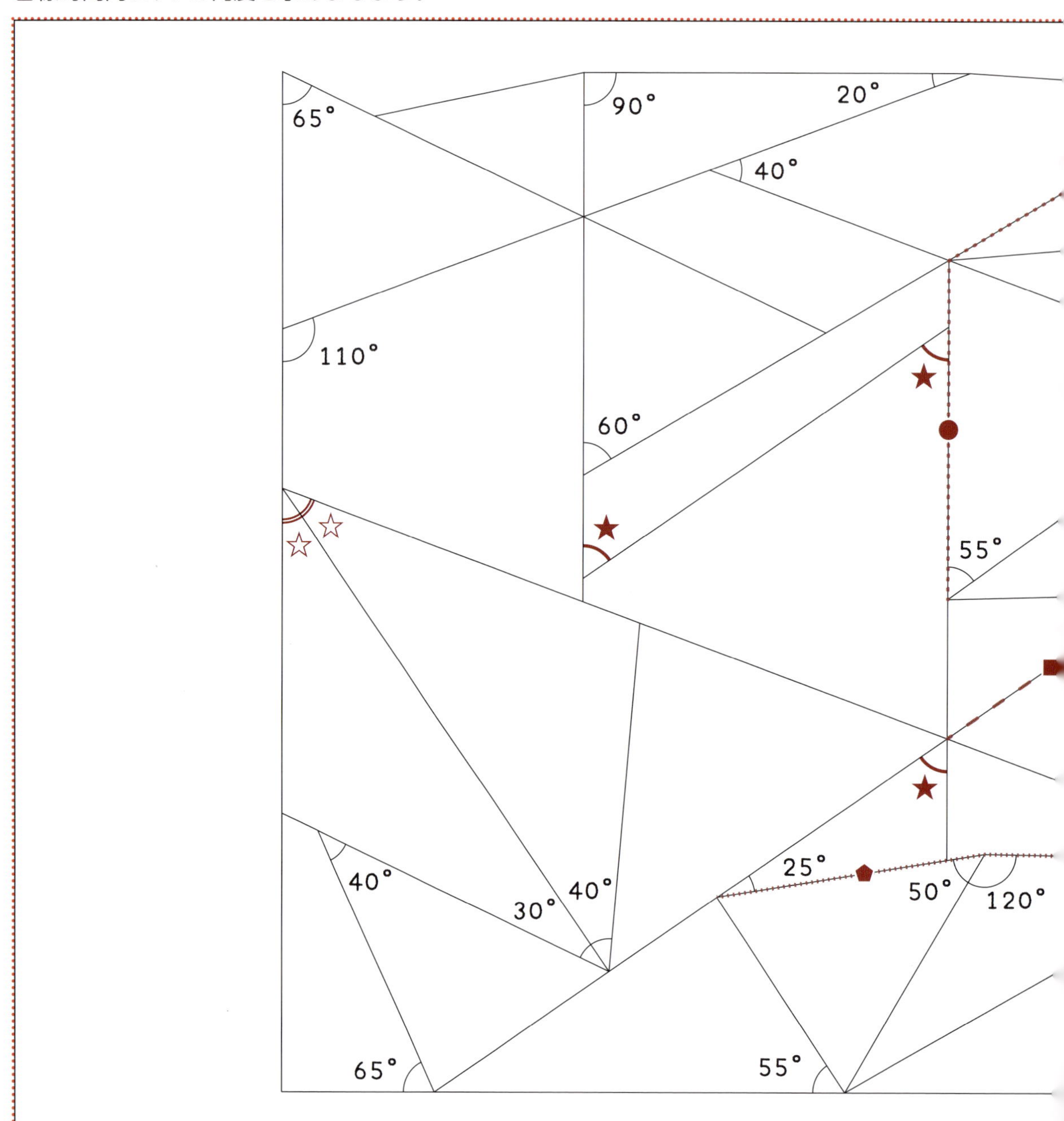

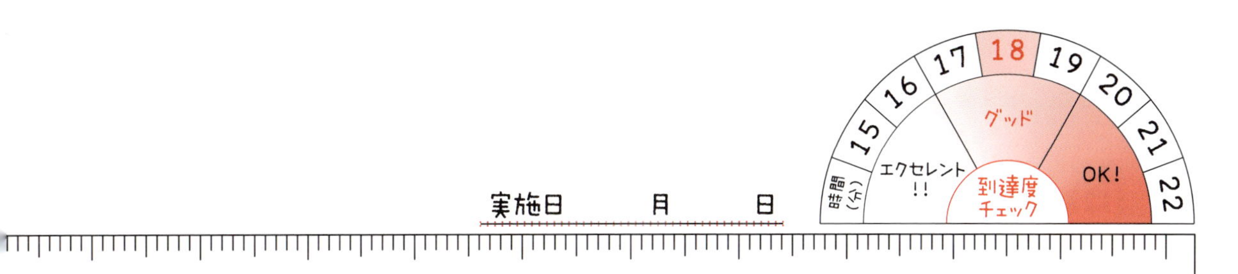
時間（分）
15
16
17
18
19
20
21
22
エクセレント!!
グッド
OK!
到達度チェック

実施日　　　月　　　日

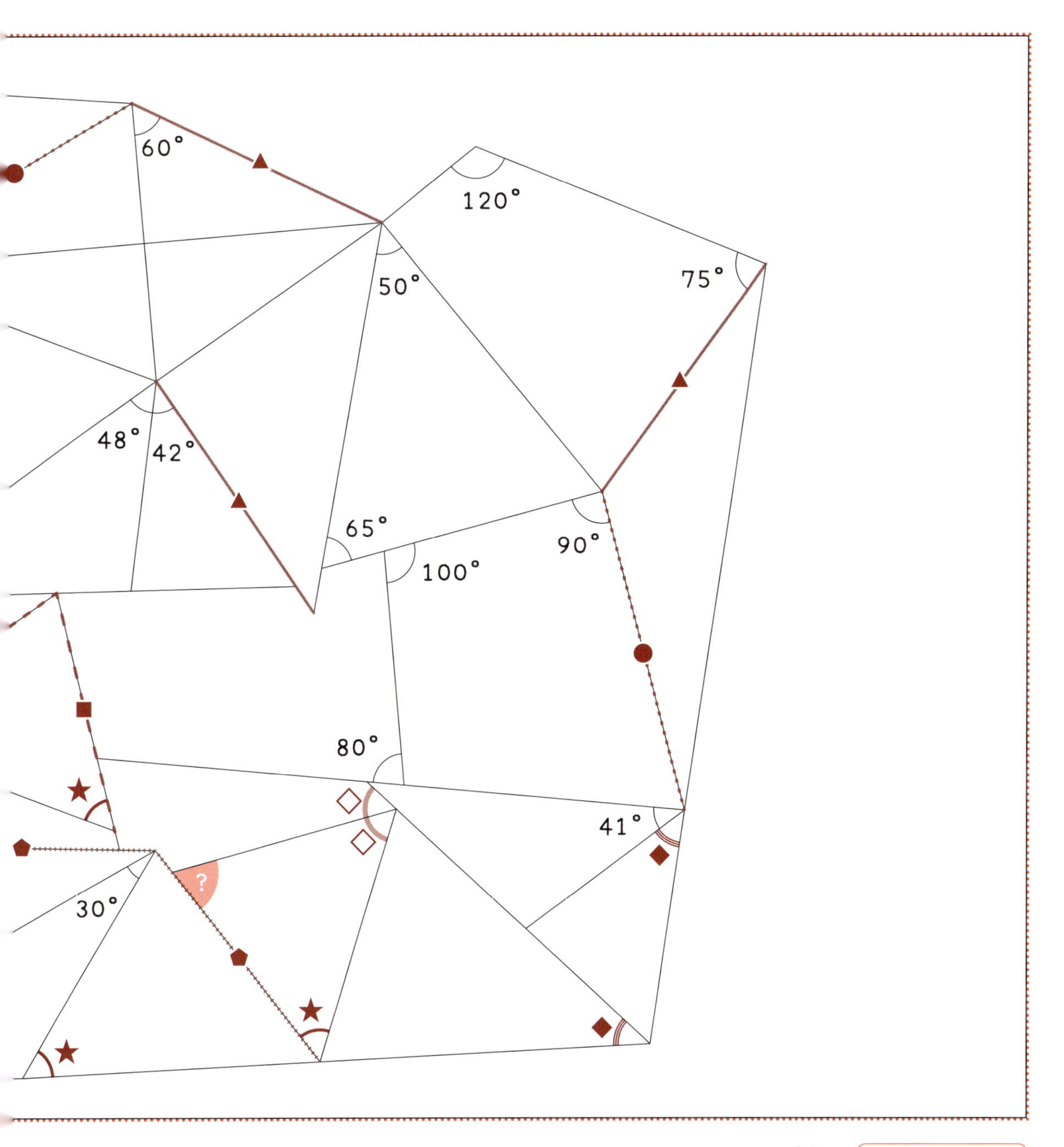
60°
120°
75°
50°
48°
42°
65°
90°
100°
80°
41°
30°
?

答え

むずかしさ ★★★★★

問 90

実施日　月　日

目標時間 15 分

目標時間内に、? の面積を求めましょう。

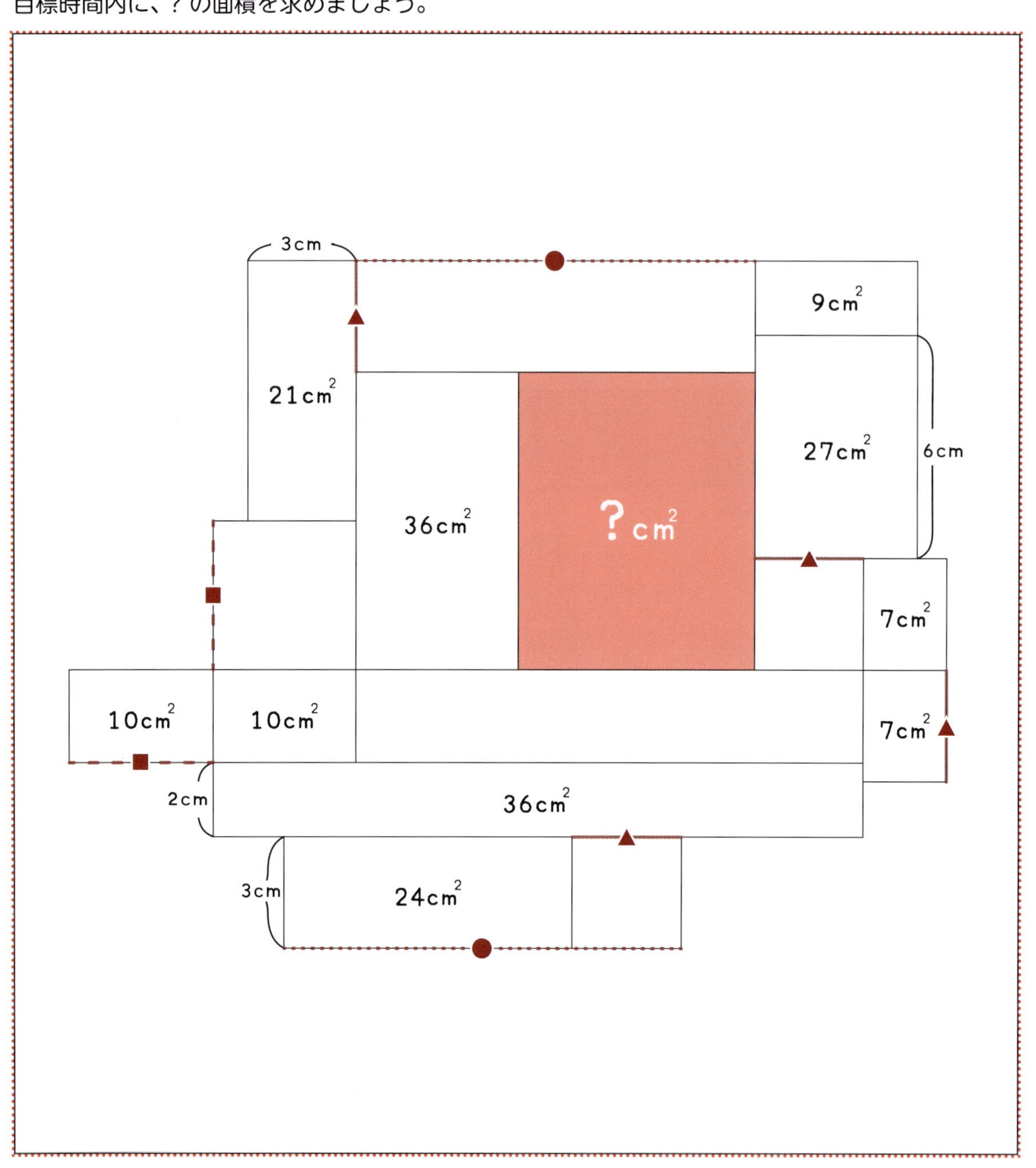

答え

問91

目標時間内に、？の角度を求めましょう。

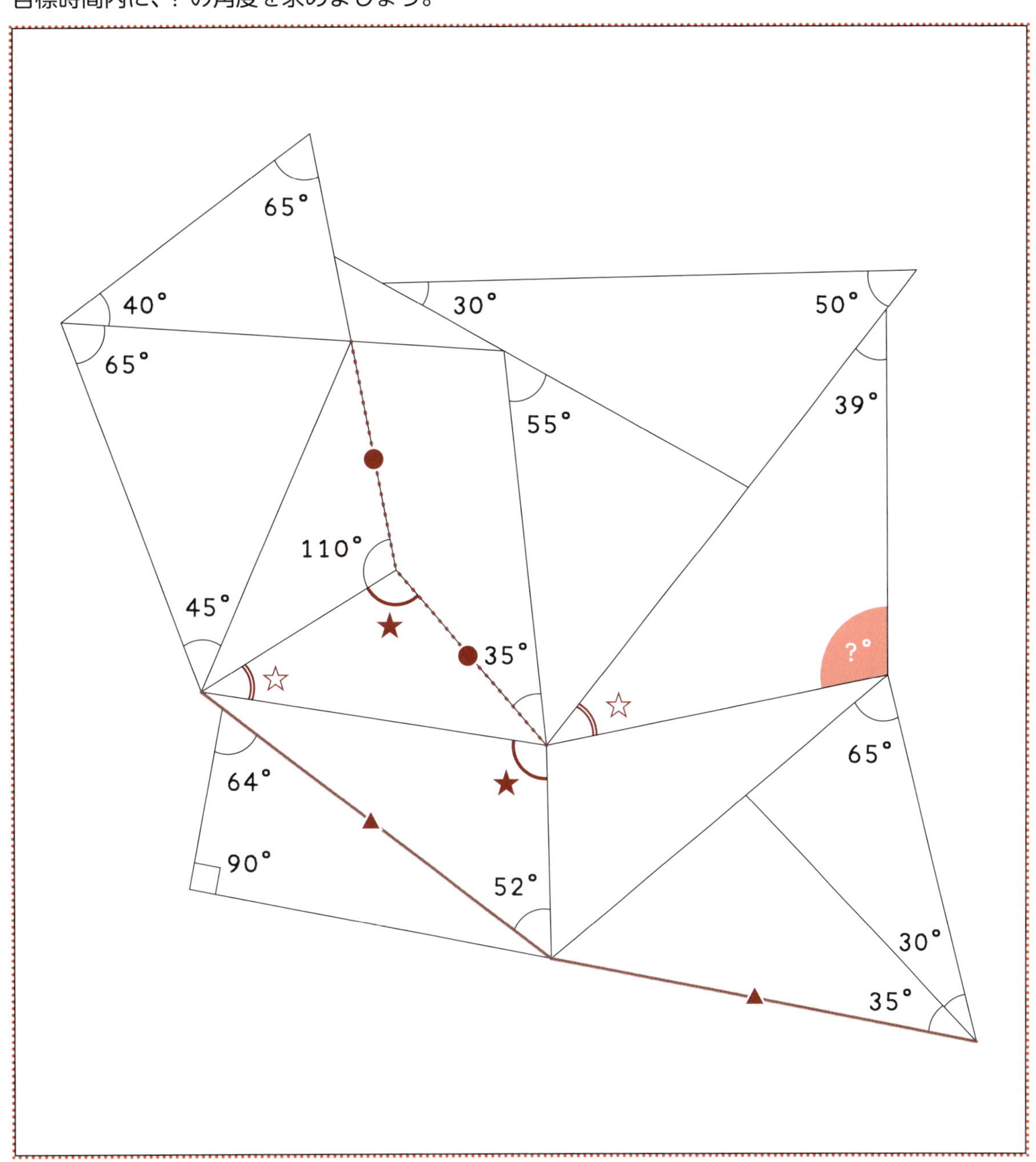

答え

問 92

目標時間内に、？の面積を求めましょう。

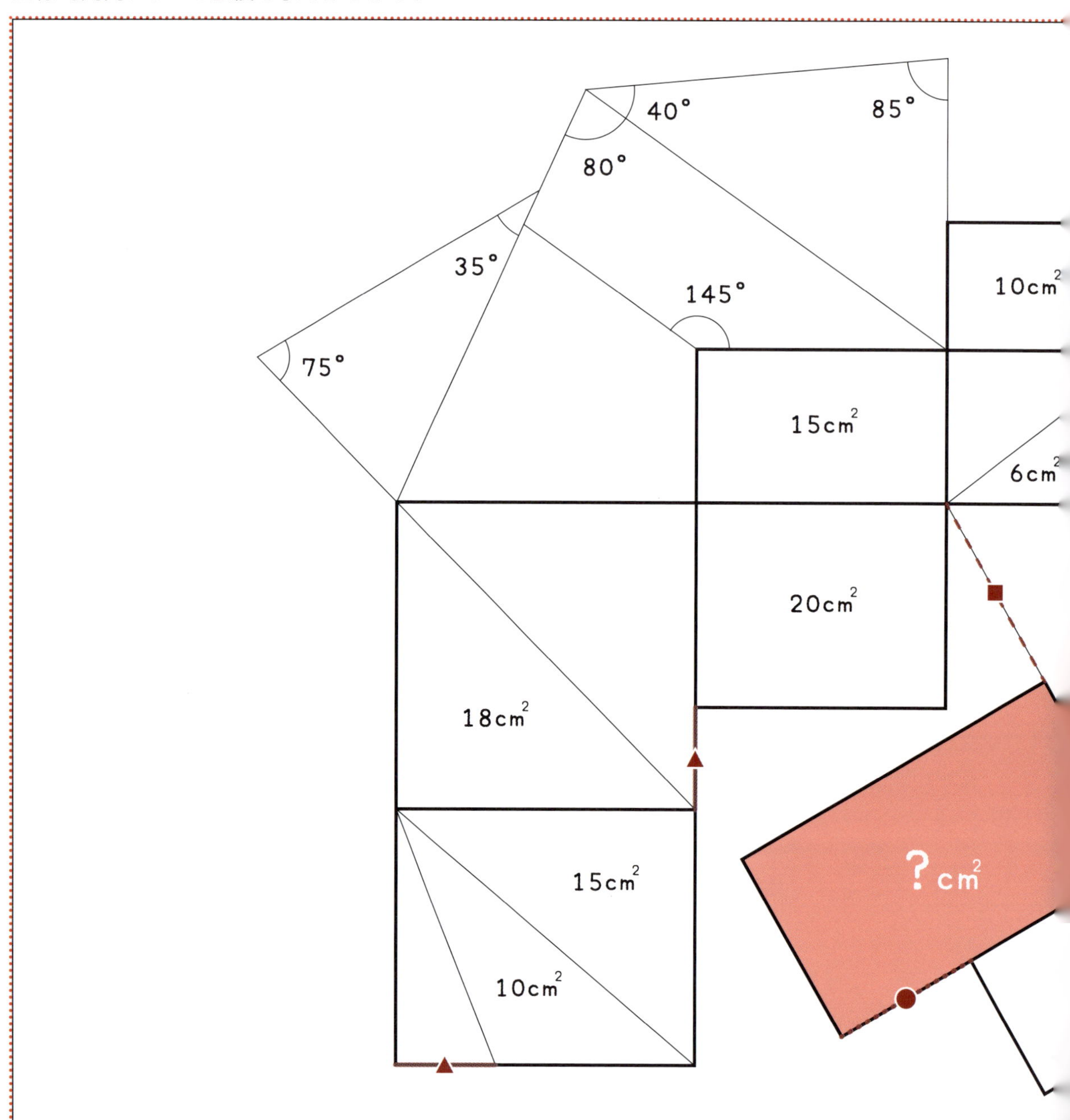

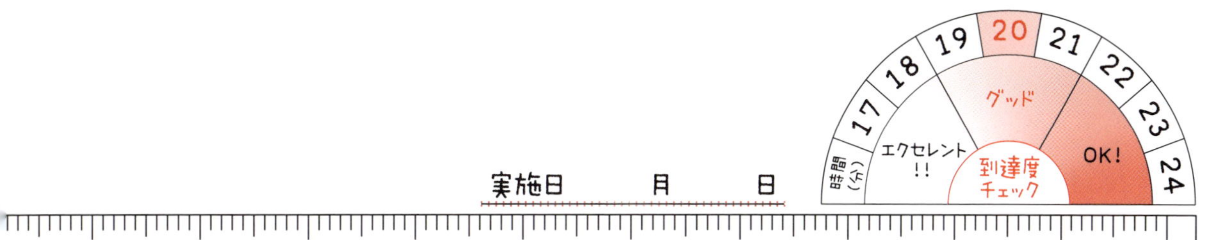

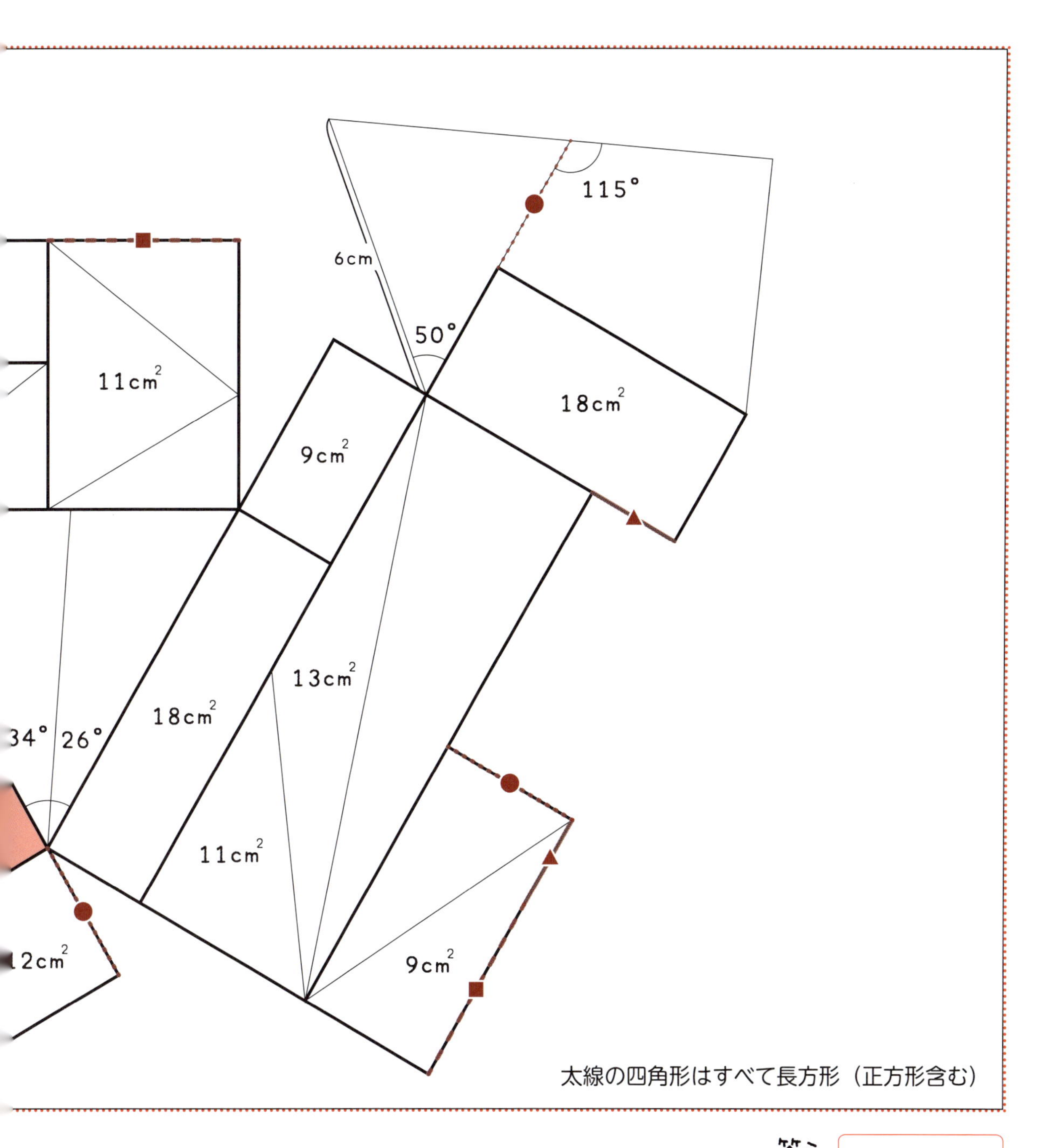

太線の四角形はすべて長方形（正方形含む）

問 93

むずかしさ ★★★★★

目標時間 20 分

目標時間内に、? の面積を求めましょう。

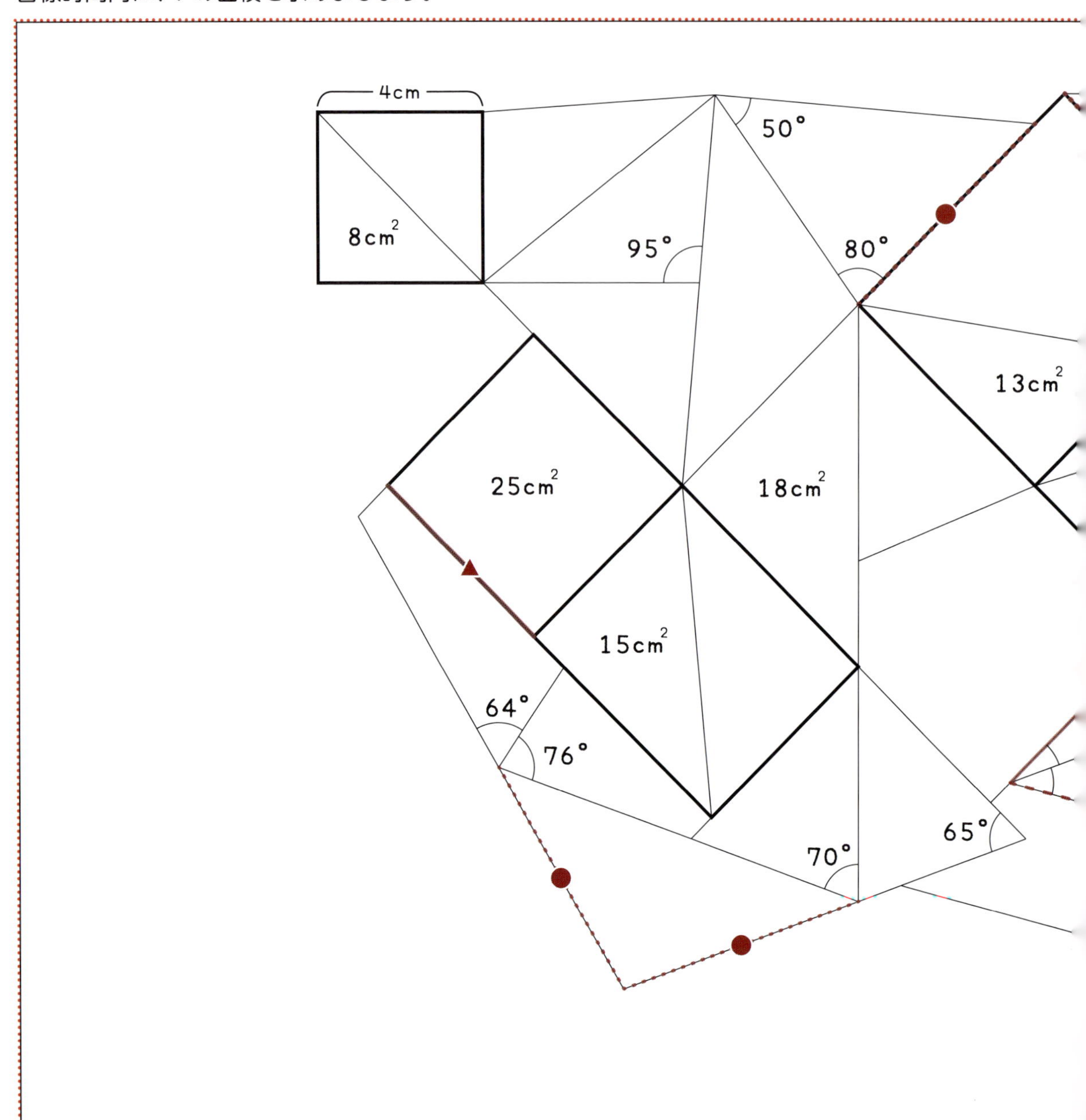

実施日　　月　　日

時間（分）17 18 19 20 21 22 23 24
エクセレント!! グッド OK!
到達度チェック

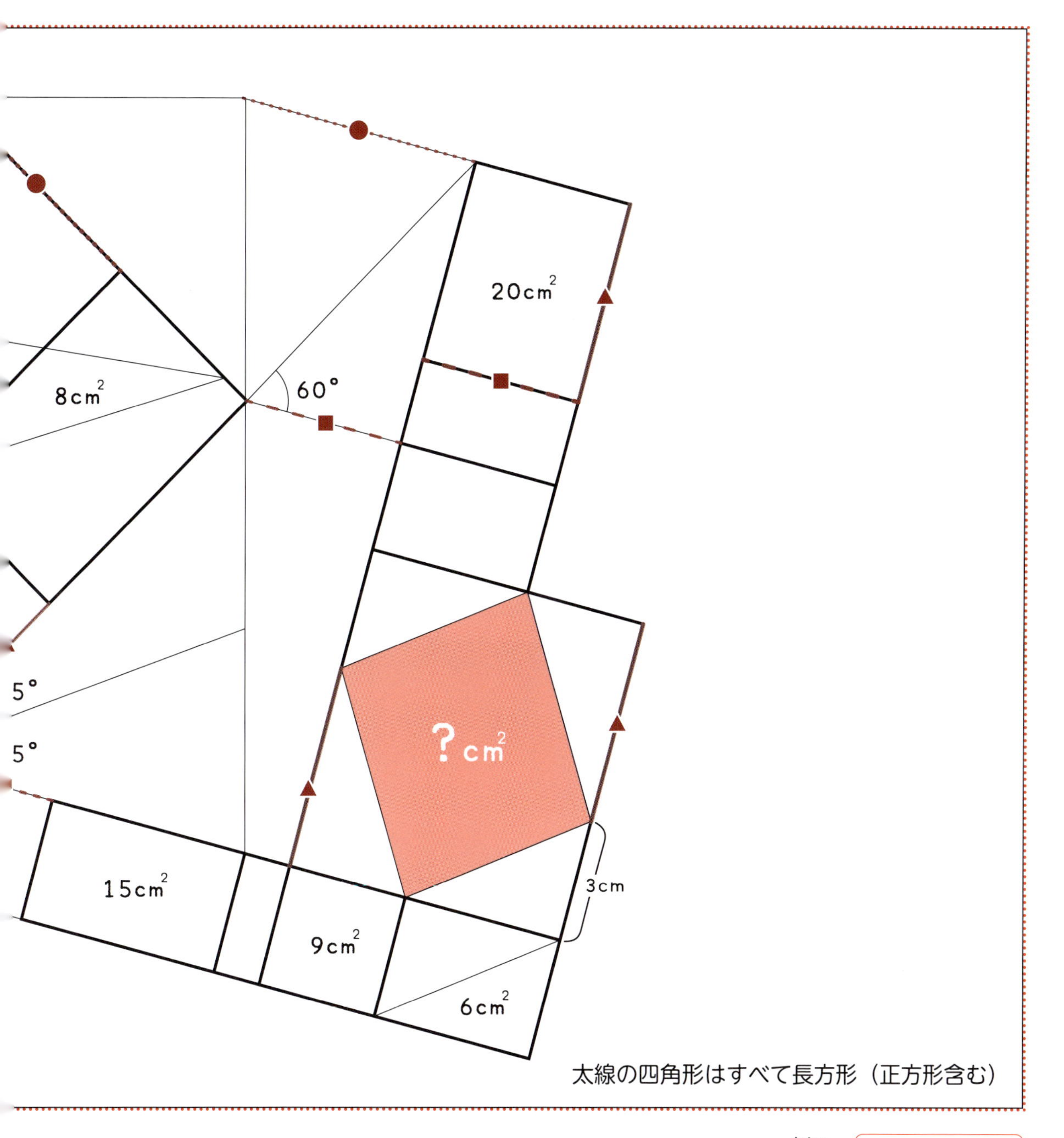

太線の四角形はすべて長方形（正方形含む）

答え

問 94

むずかしさ ★★★★★

目標時間 20 分

目標時間内に、？の面積を求めましょう。

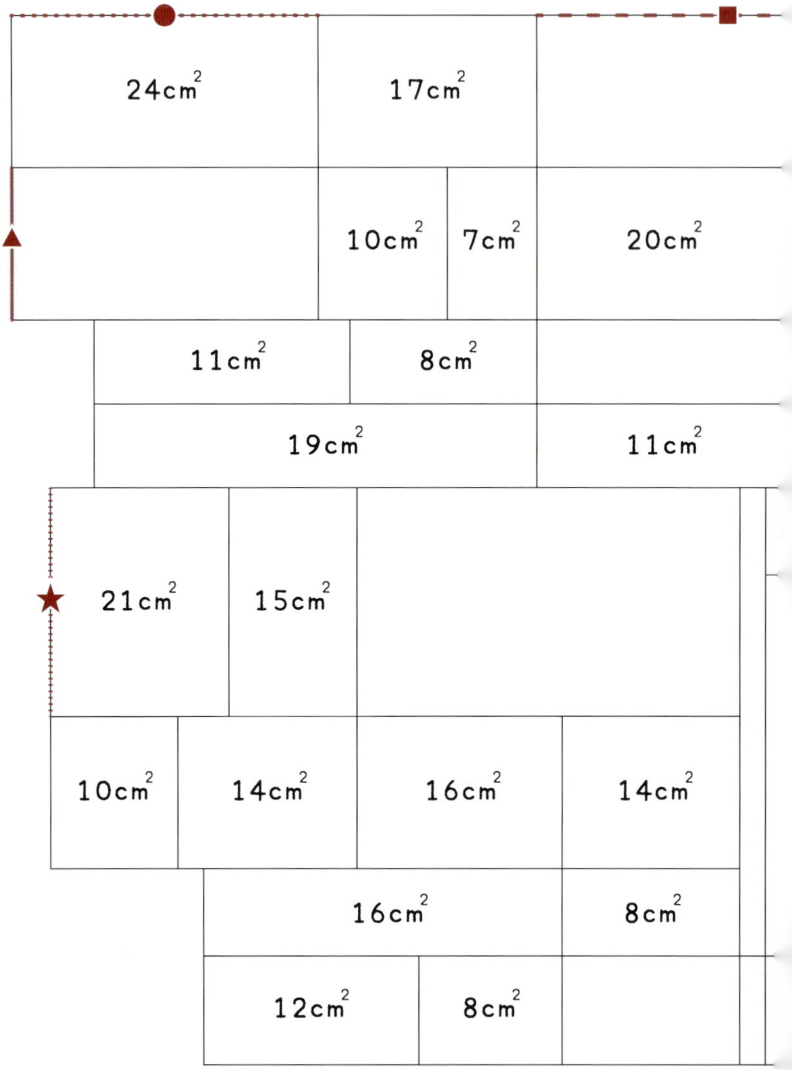

24cm²
17cm²
10cm²
7cm²
20cm²
11cm²
8cm²
19cm²
11cm²
21cm²
15cm²
10cm²
14cm²
16cm²
14cm²
16cm²
8cm²
12cm²
8cm²

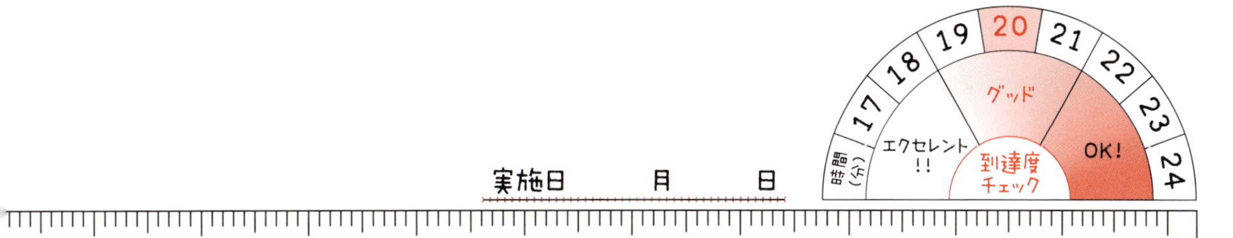
実施日　月　日
時間（分）
17
18
19
20
21
22
23
24
エクセレント!!
グッド
OK!
到達度チェック

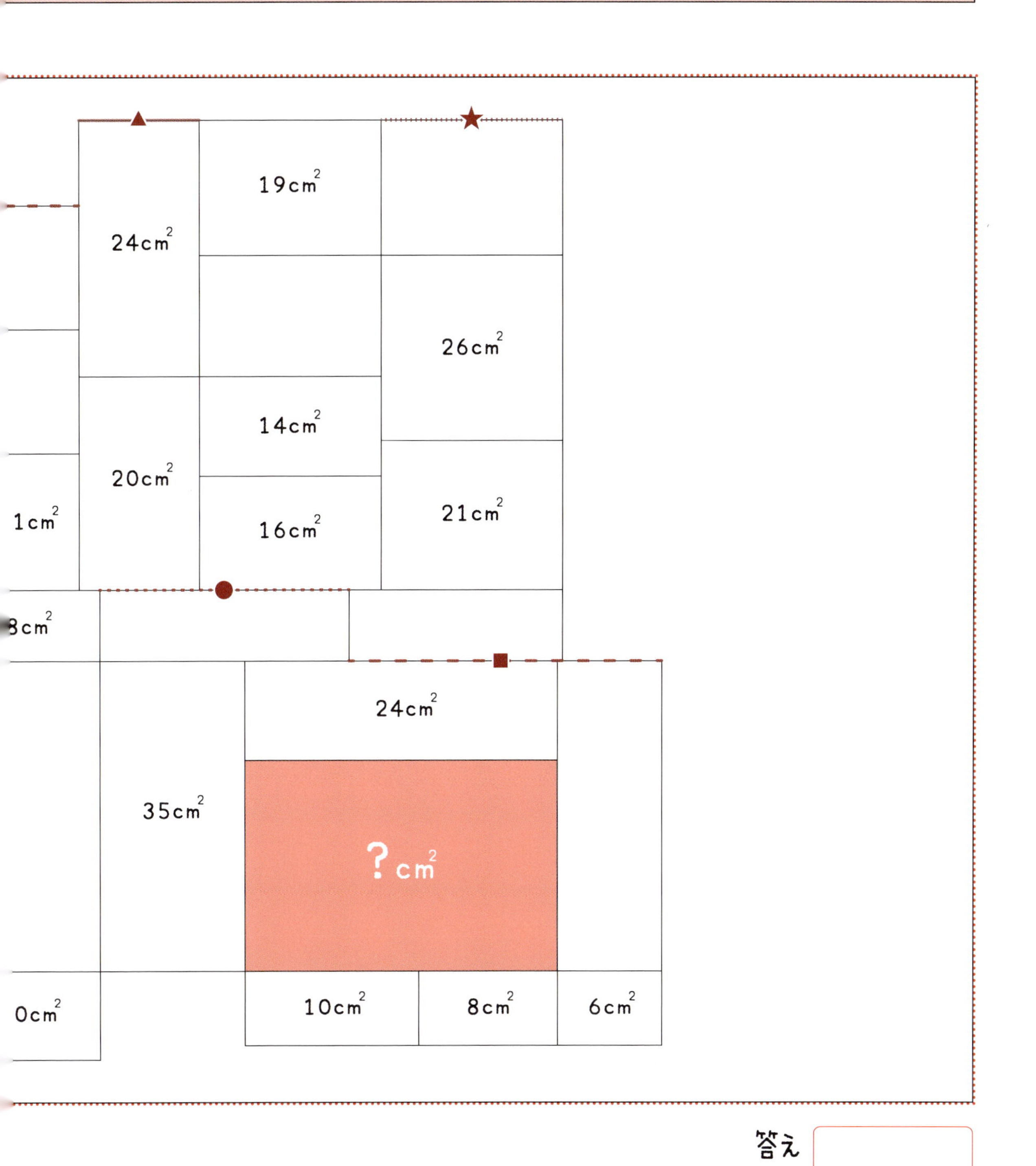
19cm²
24cm²
26cm²
14cm²
20cm²
1cm²
16cm²
21cm²
3cm²
24cm²
35cm²
?cm²
0cm²
10cm²
8cm²
6cm²

答え

解答解説

問01-① $15cm^2$

① $21 \div 3 = 7$cm
② $12 - ① = 5$cm
③ $25 \div ② = 5$cm
④ ③ $- 3 = 2$cm
⑤ $8 \div ④ = 4$cm
⑥ ② + ⑤ $= 9$cm
⑦ $27 \div ⑥ = 3$cm
⑧ (③+⑦) $- 3 = 5$cm
⑨ ① − ⑤ $= 3$cm
答 ⑧ × ⑨ $= 15$cm²

問01-② $11cm^2$

① $15 \div 3 = 5$cm
② $(9 + 11) \div ① = 4$cm
③ $(9 + 15) \div ② = 6$cm
答 (③ × 3) $- 7 = 11$cm²

問02-① 30°

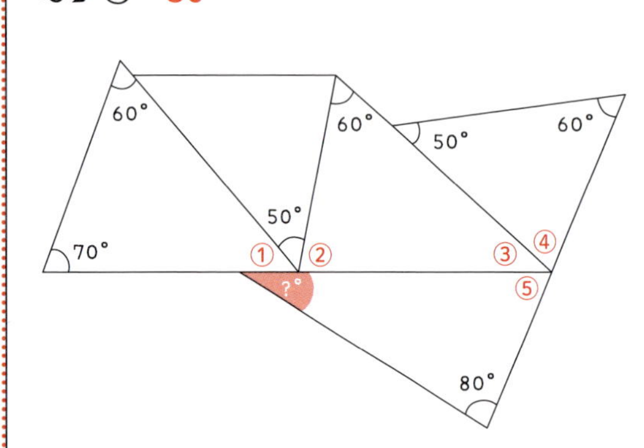

① $180 - (60 + 70) = 50°$
② $180 - ($①$ + 50) = 80°$
③ $180 - ($②$ + 60) = 40°$
④ $180 - (50 + 60) = 70°$
⑤ $180 - ($③$ + $④$) = 70°$
答 $180 - ($⑤$ + 80) = 30°$

問02-② 40°

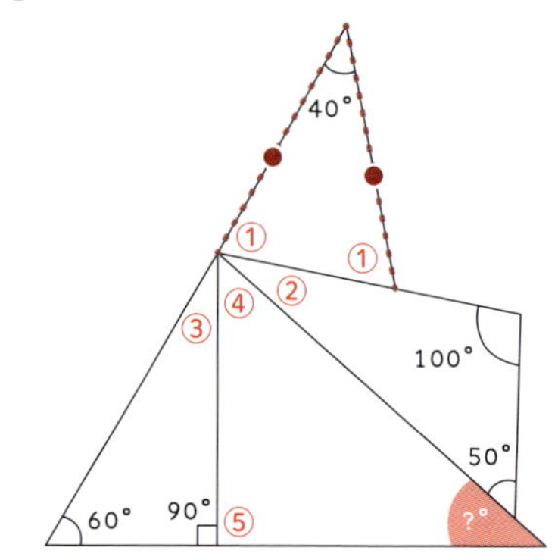

① 二等辺三角形の底角により、$(180 - 40) \div 2 = 70°$
② $180 - (100 + 50) = 30°$
③ $180 - (60 + 90) = 30°$
④ $180 - ($①$ + $②$ + $③$) = 50°$
⑤ $180 - 90 = 90°$
答 $180 - ($④$ + $⑤$) = 40°$

問03-① $18cm^2$

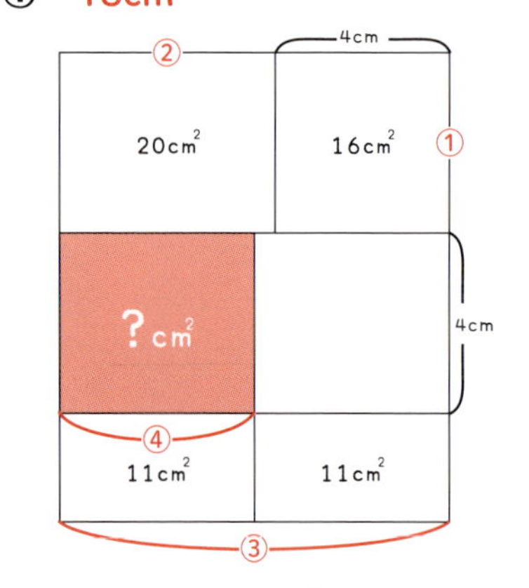

① $16 \div 4 = 4$cm
② $20 \div ① = 5$cm
③ $4 + ② = 9$cm
④ ③ $\div 2 = \frac{9}{2}$cm
答 ④ $\times 4 = 18$cm²

問03-② $12cm^2$

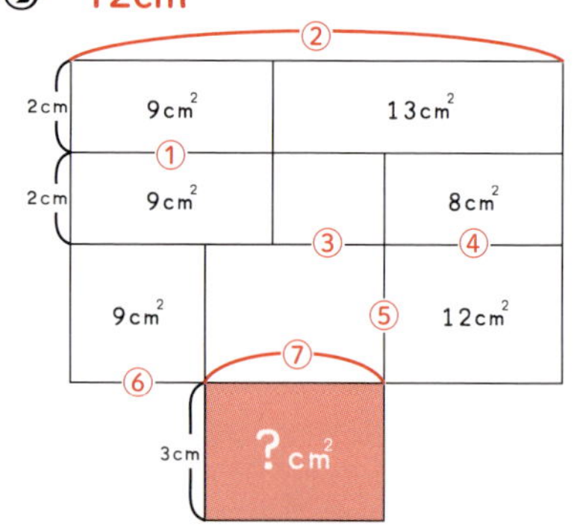

① $9 \div 2 = \frac{9}{2}$cm
② $(9 + 13) \div 2 = 11$cm
③ $(13 - 8) \div 2 = \frac{5}{2}$cm
④ ② − (① + ③) $= 4$cm
⑤ $12 \div ④ = 3$cm
⑥ $9 \div ⑤ = 3$cm
⑦ ② − (④ + ⑥) $= 4$cm
答 $3 \times ⑦ = 12$cm²

（解き方は一例です）

問04-① 60°

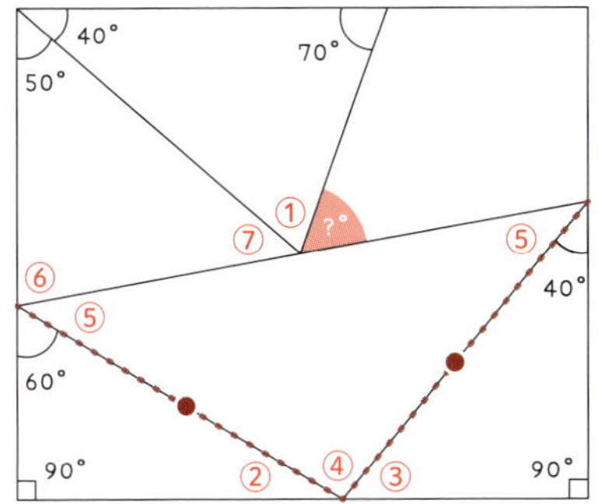

① 180－(40＋70)＝70°
② 180－(60＋90)＝30°
③ 180－(40＋90)＝50°
④ 180－(②＋③)＝100°
⑤ 二等辺三角形の底角により、(180－④)÷2＝40°
⑥ 180－(⑤＋60)＝80°
⑦ 180－(50＋⑥)＝50°
答 180－(①＋⑦)＝60°

問04-② 40°

① 180－(30＋40＋30＋50)＝30°
② 180－(①＋30＋40)＝80°
③ 180－②＝100°
答 180－(③＋40)＝40°

問05-① 10cm²

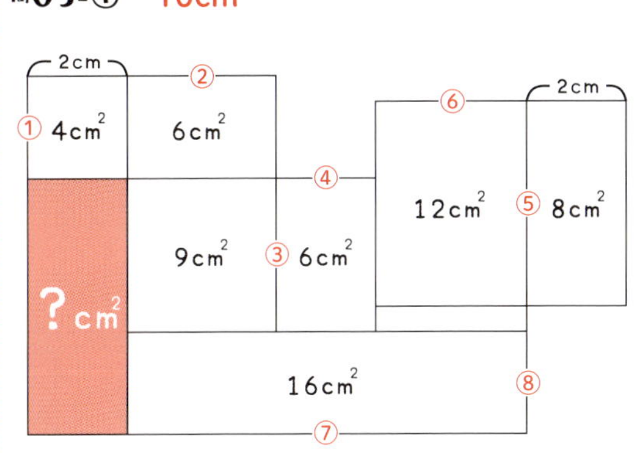

① 4÷2＝2cm
② 6÷①＝3cm
③ 9÷②＝3cm
④ 6÷③＝2cm
⑤ 8÷2＝4cm
⑥ 12÷⑤＝3cm
⑦ ②＋④＋⑥＝8cm
⑧ 16÷⑦＝2cm
答 2×(③＋⑧)＝10cm²

問05-② 22cm²

① 15÷5＝3cm
② 18÷①＝6cm
③ 7－①＝4cm
④ 16÷③＝4cm
⑤ ②－④＝2cm
⑥ 14÷⑤＝7cm
答 (5×⑥)－13＝22cm²

問06-① 20°

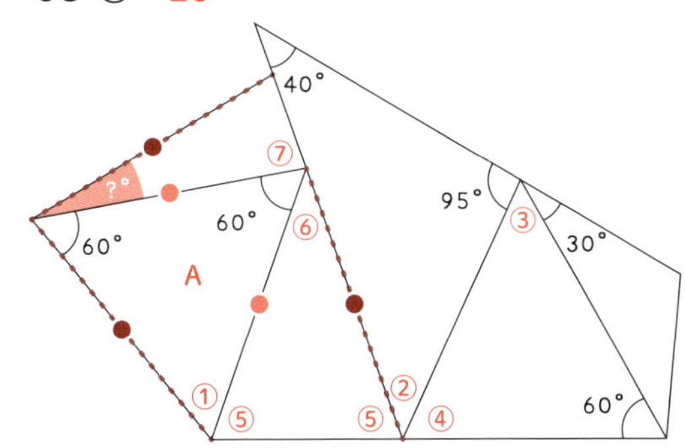

① 180－(60＋60)＝60°
よって、三角形Aは正三角形。
② 180－(40＋95)＝45°
③ 180－(95＋30)＝55°
④ 180－(③＋60)＝65°
⑤ 180－(②＋④)＝70°
⑥ 二等辺三角形の頂角により、40°
⑦ 180－(60＋⑥)＝80°
答 180－(⑦×2)＝20°

問06-② 35°

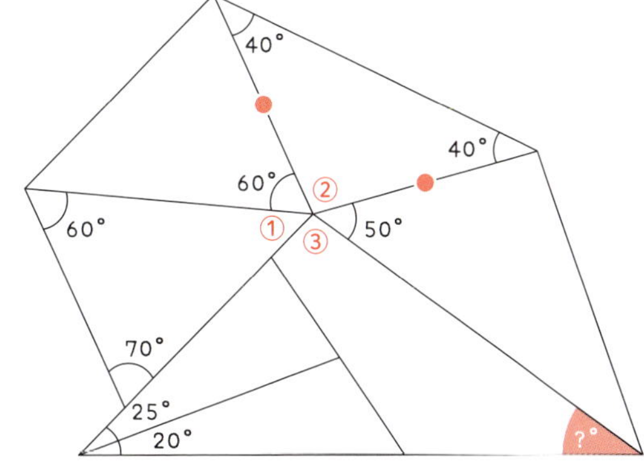

① 180－(60＋70)＝50°
② 180－(40×2)＝100°
③ 360－(60＋50＋①＋②)＝100°
答 180－(③＋25＋20)＝35°

問07-① 16cm²

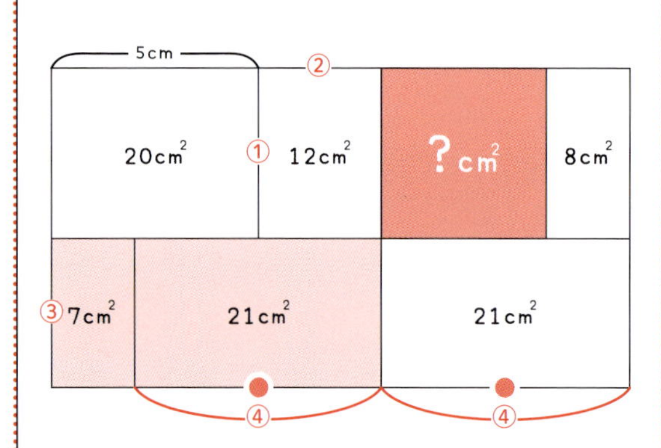

① 20÷5＝4cm
② 12÷①＝3cm
③ (21＋7)÷(5＋②)＝$\frac{7}{2}$cm
④ 21÷③＝6cm
答 (①×④)−8＝16cm²

問07-② 9cm²

① 6÷3＝2cm
② 10÷①＝5cm
③ 12÷5＝$\frac{12}{5}$cm
④ 12÷③＝5cm
⑤ 補助線aとbにより、⑤は②と等しい。
答 中央列のそれぞれの四角の高さ⑥は等しい。よって、面積は9cm²

問08-① 20°

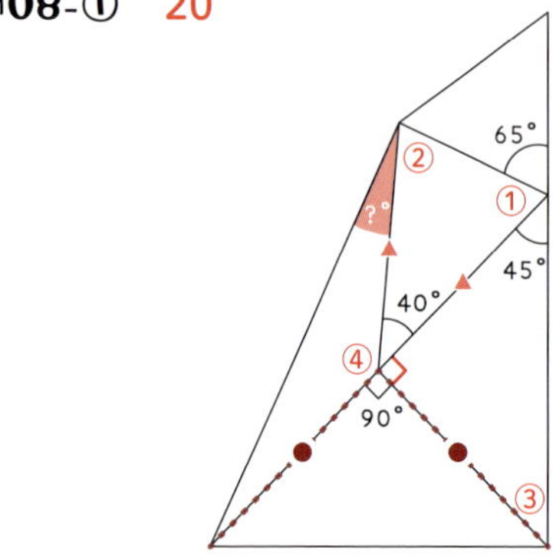

① 180−(65＋45)＝70°
② 180−(①＋40)＝70°、よって、角①・②を底角にもつ二等辺三角形とわかる。
③ 180−(90＋45)＝45°、よって45°の底角をもつ二等辺三角形により、●＝▲である。
④ 180−40＝140°
答 (180−④)÷2＝20°

問08-② 55°

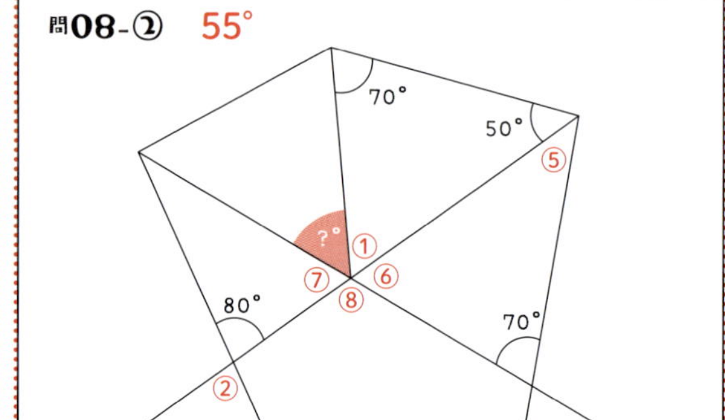

① 180−(70＋50)＝60°
② 対頂角により、80°
③ 180−115＝65°
④ 180−(②＋③)＝35°
⑤ 180−(100＋④)＝45°
⑥ 180−(⑤＋70)＝65°
⑦ 対頂角により、65°
⑧ 180−⑥＝115°
答 360−(①＋⑥＋⑦＋⑧)＝55°

問09 20cm²

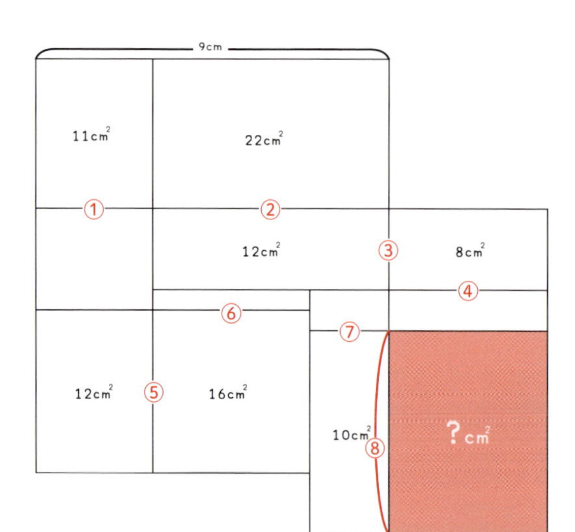

① 面積比11:22＝1:2により、3cm
② 面積比11:22＝1:2により、6cm
③ 12÷②＝2cm
④ 8÷③＝4cm
⑤ 12÷①＝4cm
⑥ 16÷⑤＝4cm
⑦ ②−⑥＝2cm
⑧ 10÷⑦＝5cm
答 ④×⑧＝20cm²

問10　50°

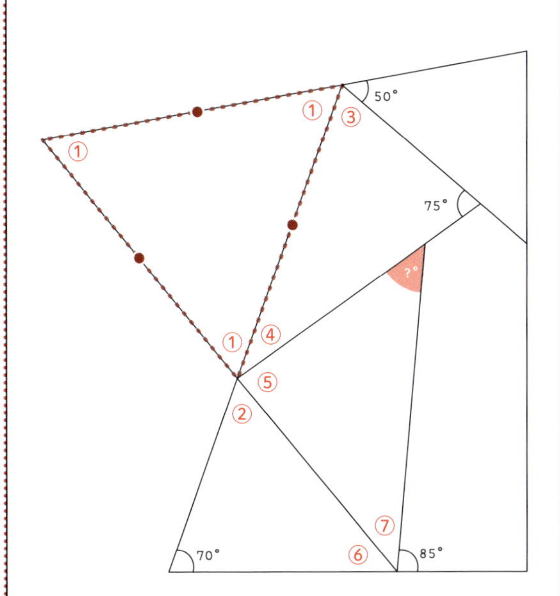

① 正三角形により、60°
② 対頂角により、60°
③ 180－(①＋50)＝70°
④ 180－(③＋75)＝35°
⑤ 180－(②＋④)＝85°
⑥ 180－(②＋70)＝50°
⑦ 180－(⑥＋85)＝45°
答 180－(⑤＋⑦)＝50°

問11　21cm²

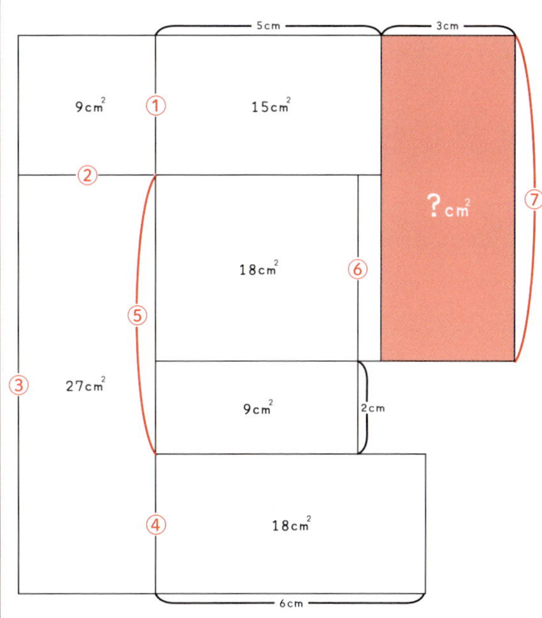

① 15÷5＝3cm
② 9÷①＝3cm
③ 27÷②＝9cm
④ 18÷6＝3cm
⑤ ③－④＝6cm
⑥ 面積比9:18＝1:2により、4cm
⑦ ①＋⑥＝7cm
答 3×⑦＝21cm²

問12　75°

① 180－(50＋30＋35)＝65°
　よって、角50°を頂角とした二等辺三角形。
② (70＋40)を頂角とした二等辺三角形により、②＝35°
答 180－(70＋②)＝75°

問13　19cm²

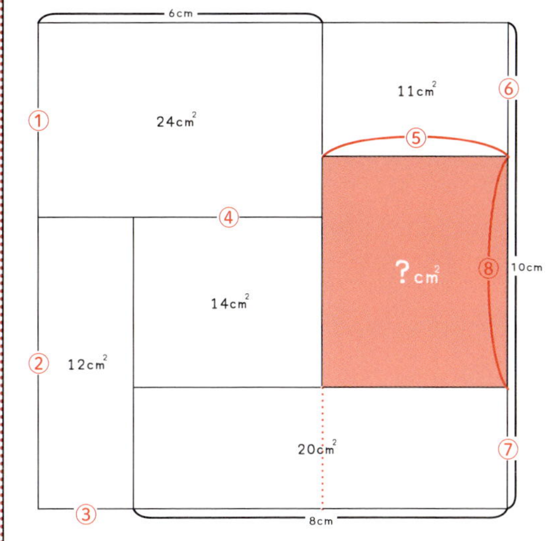

① 24÷6＝4cm
② 10－①＝6cm
③ 12÷②＝2cm
④ 6－③＝4cm
⑤ 8－④＝4cm
⑥ 11÷⑤＝$\frac{11}{4}$cm
⑦ 20÷8＝$\frac{5}{2}$cm
⑧ 10－(⑥＋⑦)＝$\frac{19}{4}$cm
答 ⑤×⑧＝19cm²

問14　85°

① 180－115＝65°
② 180－(75＋30)＝75°
③ 180－(①＋②)＝40°
④ 180－(30＋65)＝85°
⑤ 180－(③＋④)＝55°
⑥ 等脚台形により、⑥は、180－⑤＝125°とわかる。
⑦ 180－⑥＝55°
（aとbの辺は平行）
答 180－(40＋⑦)＝85°

問15　22cm²

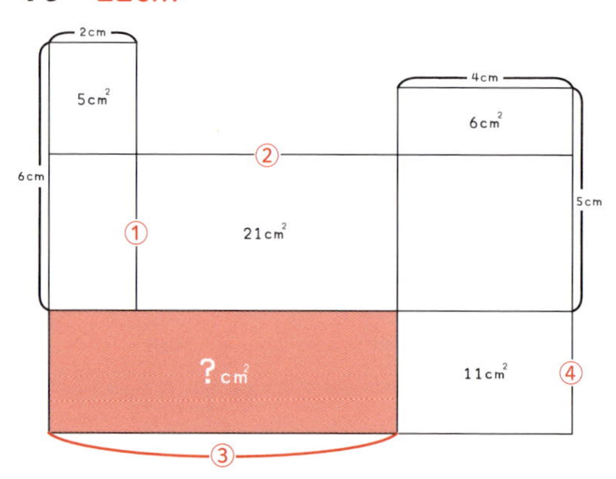

① $6-(5\div2)=\frac{7}{2}$cm
② 21÷①＝6cm
③ 2＋②＝8cm
④ $11\div4=\frac{11}{4}$cm
答 ③×④＝22cm²

問16　45°

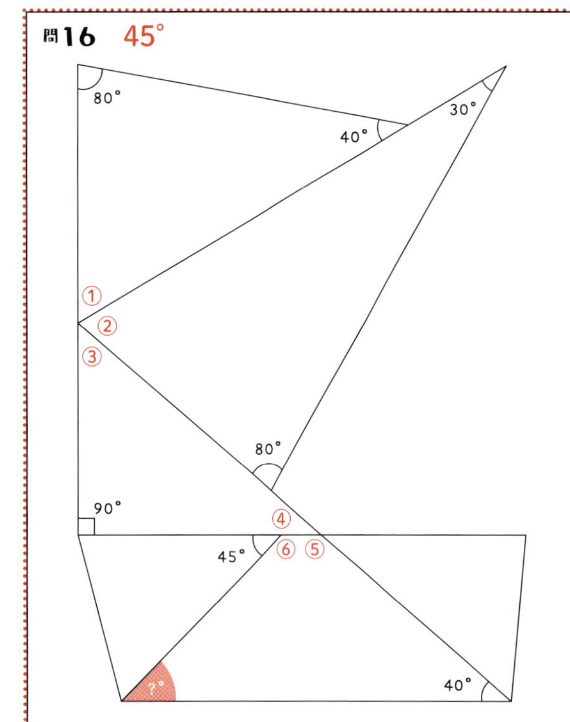

① 180－(80＋40)＝60°
② 180－(30＋80)＝70°
③ 180－(①＋②)＝50°
④ 180－(90＋③)＝40°
⑤ 180－④－140°
⑥ 180－45＝135°
答 360－(40＋⑤＋⑥)＝45°

問17　32cm²

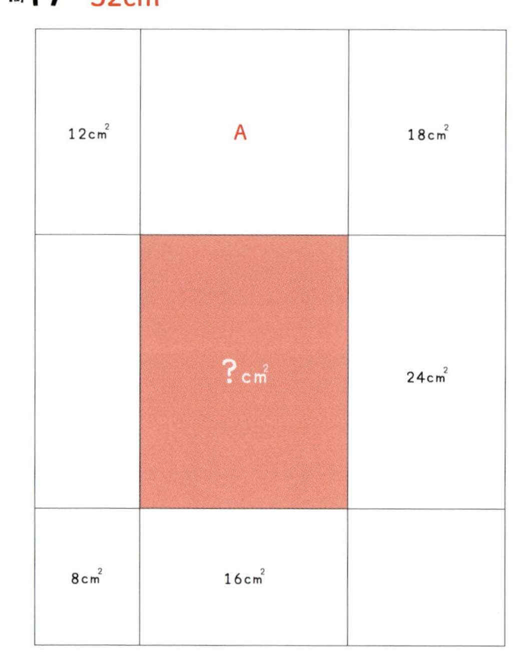

① 四角形Aの面積は、8:16の面積比より、
12:A＝8:16＝1:2
よって、A＝24cm²

答 18:24の面積比より、
A:？＝18:24＝3:4
よって、96÷3＝32cm²

（解き方は一例です）

問18　84°

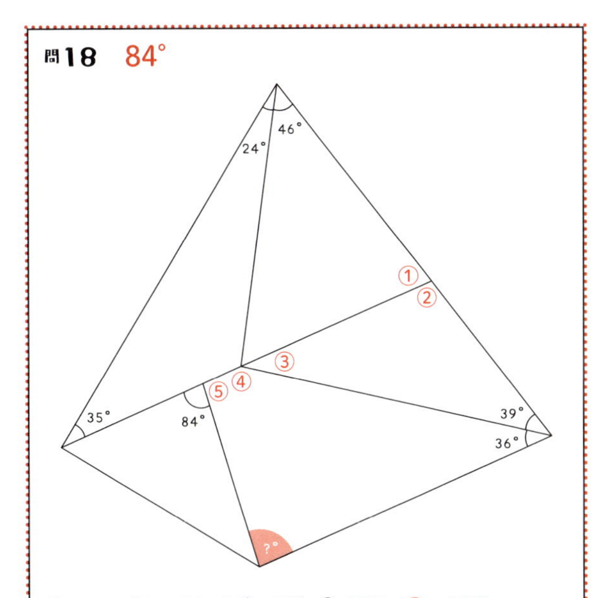

① $180-(46+24+35)=75°$
② $180-①=105°$
③ $180-(39+②)=36°$
④ $180-③=144°$
⑤ $180-84=96°$
答 $360-(36+④+⑤)=84°$

問19　12cm²

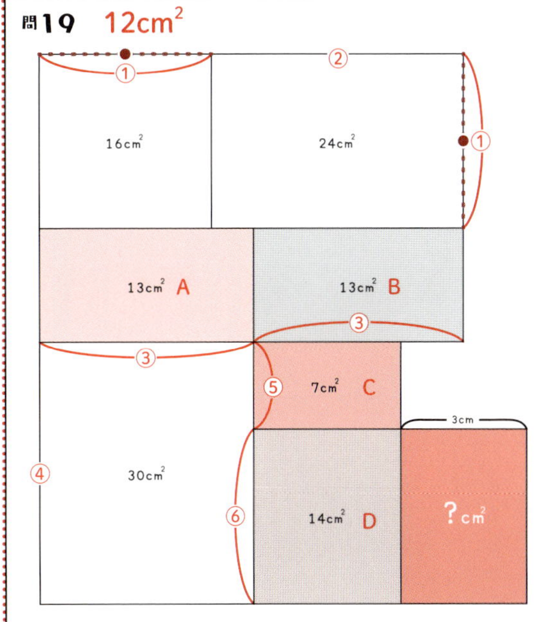

① ①×①＝16㎠、$①^2$＝16㎠、①＝4cm
② 24÷①＝6cm
③ A:B＝13:13＝1:1、よって、(①＋②)÷2＝5cm
④ 30÷③＝6cm
⑤・⑥ C:D＝7:14＝1:2により、⑤:⑥＝1:2
⑤＝④×$\frac{1}{3}$＝2cm
⑥＝④×$\frac{2}{3}$＝4cm
答 ⑥×3＝12㎠

問20　90°

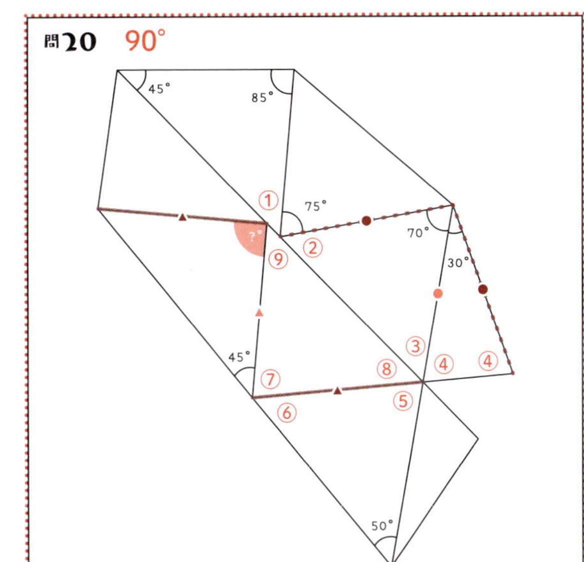

① $180-(85+45)=50°$
② $180-(①+75)=55°$
③ $180-(70+②)=55°$、よって、角70°を頂点にした二等辺三角形と、角30°を頂角にした二等辺三角形とわかる。
④ $(180-30)\div2=75°$
⑤ 対頂角により、75°
⑥ $180-(⑤+50)=55°$
⑦ $180-(⑥+45)=80°$
⑧ $180-(③+⑤)=50°$
⑨ $180-(⑦+⑧)=50°$
答 ⑦を頂角とした二等辺三角形により、？を頂角とした二等辺三角形。よって、$180-(45\times2)=90°$

問21　10cm²

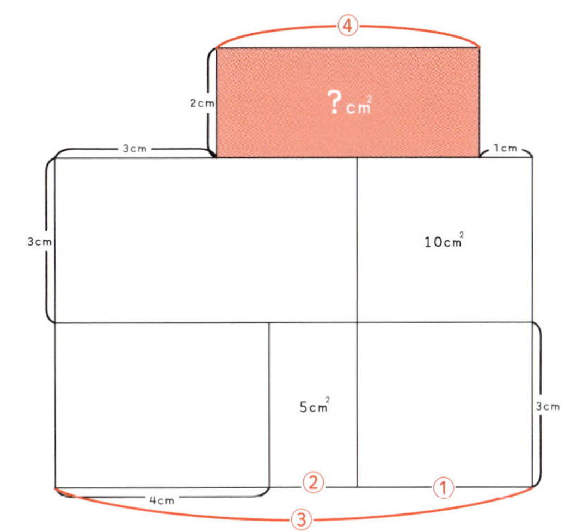

① 10÷3＝$\frac{10}{3}$cm
② 5÷3＝$\frac{5}{3}$cm
③ 4＋①＋②＝9cm
④ ③－(3＋1)＝5cm
答 2×④＝10㎠

問22　85°

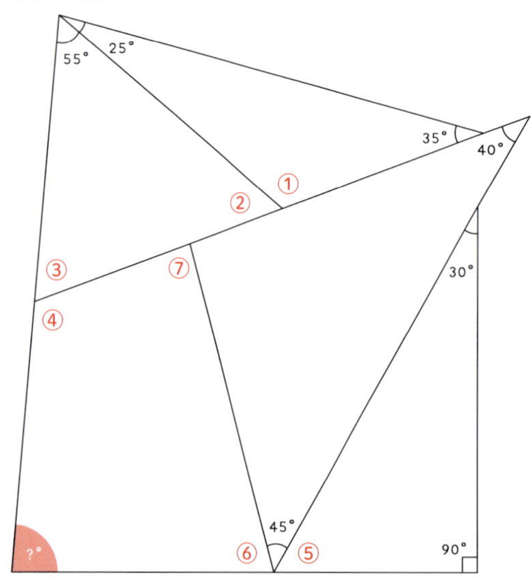

① 180－(25＋35)＝120°
② 180－①＝60°
③ 180－(55＋②)＝65°
④ 180－③＝115°
⑤ 180－(90＋30)＝60°
⑥ 180－(45＋⑤)＝75°
⑦ 45＋40＝85°
答 360－(④＋⑥＋⑦)＝85°

問23　15cm²

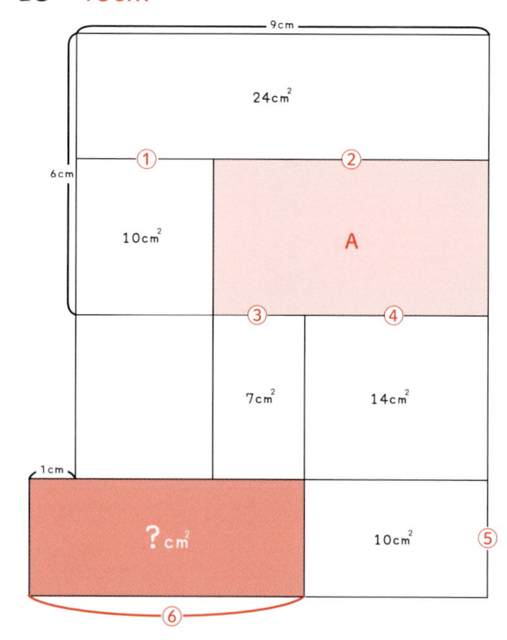

①・② Aの面積は(6×9)－(24＋10)＝20cm
よって、①:②＝1:2　①＝3cm　②＝6cm
③・④ 同様に、③:④＝7:14＝1:2
よって、③＝2cm　④＝4cm
⑤ 10÷④＝$\frac{5}{2}$cm　⑥ 1＋①＋③＝6cm　答 ⑤×⑥＝15㎠

問24　20°

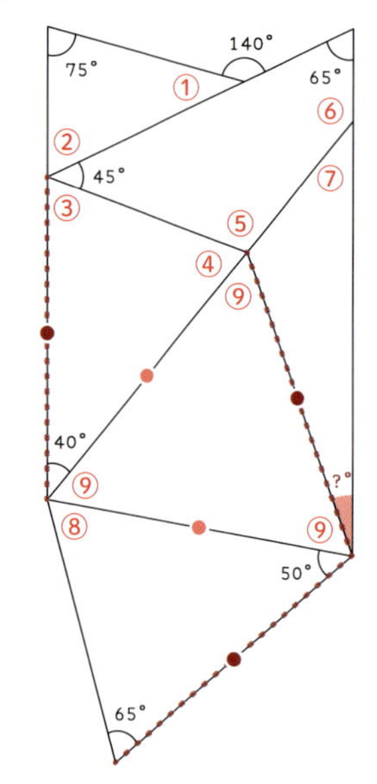

① 180－140＝40°
② 180－(75＋①)＝65°
③ 180－(②＋45)＝70°
④ 180－(③＋40)＝70°
よって、角40°を頂角とした二等辺三角形。
⑤ 180－④＝110°
⑥ 360－(45＋65＋⑤)＝140°
⑦ 180－⑥＝40°
⑧ 180－(50＋65)＝65°
よって、角50°を頂角とした二等辺三角形。
⑨ 正三角形により、60°
答 180－〔⑦＋(⑨×2)〕＝20°

問25　24cm²

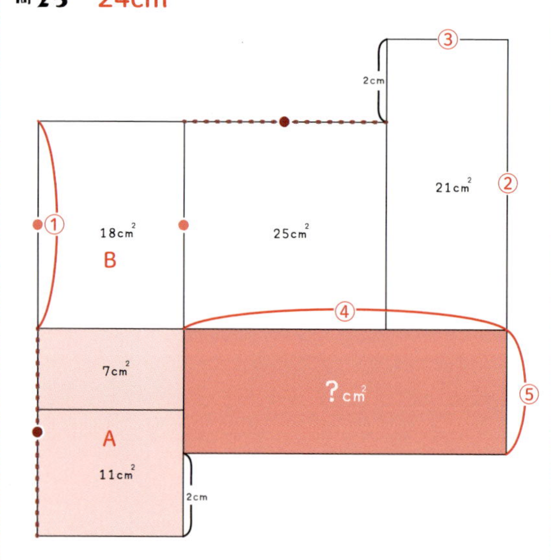

① Aは18cm²の四角形となり、直上の四角形Bと合同。
よって、①＝●
●×●＝25㎠であることから、●＝5cm
② ①＋2＝7cm
③ 21÷②＝3cm
④ ●＋③＝8cm
⑤ ●－2＝3cm
答 ④×⑤＝24㎠

（解き方は一例です）

問26　45°

① 180－(45＋30＋35)＝70°
② 180－(85＋50)＝45°
③ 180－70＝110°
④ 180－(③＋40)＝30°
⑤ 180－(70＋60)＝50°
⑥ 180－105＝75°
⑦ 180－(25＋⑥)＝80°
⑧ 360－(①＋②＋④＋⑤＋⑦)＝85°
答 180－(⑧＋50)＝45°

問27　15cm²

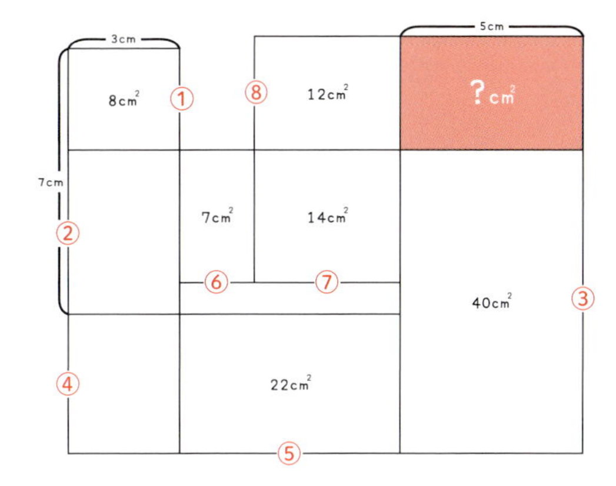

① 8÷3＝$\frac{8}{3}$cm
② 7－①＝$\frac{13}{3}$cm
③ 40÷5＝8cm
④ ③－②＝$\frac{11}{3}$cm
⑤ 22÷④＝6cm
⑥・⑦ 面積比 7:14=1:2 より、
⑥＝2cm　⑦＝4cm
⑧ 12÷⑦＝3cm
答 5×⑧＝15㎠

問28　70°

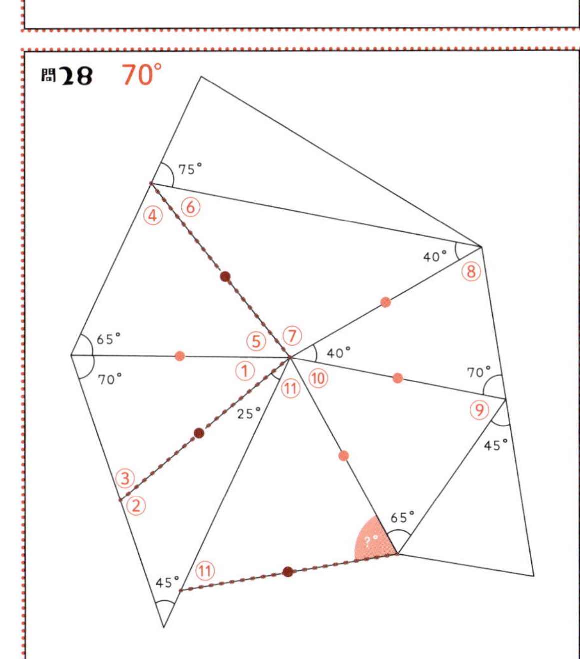

① 180－(70＋25＋45)＝40°
② 180－(25＋45)＝110°
③ 180－②＝70°
④ ①を頂角とした二等辺三角形であることにより、
④＝65°
⑤ 180－(65＋④)＝50°
⑥ 180－(75＋④)＝40°
⑦ 180－(40＋⑥)＝100°
⑧ 180－(40＋70)＝70°
⑨ 180－(70＋45)＝65°
⑩ 180－(65＋⑨)＝50°
⑪ 360－(25＋40＋①＋⑤＋⑦＋⑩)＝55°
答 180－(⑪＋⑪)＝70°

問29　17cm²

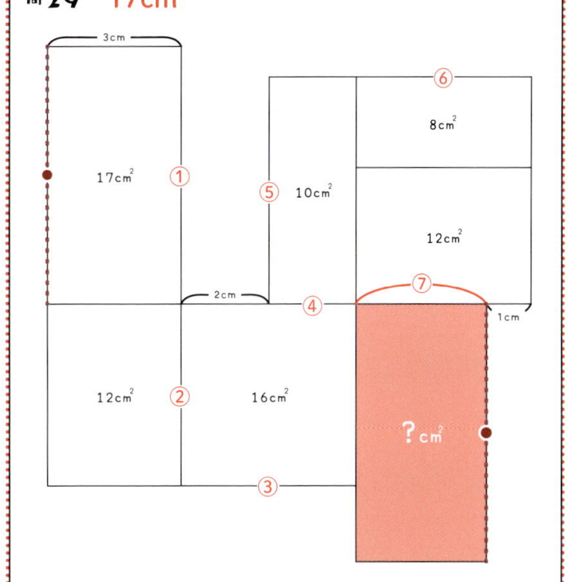

① 17÷3＝$\frac{17}{3}$cm
② 12÷3＝4cm
③ 16÷②＝4cm
④ ③－2＝2cm
⑤ 10÷④＝5cm
⑥ (8＋12)÷⑤＝4cm
⑦ ⑥－1＝3cm
答 ①×⑦＝17㎠

問30　75°

① 180－(80＋30)＝70°
② 180－(①＋55)＝55°
③ 180－(②＋90)＝35°
④ 180－(80＋20)＝80°
⑤ 180－(④＋45)＝55°
⑥ 180－(③＋⑤)＝90°
⑦ 180－90＝90°
⑧ 540－(⑥＋⑦＋125＋100)＝135°
⑨ 180－⑧＝45°
⑩ 180－(⑨＋30)＝105°
答 180－⑩＝75°

問31　16cm²

① 13÷2＝$\frac{13}{2}$cm
② ①－4＝$\frac{9}{2}$cm
③ 10÷②＝4cm
④ 8－(③＋2)＝2cm
⑤ 12÷④＝6cm
⑥ ⑤＋4＝10cm
⑦ 14÷3＝$\frac{14}{3}$cm
⑧ ⑥－⑦＝$\frac{16}{3}$cm
答 3×⑧＝16㎠

問32　52°

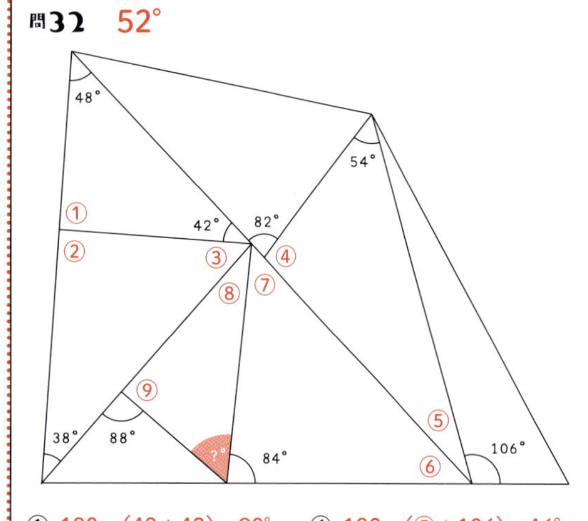

① 180－(48＋42)＝90°
② 180－①＝90°
③ 180－(②＋38)＝52°
④ 180－82＝98°
⑤ 180－(④＋54)＝28°
⑥ 180－(⑤＋106)＝46°
⑦ 180－(⑥＋84)＝50°
⑧ 180－(③＋⑦＋42)＝36°
⑨ 180－88＝92°
答 180－(⑧＋⑨)＝52°

問33　13cm²

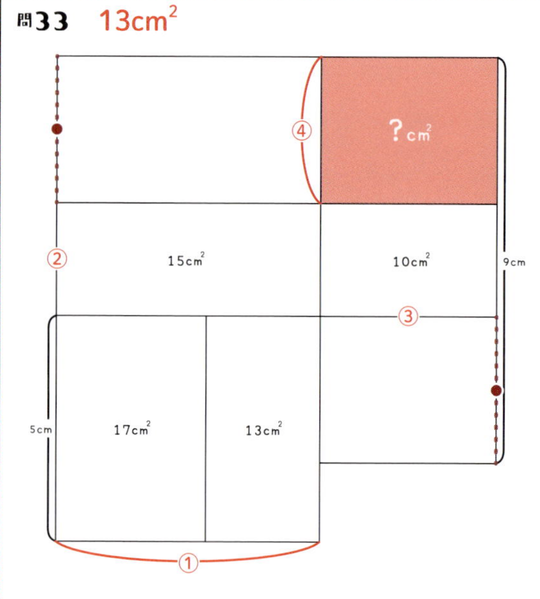

① (17＋13)÷5＝6cm
② 15÷①＝$\frac{5}{2}$cm
③ 10÷②＝4cm
④ (9－②)÷2＝$\frac{13}{4}$cm
答 ④×③＝13㎠

（解き方は一例です）

問34　70°

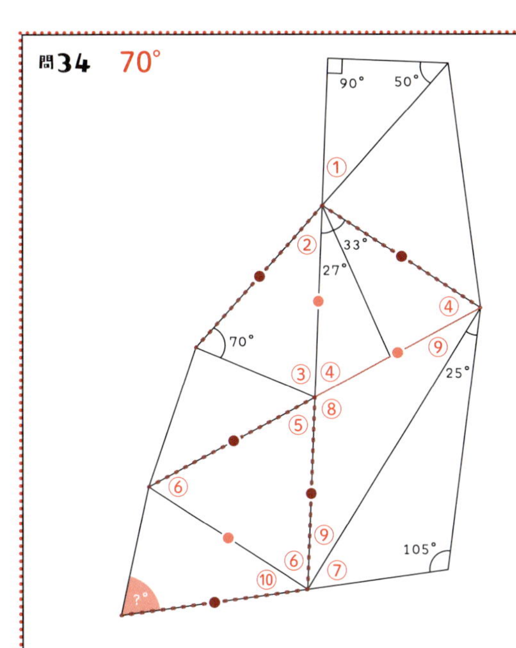

① 180－(90＋50)＝40°
② ①の対頂角により、②＝40°
③ 180－(②＋70)＝70°
　よって、②を頂角とした二等辺三角形。
④ ③により、
　〔180－(27＋33)〕÷2＝60°
　よって、正三角形。
⑤ ④の対頂角により、⑤＝60°
⑥ (180－⑤)÷2＝60°
　よって、正三角形。
⑦ 180－(25＋105)＝50°
⑧ 180－⑤＝120°
⑨ (180－⑧)÷2＝30°
⑩ 180－(⑥＋⑦＋⑨)＝40°
答 (180－⑩)÷2＝70°

問35　15cm²

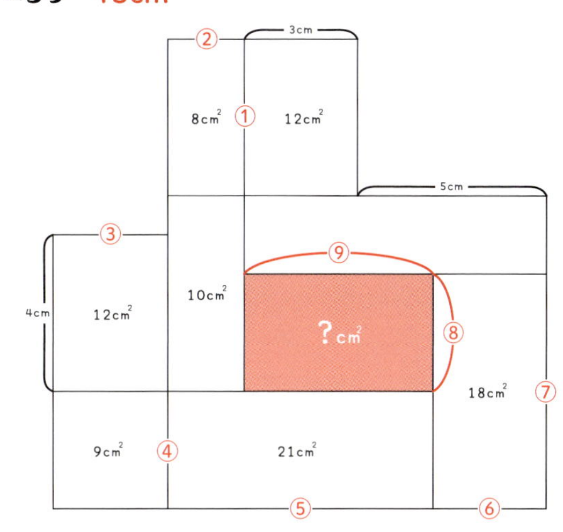

① 12÷3＝4cm
② 8÷①＝2cm
③ 12÷4＝3cm
④ 9÷③＝3cm
⑤ 21÷④＝7cm
⑥ (②＋3＋5)－⑤＝3cm
⑦ 18÷⑥＝6cm
⑧ ⑦－④＝3cm
⑨ (3＋5)－⑥＝5cm
答 ⑧×⑨＝15cm²

問36　78°

① 180－(42＋80)＝58°
　錯角が等しいことにより、直線aとbは平行。
② 同位角により、
　32＋28＝60°
③ 180－60＝120°
④ 360－(②＋③＋46)＝134°
⑤ 180－④＝46°
答 180－(⑤＋56)＝78°

問37　11cm²

① Aの面積は6＋9＋6＝21cm²　よって、①＝●
② Bの面積は9＋15＝24cm²
　Cの面積は10＋14＝24cm²　よって、②＝●
答 ①×②＝●×●＝18cm²により、
　18－7＝11cm²

問38　95°

① 180－115＝65°
② 180－(①＋50)＝65°
よって、角50°を頂角とした二等辺三角形。また、▲＝●×2となる。
③ 180－(90＋35)＝55°
④ 180－(③＋70)＝55°
⑤ ●×2＝▲により、正三角形。よって、60－35＝25°
⑥ 正三角形により60°
答 180－(⑤＋⑥)＝95°

問39　12cm²

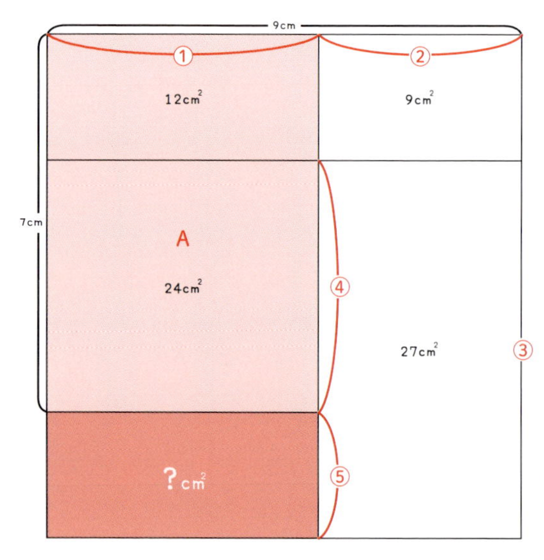

① Aの面積は、12＋24＝36㎠
36÷7＝$\frac{36}{7}$cm
② 9－①＝$\frac{27}{7}$cm
③ 27÷②＝7cm
④ 24÷①＝$\frac{14}{3}$cm
⑤ ③－④＝$\frac{7}{3}$cm
答 ⑤×①＝12㎠

問40　50°

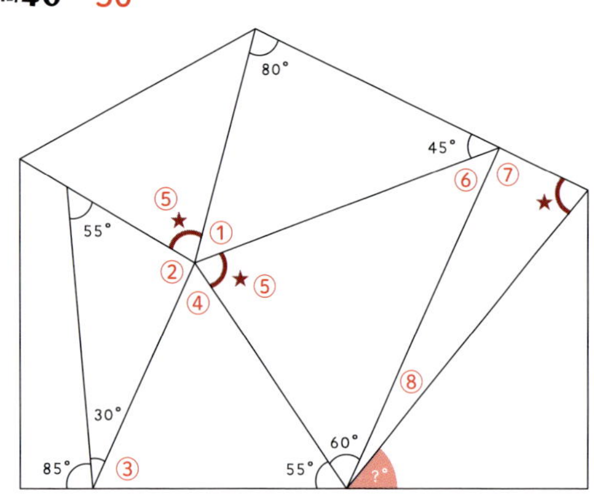

① 180－(80＋45)＝55°
② 180－(55＋30)＝95°
③ 180－(85＋30)＝65°
④ 180－(③＋55)＝60°
⑤ 〔360－(①＋②＋④)〕÷2
＝75°
⑥ 180－(⑤＋60)＝45°
⑦ 180－(⑥＋45)＝90°
⑧ 180－(⑦＋★)＝15°
答 180－(⑧＋55＋60)＝50°

問41　24cm²

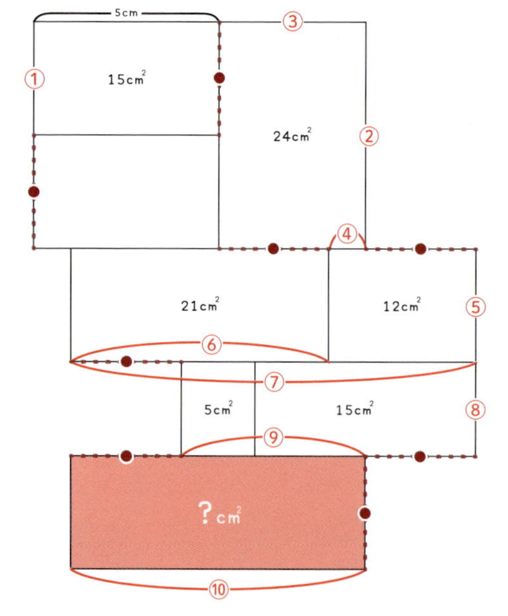

① 15÷5＝3cm＝●
② ●×2＝6cm
③ 24÷②＝4cm
④ ③－●＝1cm
⑤ 12÷(●＋④)＝3cm
⑥ 21÷⑤＝7cm
⑦ ⑥＋④＋●＝11cm
⑧ (15＋5)÷(⑦－●)＝2.5cm
⑨ ⑦－(●×2)＝5cm
⑩ ⑨＋●＝8cm
答 ⑩×●＝24㎠

（解き方は一例です）

問42　98°

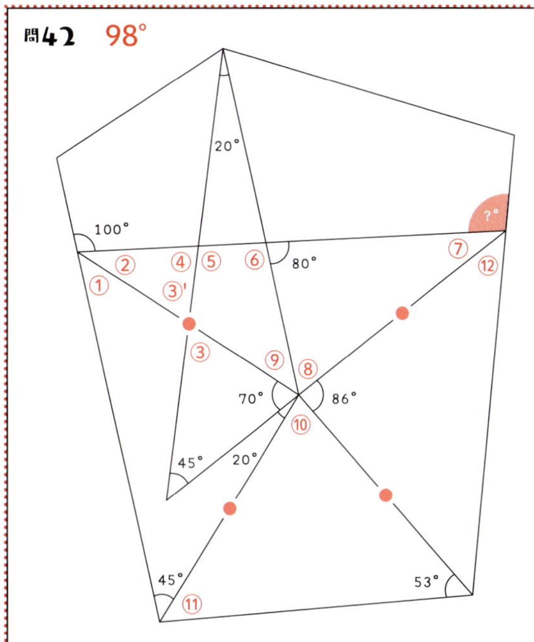

① 180－(70＋20＋45)＝45°
② 180－(①＋100)＝35°
③ 180－(45＋70)＝65°
④ 180－(②＋③')＝80°
⑤ 180－④＝100°
⑥ 180－80＝100°
⑦ 180－(⑤＋45)＝35°
⑧ 180－(⑦＋80)＝65°
⑨ 180－(⑧＋70)＝45°
⑩ 360－(⑧＋⑨＋20＋70＋86)＝74°
⑪ 180－(⑩＋53)＝53°
⑫ (180－86)÷2＝47°
答 180－(⑦＋⑫)＝98°

問43　44cm²

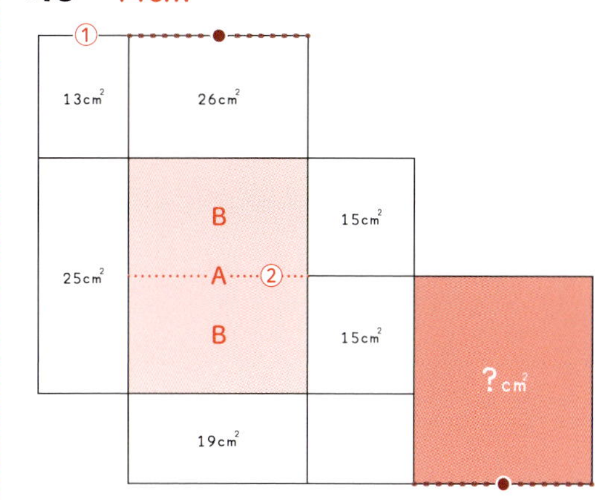

① 面積比13:26＝1：2より、Aの面積は50㎠
② 補助線②を引いたとき、Bの面積はAの半分とわかる。よって、B＝25㎠
答 B＋19＝44㎠

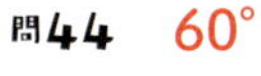
問44　60°

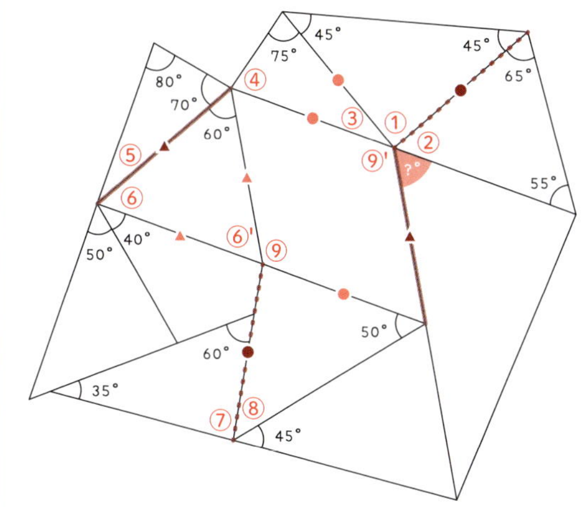

① 180－(45＋45)＝90°
② 180－(65＋55)＝60°
③ 180－(①＋②)＝30°
④ 180－(③＋75)＝75°
⑤ 180－(80＋70)＝30°
⑥ 180－(⑤＋40＋50)＝60°
　よって、正三角形。
⑦ 180－(60＋35)＝85°
⑧ 180－(⑦＋45)＝50°
⑨ 180－⑥'＝120°、この角を含む四角形の向かい合う辺●と▲がそれぞれ等しいので、平行四辺形。また、向かい合う角も等しくなる。⑨'＝120°
答 180－⑨'＝60°

問45　15cm²

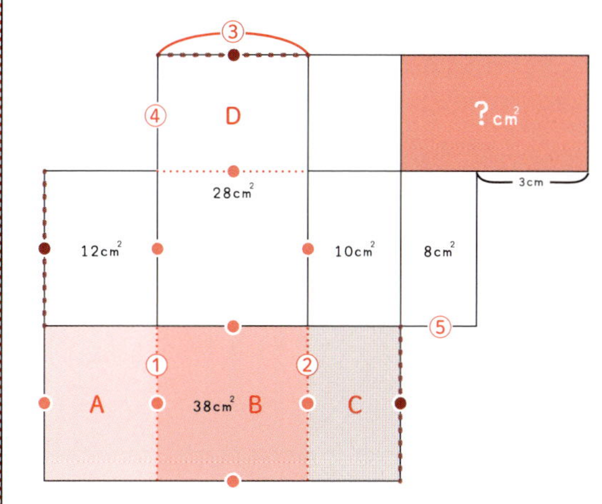

① 補助線①により、A＝12㎠
② 補助線②により、C＝10㎠
　よって、B＝38－(A＋C)＝16㎠
③ B＝●×●により、正方形。●×●＝16により、●＝4cm
④ Dの面積は、28－16＝12㎠。12÷③＝3cm
⑤ 面積比8:16＝1:2より、⑤＝2cm
答 ④×(⑤＋3)＝15㎠

問46　18°

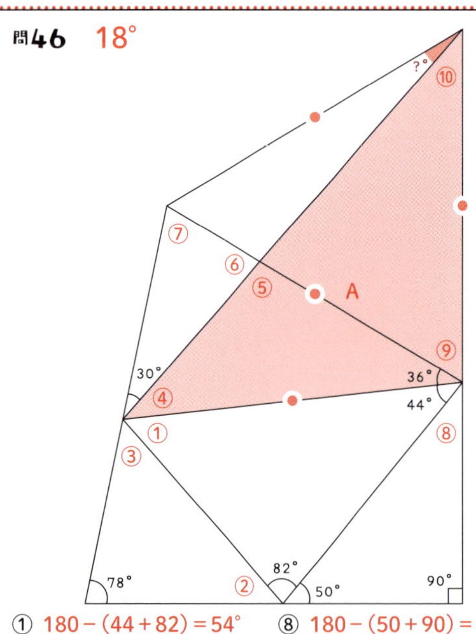

① 180－(44＋82)＝54°
② 180－(82＋50)＝48°
③ 180－(②＋78)＝54°
④ 180－(①＋③＋30)＝42°
⑤ 180－(④＋36)＝102°
⑥ 180－⑤＝78°
⑦ 180－(⑥＋30)＝72°
36°を頂角とする、二等辺三角形。
⑧ 180－(50＋90)＝40°
⑨ 180－(⑧＋36＋44)＝60°
⑩ 180－(④＋⑨＋36)＝42°
よって、Aは二等辺三角形。
答 正三角形であることより、60－⑩＝18°

問47　12cm^2

6cm
24cm^2　18cm^2
2cm
18cm^2　36cm^2　24cm^2
13cm^2　13cm^2
?cm^2　15cm^2

① 24÷6＝4cm
② 6－②＝4cm
③ 18÷②＝4.5cm
④ 18÷①＝4.5cm、よって、③＋●、④＋●は等しい。
⑤ (③＋●)^2＝36㎠
③＋●＝6cm　●＝1.5cm
⑥ ③＋●＝6cm
⑦ 24÷⑥＝4cm
⑧ (⑥＋⑦)÷2＝5cm
⑨ 15÷⑧＝3cm
答 ②×⑨＝12㎠

問48　60°

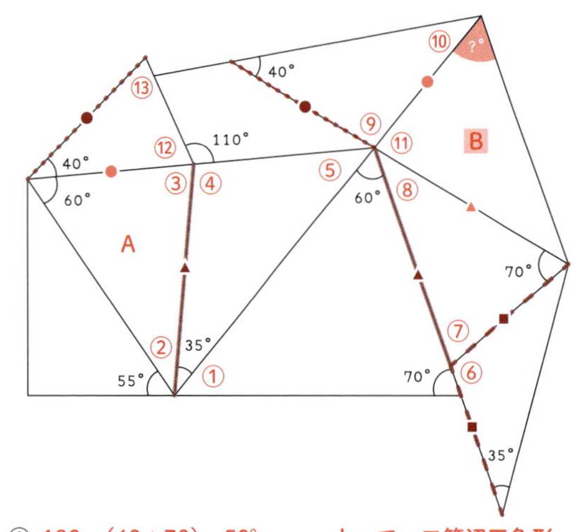

① 180－(60＋70)＝50°
② 180－(①＋55＋35)＝40°
③ 180－(②＋60)＝80°
④ 180－③＝100°
⑤ 180－(④＋35)＝45°
⑥ 180－(35×2)＝110°
⑦ 180－⑥＝70°
よって、二等辺三角形。
⑧ 180－(⑦＋70°)＝40°
⑨ 対頂角より、⑧＋60＝100°
⑩ 180－(⑨＋40)＝40°
よって、二等辺三角形。
⑪ 180－⑨＝80°
⑫ 180－110＝70°
⑬ 180－(⑫＋40)＝70°
よって、二等辺三角形。
答 三角形A・Bは、辺●・▲とその間の③・⑪は、ともに80°であることにより、合同。対応する角は等しいので、
？＝60°

問49　21cm^2

7cm^2　7cm^2　13cm^2
A　9cm^2　24cm^2　?cm^2
12cm^2
14cm^2　B　29cm^2　C

① Aの面積は7㎠の面積比より、
7＋9＋12＝28㎠
② 28:24＝7:6＝14:B
よって、
7×B＝84　B＝12㎠
③ C＝29－12＝17㎠
答 面積比B:Cより
12:17＝24:(13＋?)
12×(13＋?)＝408
156＋(12×?)＝408
12×?＝252　?＝21㎠

問50 105°

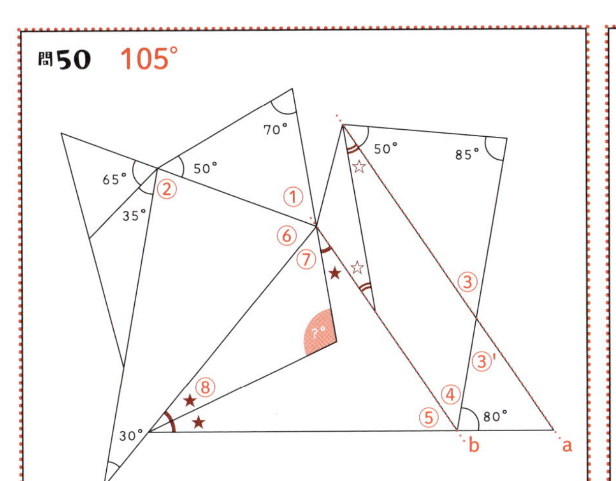

① 180－(70＋50)＝60°
② 180－(65＋35)＝80°
③ 180－(50＋85)＝45°
対頂角により、③'＝45°
④ 直線 a と b は、錯角☆が等しいことより、平行。
よって、③'＝④＝45°
⑤ 180－(④＋80)＝55°
⑥ 180－(②＋30)＝70°
⑦ 180－(①＋⑥)＝50°
⑧ 〔180－(⑤＋⑦)〕÷3＝25°
答 180－(⑦＋⑧)＝105°

問51 20cm²

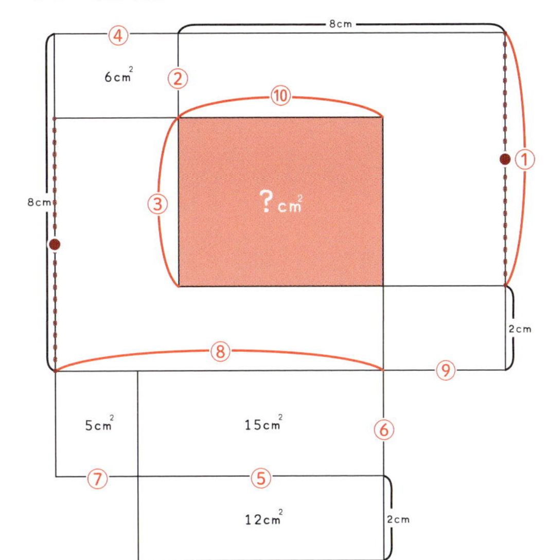

① 8－2＝6cm
よって、●＝6cm
② 8－●＝2cm
③ ①－②＝4cm
④ 6÷②＝3cm
⑤ 12÷2＝6cm
⑥ 15÷⑤＝2.5cm
⑦ 5÷⑥＝2cm
⑧ ⑤＋⑦＝8cm
⑨ (④＋8)－⑧＝3cm
⑩ 8－⑨＝5cm
答 ③×⑩＝20cm²

問52 65°

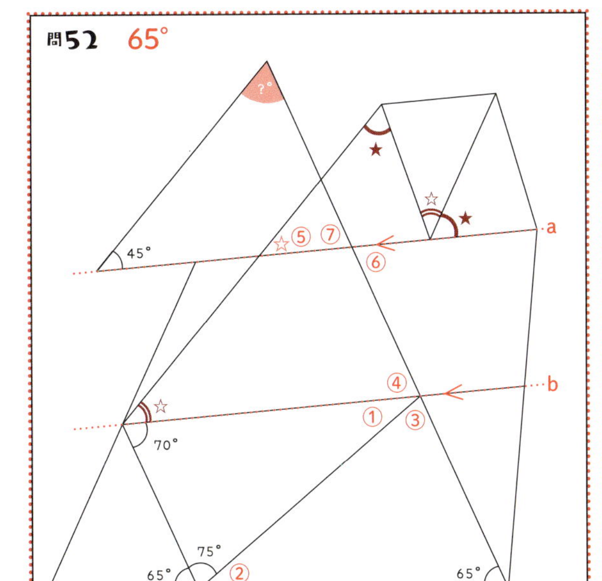

① 180－(70＋75)＝35°
② 180－(75＋65)＝40°
③ 180－(②＋65)＝75°
④ 180－(①＋③)＝70°
⑤ 三角形の外角☆＋★から、⑤＋★＝☆＋★と等しい。
よって、⑤＝☆となり、直線 a と b は平行。
⑥ ⑥は、④の錯角であることより、⑥＝70°
⑦ 対頂角により、⑦＝70°
答 180－(45＋⑦)＝65°

問53 26cm²

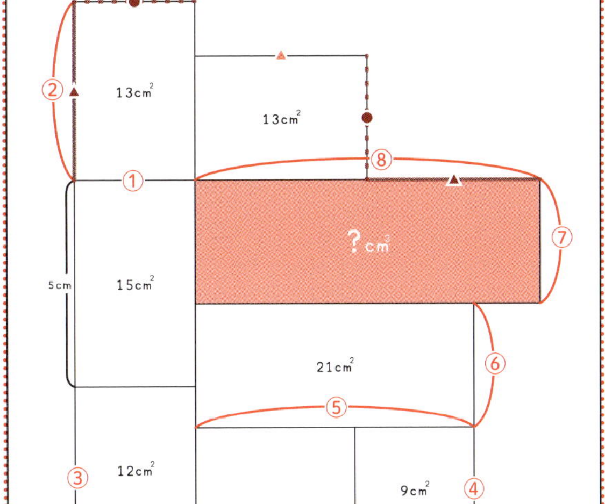

① 15÷5＝3cm
よって、●＝3cm
② 13÷①＝$\frac{13}{3}$cm　▲＝$\frac{13}{3}$cm
③ 12÷①＝4cm
④ 9÷●＝3cm
⑤ 4＋●＝7cm
⑥ 21÷⑤＝3cm
⑦ (5＋③)－(④＋⑥)＝3cm
⑧ ▲＋▲＝$\frac{26}{3}$cm
答 ⑦×⑧＝26cm²

問54　110°

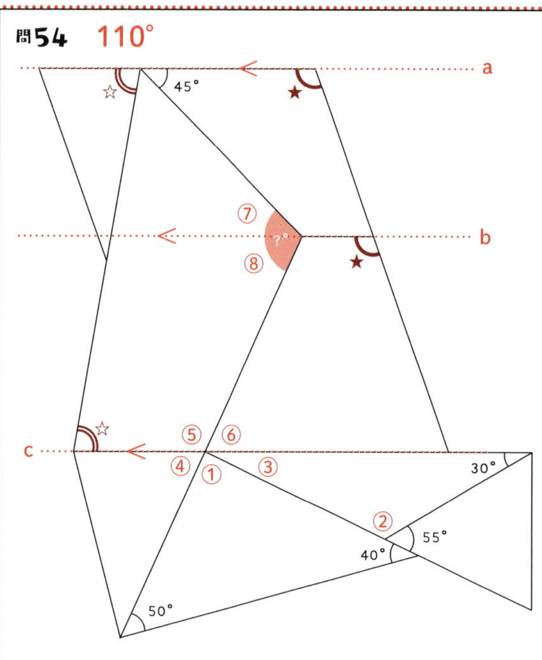

① 180－(40＋50)＝90°
② 180－55＝125°
③ 180－(②＋30)＝25°
④ 180－(①＋③)＝65°
⑤ 180－④＝115°
⑥ 対頂角により、⑥＝65°
⑦ 同位角★により、直線aとbは平行、錯角☆により、直線aとcは平行。よって、⑦＝45°
⑧ 錯角により、⑧＝⑥＝65°
答 ⑦＋⑧＝110°

問55　15cm²

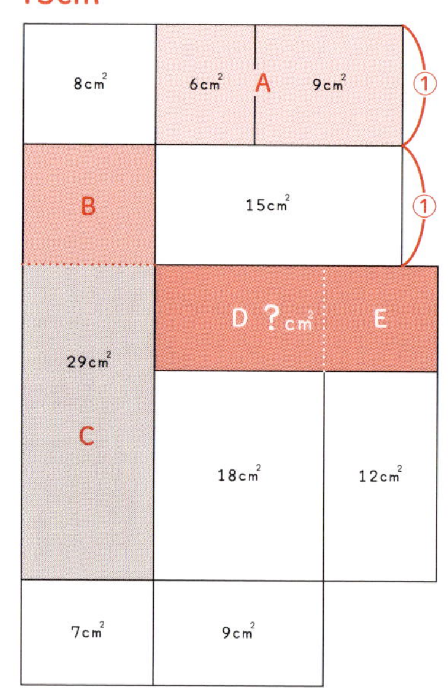

① Aは6＋9＝15㎠により、①は同じ長さである。また、Bも上段の8㎠と同じである。
② C＝29－B＝21㎠
③ 面積比より、7:9＝C:(18＋D)　126＋(7×D)＝189
　7×D＝63　D＝9㎠
④ 面積比より、18:12＝3:2＝D:E　3×E＝18　E＝6㎠
答 D＋E＝15㎠

問56　70°

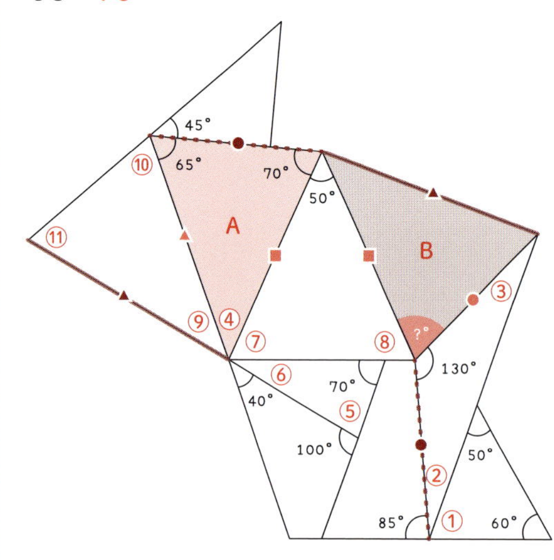

① 180－(50＋60)＝70°
② 180－(85＋①)＝25°
③ 180－(130＋②)＝25°
　よって、二等辺三角形。
④ 180－(65＋70)＝45°
⑤ 180－100＝80°
⑥ 180－(70＋⑤)＝30°
⑦ 180－(④＋⑥＋40)＝65°
⑧ 180－(50＋⑦)＝65°
⑨ 180－(④＋⑥＋⑦)＝40°
⑩ 180－(45＋65)＝70°
⑪ 180－(⑨＋⑩)＝70°
答 AとBの三角形は3辺がそれぞれ等しいので合同。これにより、対応する角も等しくなるので、?＝70°

問57　18cm²

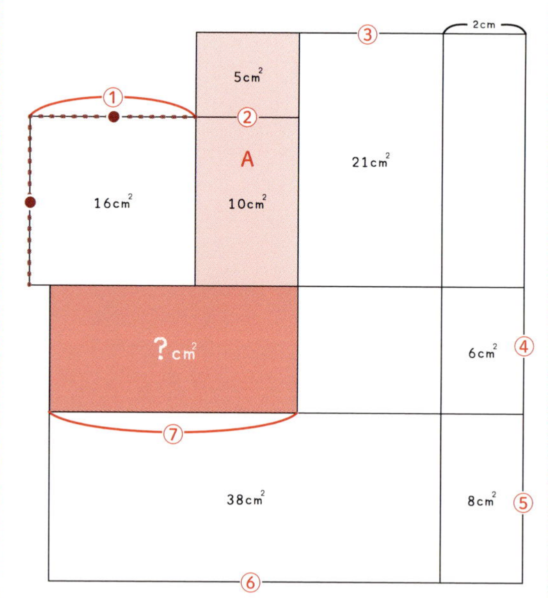

① ●×●＝16
　よって、●＝4㎝
② 10÷①＝2.5㎝
③ A＝10＋5、面積比より、
　A:21＝5:7＝②:③
　5×③＝17.5㎝　③＝3.5㎝
④ 6÷2＝3㎝
⑤ 8÷2＝4㎝
⑥ 38÷⑤＝9.5㎝
⑦ ⑥－③＝6㎝
答 ④×⑦＝18㎠

（解き方は一例です）

問58 110°

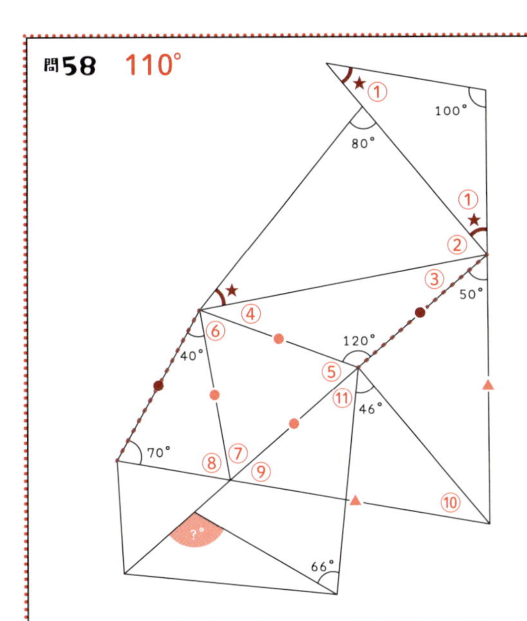

① (180－100)÷2＝40°
　★＝40°
② 180－(★＋80)＝60°
③ 180－(①＋②＋50)＝30°
④ 180－(③＋120)＝30°
⑤ 180－120＝60°
⑥ 180－(★＋④＋40)＝60°
⑦ 180－(⑤＋⑥)＝60°
⑧ 二等辺三角形の底角により、
　⑧＝70°
⑨ 180－(⑦＋⑧)＝50°
⑩ 二等辺三角形の底辺を二分した点と頂角を結んでいるので、
　〔180－(⑨＋50)〕÷2＝40°
⑪ 180－(⑨＋⑩＋46)＝44°
答 66＋⑪＝110°

問59 13cm²

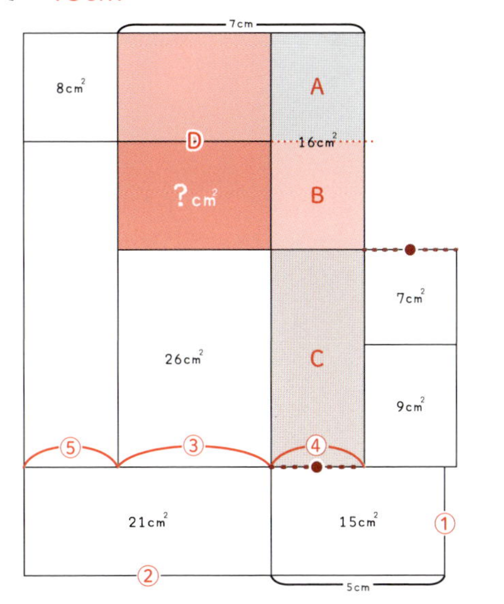

① 15÷5＝3cm
② 21÷①＝7cm
③・④・⑤ ③＋④＝7cm
　③＋⑤＝7cm
　よって、④＝⑤
　また、A＝B＝8cm²
　また、C＝7＋9＝16cm²
　(A＋B)＝C＝16cm²
　16:D＝C:26＝8:13
　8×D＝208　D＝26cm²
答 26÷2＝13cm²

問60 102°

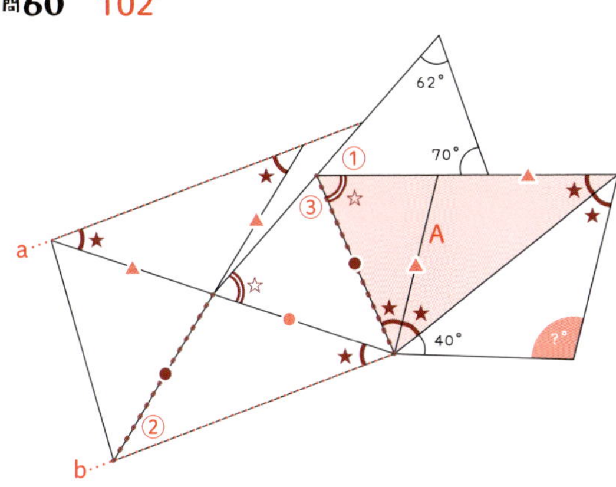

① 180－(62＋70)＝48°
② 錯角★が等しいことにより、直線aとbは並行。
　よって、②＝★
③ 二等辺三角形の底角により、③＝☆
　よって、(180－①)÷2＝66°
④ 三角形Aより、(180－☆)÷3＝38°　★＝38°
答 180－(★＋40)＝102°

問61 18cm²

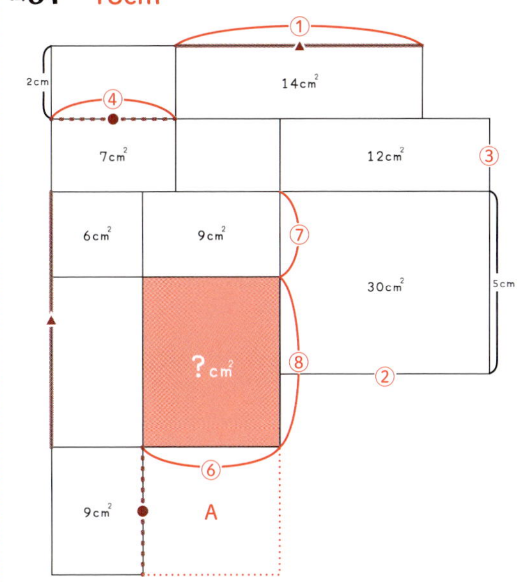

① 14÷2＝7cm　▲＝7cm
② 30÷5＝6cm
③ 12÷②＝2cm
④ 7÷③＝$\frac{7}{2}$cm　●＝$\frac{7}{2}$cm
⑤ 6:9＝2:3の面積比より、
　2:3＝9:A、2×A＝27　A＝$\frac{27}{2}$cm²
⑥ A÷●＝$\frac{27}{7}$cm
⑦ 9÷⑥＝$\frac{7}{3}$cm
⑧ ▲－⑦＝$\frac{14}{3}$cm
答 ⑥×⑧＝18cm²

問62　80°

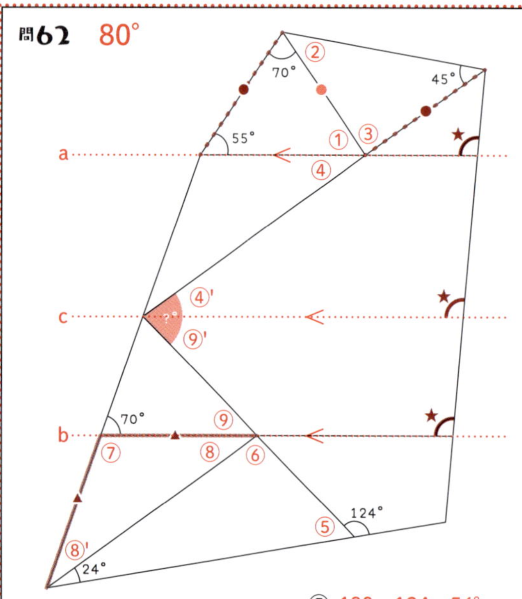

① $180-(70+55)=55°$
② 二等辺三角形により、②＝45°
③ 180－(②＋45)＝90°
④ 180－(①＋③)＝35°
同位角★が等しいことにより直線aとbは平行、aとbに並行な補助線cをひくと④'＝35°
⑤ $180-124=56°$
⑥ 180－(⑤＋24)＝100°
⑦ $180-70=110°$
⑧ 二等辺三角形により、(180－⑦)÷2＝35°
⑨ 180－(⑥＋⑧)＝45°
直線bとcの錯角により、⑨'＝45°
答 ④'＋⑨'＝80°

問63　18cm²

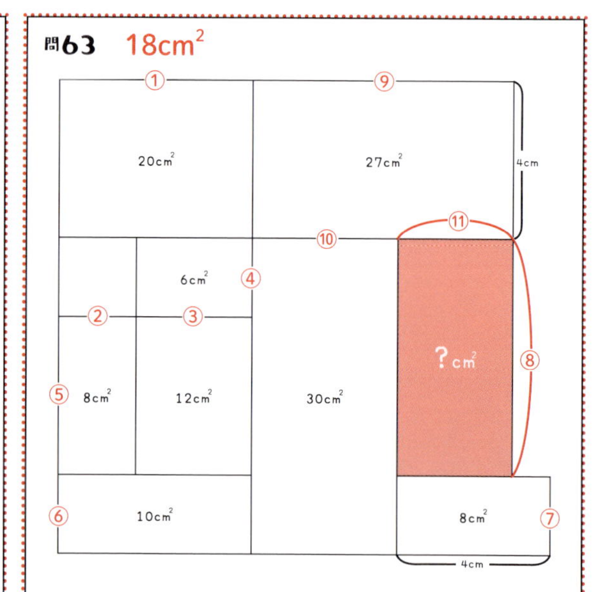

① $20\div4=5$cm
② 面積比8:12＝2:3より、②＝2cm
③ ②と同様に③＝3cm
④ 6÷③＝2cm
⑤ 8÷②＝4cm
⑥ 10÷①＝2cm
⑦ $8\div4=2$cm
⑧ ④＋⑤＝6cm
⑨ $27\div4=\frac{27}{4}$cm
⑩ 30÷(⑦＋⑧)＝$\frac{15}{4}$cm
⑪ ⑨－⑩＝3cm
答 ⑧×⑪＝18cm²

問64　45°

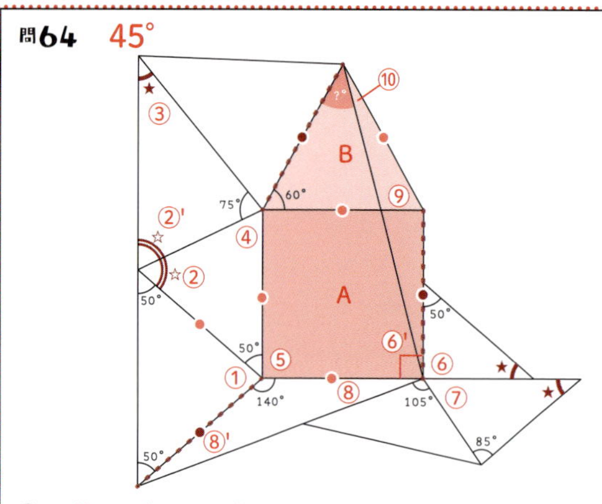

① 二等辺三角形の頂角より、80°
② (180－50)÷2＝65°により、☆＝65°
③ 180－(②'＋75)＝40°により、★＝40°
④ 180－(②＋50)＝65°
⑤ 360－(①＋50＋140)＝90°
⑥ 180－(★＋50)＝90°　⑥'＝90°
⑦ 180－(★＋85)＝55°
⑧ 180－(⑦＋105)＝20°
よって、角140°を頂角とした二等辺三角形。⑧'＝20°
⑨ 直角⑤・⑥及び辺●が等しいことにより、四角形Aは正方形、また三角形Bも2辺が●で等しく、その間の角が60°により、正三角形。よって、⑨＝60°
⑩ 〔180－(⑨＋90)〕÷2＝15°
答 60－⑩＝45°

問65　28cm²

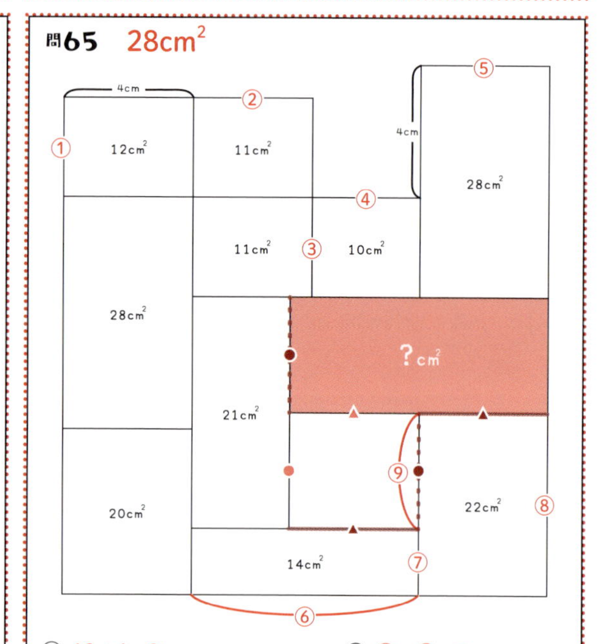

① $12\div4=3$cm
② 11÷①＝$\frac{11}{3}$cm
③ ③＝①＝3cm
④ 10÷③＝$\frac{10}{3}$cm
⑤ 28÷(4＋③)＝4cm　▲＝4cm
⑥ ②＋④＝7cm
⑦ 14÷⑥＝2cm
⑧ 22÷⑤＝$\frac{11}{2}$cm
⑨ ⑧－⑦＝$\frac{7}{2}$cm　●＝$\frac{7}{2}$cm
答 ●×(▲×2)＝28cm²

問66　133°

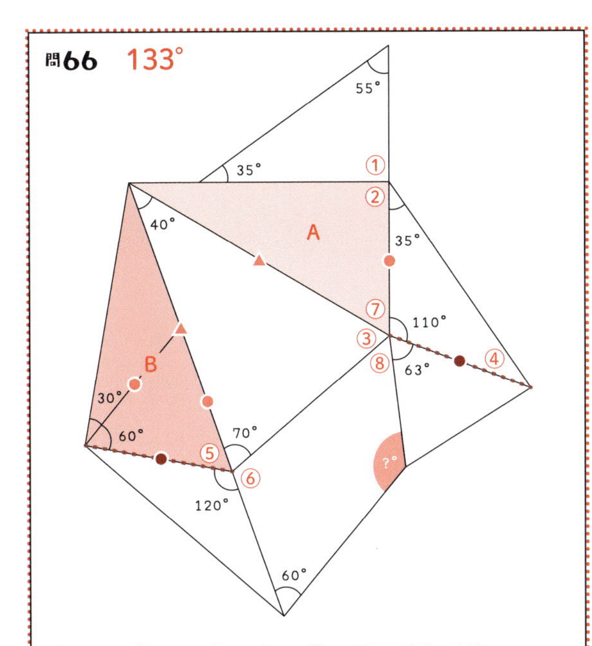

① 180－(55＋35)＝90°
② 180－①＝90°
③ 180－(40＋70)＝70°
よって、底角70°の二等辺三角形。
④ 180－(35＋110)＝35°
よって、底角35°の二等辺三角形。
⑤ 180－120＝60°
⑥ 360－(⑤＋70＋120)＝110°
⑦ 直角三角形AとBは、斜辺▲と他の１辺●が等しいことにより合同。
よって、⑦＝⑤＝60°
⑧ 360－(③＋⑦＋63＋110)＝57°
答 360－(⑥＋⑧＋60)＝133°

問67　15cm²

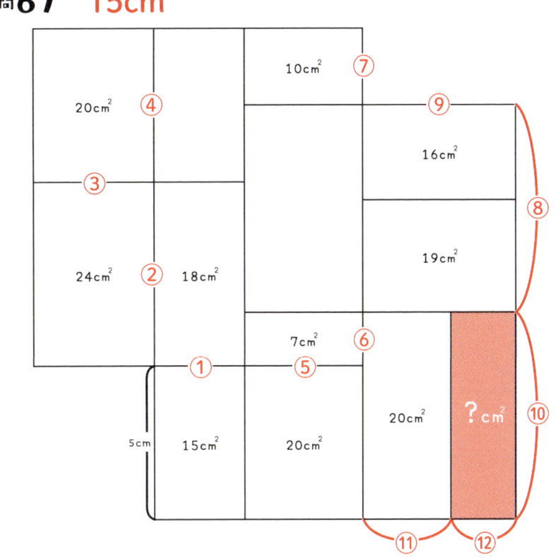

① 15÷5＝3cm
② 18÷①＝6cm
③ 24÷②＝4cm
④ 20÷③＝5cm
⑤ 20÷5＝4cm
⑥ 7÷⑤＝$\frac{7}{4}$cm
⑦ 10÷⑤＝$\frac{5}{2}$cm
⑧ (②＋④)－(⑥＋⑦)＝$\frac{27}{4}$cm
⑨ (16＋19)÷⑧＝$\frac{140}{27}$cm
⑩ 5＋⑥＝$\frac{27}{4}$cm
⑪ 20÷⑩＝$\frac{80}{27}$cm
⑫ ⑨－⑪＝$\frac{20}{9}$cm
答 ⑩×⑫＝15cm²

問68　28°

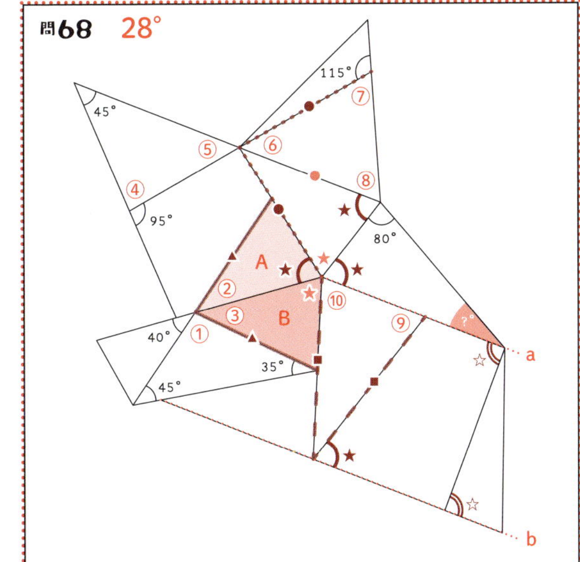

① 180－(45＋35)＝100°
② 対頂角により、②＝40°
③ 180－(①＋②)＝40°
三角形AとBは2辺と、その間の角が等しいことにより合同。
④ 180－95＝85°
⑤ 180－(④＋45)＝50°
⑥ 対頂角により、⑥＝50°
⑦ 180－115＝65°
⑧ 180－(⑥＋⑦)＝65°
よって、角⑥を頂角とした二等辺三角形。
⑨・⑩ 錯角☆が等しいことにより、直線aとbは平行。
よって、⑨＝⑩＝★
(★×4)＋⑩＝360°により、★＝72°
答 180－(★＋80)＝28°

問69　32cm²

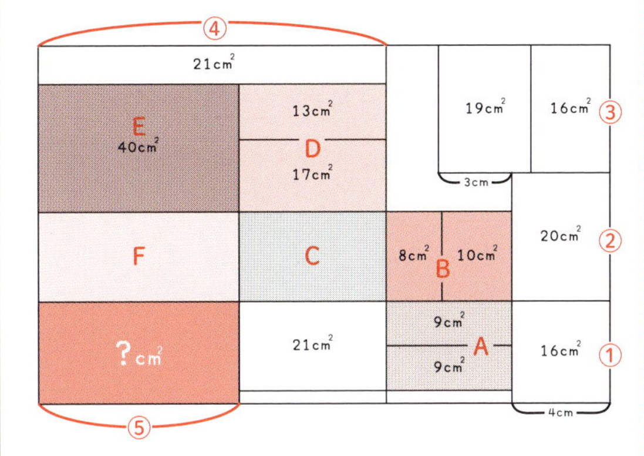

① 16÷4＝4cm
② 20÷4＝5cm
③ (19＋16)÷(3＋4)＝5cm
A：B＝(9＋9)：(8＋10)＝18：18＝1：1
よって、C＝21cm²
④ C：F＝D：E＝(13＋17)：40＝3：4
3×F＝84　F＝28cm²
よって、(21＋C＋D＋E＋F)÷(②＋③)＝14cm
⑤ D：E＝3：4により、⑤＝(14÷7)×4＝8cm
答 ①×⑤＝32cm²

問70　80°

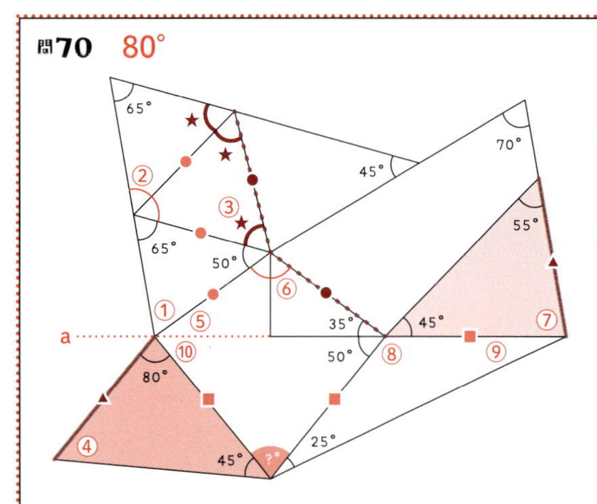

① 180－(65＋50)＝65°
　よって、二等辺三角形。
② 180－65＝115°
③ 〔360－(65＋②)〕÷3＝60°
　★＝60°
④ 180－(80＋45)＝55°
⑤ 補助線aにより、二等辺三角形の底角⑤は35°
⑥ 180－(⑤＋35)＝110°
⑦ 180－(55＋45)＝80°
⑧ 180－50＝130°
⑨ 180－(⑧＋25)＝25°
　よって、二等辺三角形。
⑩ ?を頂角とする二等辺三角形になることより、
　⑩＝50°
答 180－(⑩＋50)＝80°

問71　$24cm^2$

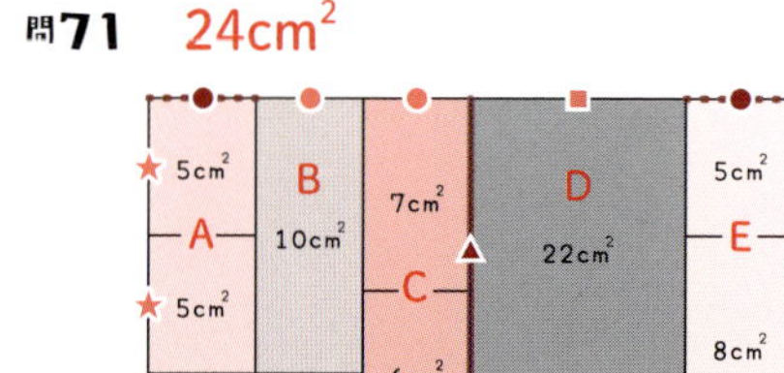
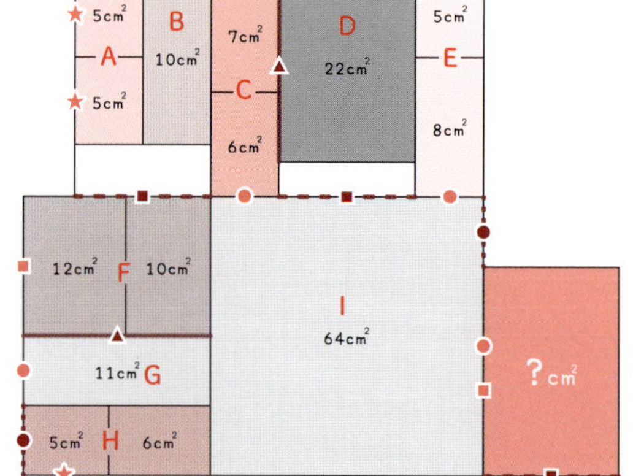

① 面積$5cm^2$の四角形のうち、１辺が●のものは他方の辺も同じ、よってＢの短辺は●となる。
② ＡとＢの短辺より■＝●×2
③ ＣとＥはともに$13cm^2$なので、Ｃの短辺は●
④ Ｄは面積22㎠　長辺が▲なので、Ｆと合同。よって、短辺は■
⑤ ＧとＨの面積はともに11㎠
　よって、短辺は●
⑥ Ｉは面積64㎠、１辺が(●×2)＋■の正方形。また、■＝●×2なので、$〔(●×2)＋(●×2)〕^2＝64$㎠
　●×4＝8cm、●＝2cm
答 (●＋■)×■＝(●×3)×(●×2)＝6×4＝24㎠

問72　44°

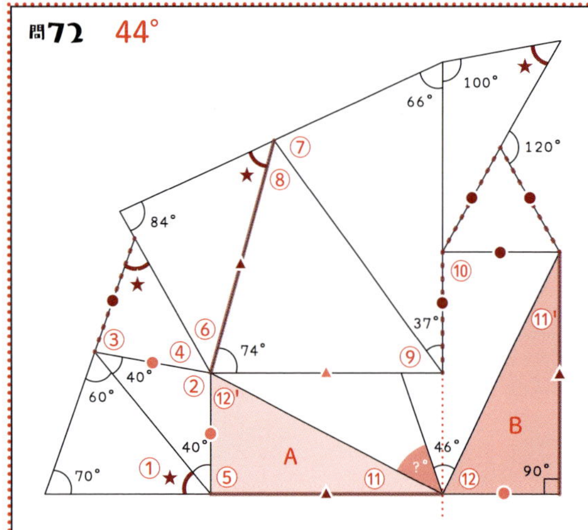

① ★＝180－(60＋70)＝50°
② 180－(40＋40)＝100°
③ 180－(40＋60)＝80°
④ 180－(③＋★)＝50°
　よって、二等辺三角形。
⑤ 180－(40＋①)＝90°
⑥ 180－(84＋★)＝46°
⑦ 180－(66＋37)＝77°
⑧ 180－(⑦＋★)＝53°
⑨ 180－(⑧＋74)＝53°
　よって、二等辺三角形。
⑩ 正三角形の角と
　180－(100＋★)により、
　180－(30＋60)＝90°
⑪ 三角形ＡとＢは、２辺が等しく、間の角も等しいので合同。⑪＝⑪'
　⑫＝⑫'であることにより、
　⑪＋⑫＝90°
答 180－(⑪＋⑫＋46)＝44°

問73　$30cm^2$

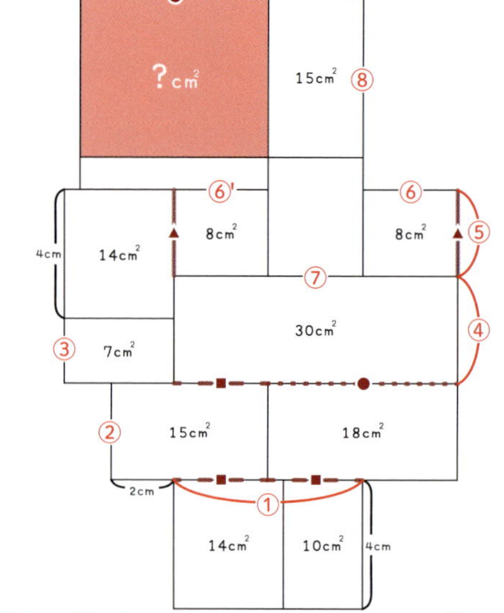

① (14＋10)÷4＝6cm
　①＝■×2＝6cm　■＝3cm
② 15÷(2＋■)＝3cm
　18÷②＝6cm　●＝6cm
③ 面積比7:14＝1:2＝③:4
　より、③＝2cm
④ 30÷(■＋●)＝$\frac{10}{3}$cm
⑤ (4＋③)－④＝$\frac{8}{3}$cm
　▲＝$\frac{8}{3}$cm
⑥ 8÷⑤＝3cm　⑥＝⑥'
⑦ (■＋●)－(⑥＋⑥')＝3cm
⑧ 15÷⑦＝5cm
答 ●×⑧＝30㎠

問74　74°

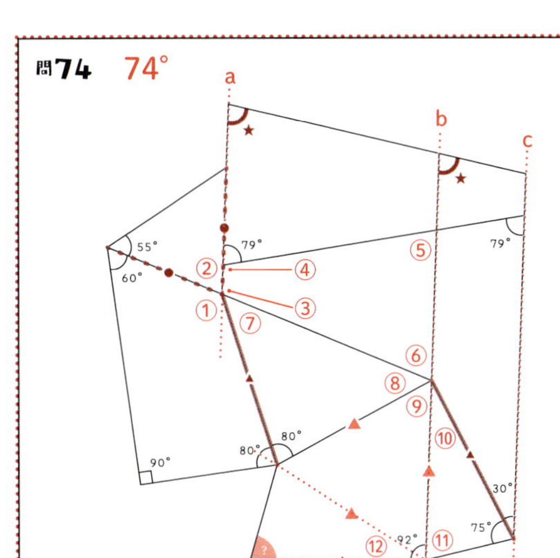

① 360－(60＋90＋80)＝130°
② 底角55°の二等辺三角形の頂角により、②＝70°
③ 180－②＝110°
④ 180－79＝101°
⑤ 直線a・b・cは同位角★と錯角79°により平行。よって、⑤＝79°
⑥ 360－(③＋④＋⑤)＝70°
⑦ 180－①＝50°
⑧ 180－(⑦＋80)＝50°
⑨ 180－(⑥＋⑧)＝60°
⑩ 直線b・cの錯角により、⑩＝30°
⑪ 180－(⑩＋75)＝75°
⑫ 補助線dにより、正三角形。92－60＝32°
答 ⑫を頂角にした二等辺三角形により、(180－⑫)÷2＝74°

問75　16cm²

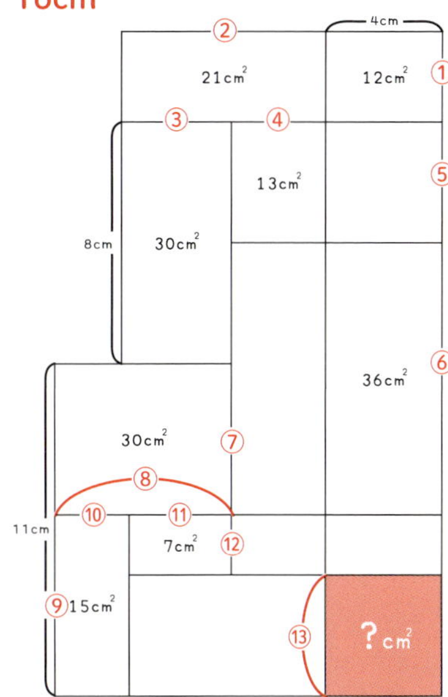

① 12÷4＝3cm
② 21÷①＝7cm
③ 30÷8＝$\frac{15}{4}$cm
④ ②－③＝$\frac{13}{4}$cm
⑤ 13÷④＝4cm
⑥ 36÷4＝9cm
⑦ (⑤＋⑥)－8＝5cm
⑧ 30÷⑦＝6cm
⑨ 11－⑦＝6cm
⑩ 15÷⑨＝$\frac{5}{2}$cm
⑪ ⑧－⑩＝$\frac{7}{2}$
⑫ 7÷⑪＝2
⑬ ⑨－⑫＝4
答 ⑬×4＝16㎠

問76　60°

① 180－80＝100°
② 360－(①＋85＋105)＝70°
③ 180－②＝110°
④ ③を頂角とする二等辺三角形により、④＝35°
⑤ 180－(④＋105)＝40°
⑥ 180－(⑤＋70)＝70°
⑦ 180－(④＋⑥)＝75°
直線a・bは錯角☆により平行。
⑧ 180－(85＋⑦')＝20°　★＝20°
⑨ 180－(70＋★＋★)＝70°
⑩ 180－(⑨＋50)＝60°
⑪ 180－(⑩＋85)＝35°、☆＝180－(⑩＋115)＝30°
⑫ 180－(☆＋40)＝110°
対頂角⑫'も110°
⑬ 360－⑫'＝250°
答 360－(⑬＋☆＋★)＝60°

問77　13cm²

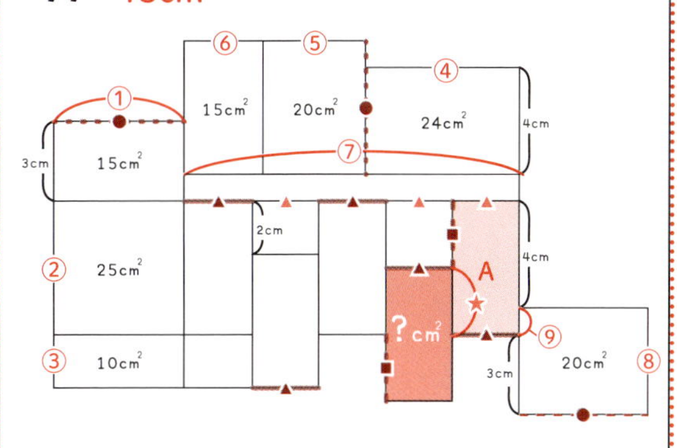

① 15÷3＝5cm　●＝5cm
② 25÷●＝5cm
③ 10÷●＝2cm
④ 24÷4＝6cm
⑤ 20÷●＝4cm
⑥ 15÷●＝3cm
⑦ 5×▲＝④＋⑤＋⑥＝13cm
5×▲＝13cm　▲＝$\frac{13}{5}$cm
⑧ 20÷●＝4cm
⑨ ⑧－3＝1cm
答 Aと？は1辺が▲、もう1辺が(■＋★)であることにより、同じ面積。よって、▲×(4＋⑨)＝13㎠

問78　10°

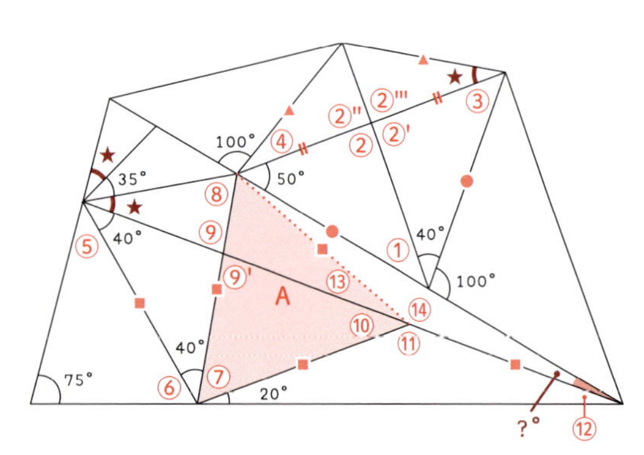

① 180−(40＋100)＝40°
② 180−(①＋50)＝90°
　よって、②＝②'＝②"＝②'''＝90°
③ 180−(②'＋40)＝50°
④ 180−(100＋50)＝30°
　④＝★＝30°
⑤ 180−(★＋35＋★＋40)＝45°
⑥ 180−(⑤＋75)＝60°
⑦ 180−(⑥＋40＋20)＝60°
⑧ 180−(★＋40＋40)＝70°
　よって、二等辺三角形。
⑨ 180−(★＋⑧)＝80°
　対頂角により⑨'＝80
⑩ 180−(⑦＋⑨')＝40°
⑪ 180−⑩＝140°
⑫ 180−(⑪＋20)＝20°
　よって、二等辺三角形。
⑬ 補助線により、三角形Aは正三角形。よって、60−⑩＝20°
⑭ 180−⑬＝160°
答 二等辺三角形により、(180−⑭)÷2＝10°

問79　33cm²

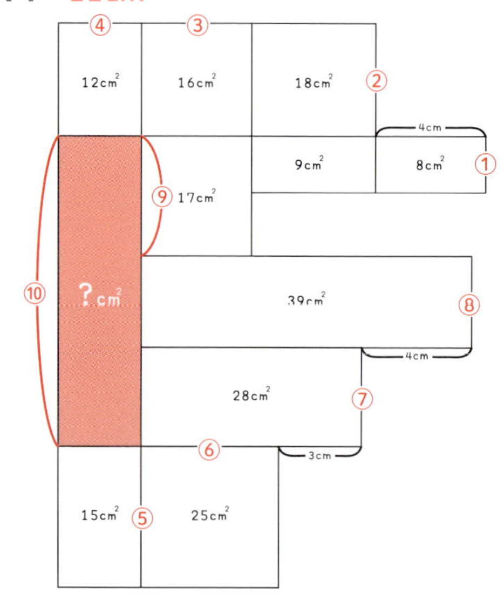

① 8÷4＝2cm
② 面積比9:18＝1:2より、②＝4cm
③ 16÷②＝4cm
④ 12÷②＝3cm
⑤ 15÷④＝5cm
⑥ 25÷⑤＝5cm
⑦ 28÷(⑥＋3)＝$\frac{7}{2}$cm
⑧ 39÷(⑥＋3＋4)＝$\frac{13}{4}$cm
⑨ 17÷③＝$\frac{17}{4}$cm
⑩ ⑦＋⑧＋⑨＝11cm
答 ⑩×④＝33cm²

問80　114°

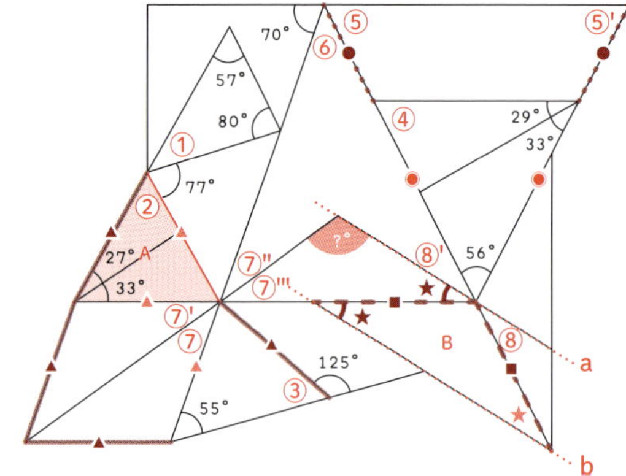

① 180−(57＋80)＝43°
② 180−(①＋77)＝60°
　Aは正三角形。
③ 180−125＝55°
　よって、二等辺三角形。
④ 180−(29＋33＋56)＝62°
　よって、二等辺三角形。
⑤・⑤' 二等辺三角形であることにより、(180−56)÷2＝62°
⑥ 180−(⑤＋70)＝48°
⑦ ひし形とその対頂角により、⑦＝⑦'＝⑦"＝⑦'''
⑧ 直線aとbは錯角★により平行。また、Bの底角は★であることにより、⑧＝⑧'＝★
答 ⑦'''＋★＝⑦"＋⑧'より、180−〔(180−⑥)÷2〕＝114°

問81　40cm²

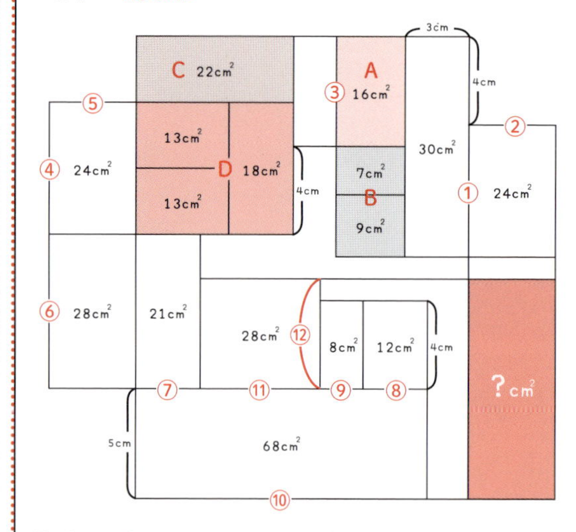

① (30÷3)−4＝6cm
② 24÷①＝4cm
③ 四角形AとBは合同。よって、(①＋4)÷2＝5cm
④ CとDの面積比22:44＝1:2より、〔(③＋4)÷3〕×2＝6cm
⑤ 24÷④＝4cm
⑥ 28÷⑤＝7cm
⑦ 21÷⑥＝3cm
⑧ 12÷4＝3cm
⑨ 8÷4＝2cm
⑩ 68÷5＝$\frac{68}{5}$cm
⑪ ⑩−(⑦＋⑧＋⑨)＝$\frac{28}{5}$cm
⑫ 28÷⑪＝5cm
答 (⑫＋5)×②＝40cm²

（解き方は一例です）

問82 23cm²

① 21÷7＝3cm
② 15÷①＝5cm
③ 20÷②＝4cm
④ 24÷③＝6cm
⑤ 面積比18:9＝2:1より、(④÷3)×1＝2cm
⑥ 15÷(7－⑤)＝3cm
⑦ 24÷⑥＝8cm
⑧ ⑦－②＝3cm
⑨ 15÷⑧＝5cm
⑩ 35÷⑨＝7cm
⑪ 14÷⑩＝2cm
⑫ 21÷⑩＝3cm
⑬ 12÷⑫＝4cm
⑭ 16÷⑬＝4cm
⑮ (⑨＋⑪)－⑭＝3cm
⑯ 27÷⑮＝9cm
⑰ 12÷⑭＝3cm
⑱ ⑯－(⑬＋⑰)＝2cm
⑲ 18÷⑱＝9cm
⑳ 15÷⑰＝5cm
㉑ 20÷(⑲－⑳)＝5cm
㉒ (⑩＋⑯)－(⑰＋⑱＋㉑)＝6cm
㉓ 18÷㉒＝3cm
答 〔㉓×(7＋⑦)〕－(11×2)＝23cm²

問83 18cm²

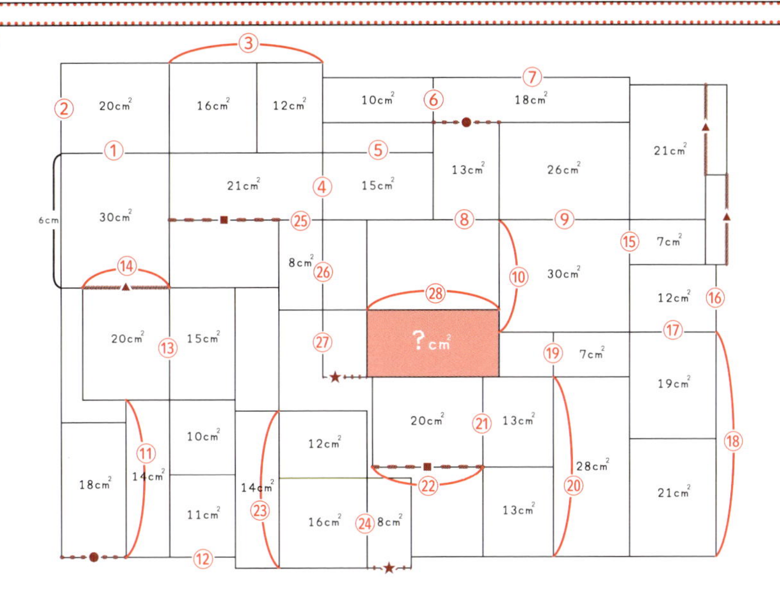

① 30÷6＝5cm
② 20÷①＝4cm
③ (16＋12)÷②＝7cm
④ 21÷③＝3cm
⑤ 15÷④＝5cm
⑥ 10÷⑤＝2cm
⑦ 18÷⑥＝9cm
⑧・⑨ 面積比13:26＝1:2より、⑧＝●＝3cm　⑨＝6cm
⑩ 30÷⑨＝5cm
⑪ 14÷(①－●)＝7cm
⑫ (10＋11)÷⑪＝3cm
⑬ 15÷⑫＝5cm
⑭ 20÷⑬＝4cm　▲＝4cm
⑮ 面積比21:7＝3:1より、⑮＝2cm
⑯ ⑩－⑮＝3cm
⑰ 12÷⑯＝4cm
⑱ (19＋21)÷⑰＝10cm
⑲・⑳ 面積比7:28＝1:4より、⑲＝2cm　⑳＝8cm
㉑ ⑳÷2＝4cm
㉒ 20÷㉑＝5cm　■＝5cm
㉓ 14÷(■－⑫)＝7cm
㉔ 面積比12:16＝3:4より、㉔＝4cm　★＝8÷㉔＝2cm
㉕ ③－■＝2cm
㉖ 8÷㉕＝4cm
㉗ (⑩＋⑲)－㉖＝3cm
㉘ (⑤＋●)－★＝6cm
答 ㉗×㉘＝18cm²

問84　17cm²

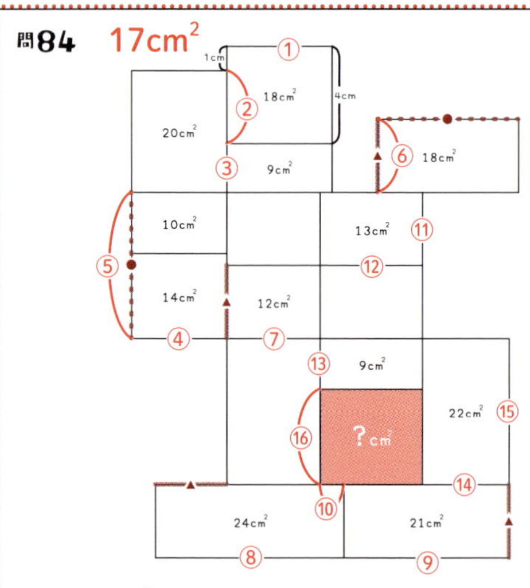

① $18 \div 4 = \frac{9}{2}$cm
② $4 - 1 = 3$cm
③ 9÷①＝2cm
④ 20÷(②＋③)＝4cm
⑤ (10＋14)÷④＝6cm　●＝6cm
⑥ 18÷●＝3cm　▲＝3cm
⑦ 12÷▲＝4cm
⑧ 24÷▲＝8cm
⑨ 21÷▲＝7cm
⑩ ⑧－(▲＋⑦)＝1cm
⑪ ●－▲＝3cm
⑫ 13÷⑪＝$\frac{13}{3}$cm
⑬ 9÷⑫＝$\frac{27}{13}$cm
⑭ (⑨＋10)－⑫＝$\frac{11}{3}$cm
⑮ 22÷⑭＝6cm
⑯ ⑮－⑬＝$\frac{51}{13}$cm
答 ⑯×⑫＝17cm²

問85　48°

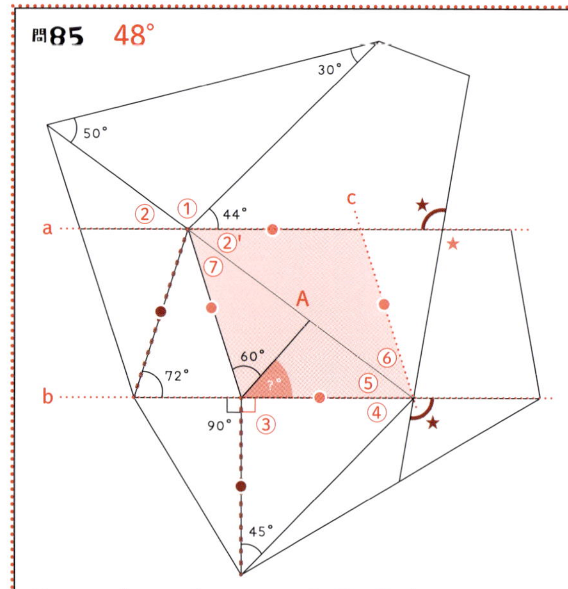

① 180－(50＋30)＝100°
② 180－(①＋44)＝36°
③ 180－90＝90°
④ 180－(③＋45)＝45°
よって、二等辺三角形。
⑤ 直線a、bは同位角★により、平行。
よって、②'＝⑤＝36°
⑥ ⑤＋⑥が72°になるよう、補助線Cをひくと、等脚台形となる。
⑦ Aは二等辺三角形を含み、かつ対辺の長さも等しく平行であるので、平行四辺形。よって、
⑦＝36°
答 180－(⑦＋60＋⑤)＝48°

問86　29cm²

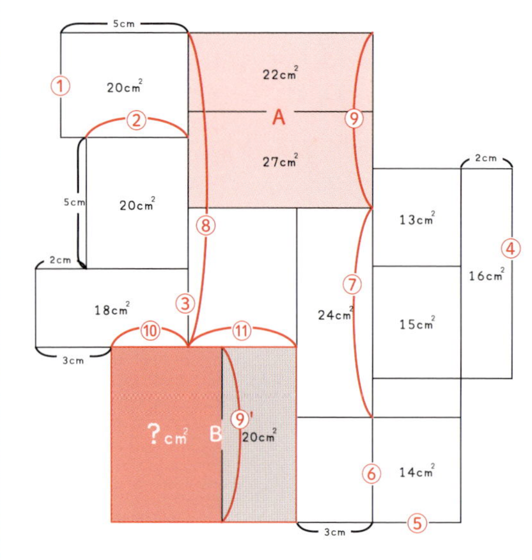

① 20÷5＝4cm
② 20÷5＝4cm
③ 18÷(②＋2)＝3cm
④ 16÷2＝8cm
⑤ (13＋15)÷④＝$\frac{7}{2}$cm
⑥ 14÷⑤＝4cm
⑦ 24÷3＝8cm
⑧ ①＋5＋③＝12cm
⑨ ⑥＋⑦＝12cm　⑧＝12cm
よって、⑨＝⑨'
⑩ (②＋2)－3＝3cm
⑪ (⑪＋3)＝(⑩＋⑪)、また⑨＝⑨'により、AとBは合同。
答 (22＋27)－20＝29cm²

問87　85°

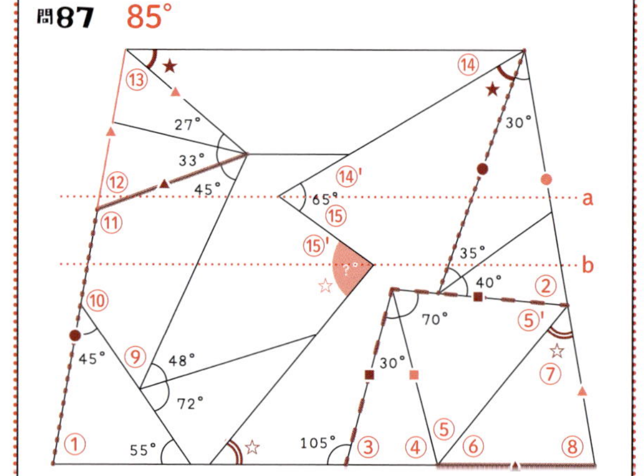

① 180－(45＋55)＝80°
② 180－(30＋35＋40)＝75°
よって、二等辺三角形。
③ 180－105＝75°
④ 180－(30＋③)＝75°
⑤・⑤' 二等辺三角形により、(180－70)÷2＝55°
⑥ 180－(④＋⑤)＝50°
⑦ 180－(②＋⑤')＝50°
☆＝50°
⑧ 180－(⑦＋⑥)＝80°
⑨ 180－(48＋72)＝60°
⑩ 180－45＝135°
⑪ 360－(45＋⑨＋⑩)＝120°
⑫ 180－⑪＝60°
⑬ 180－(⑫＋27＋33)＝60°
よって、①と⑧を底角とし、●＋▲の辺をもつ等脚台形とわかる。
⑭ (⑬＋★)＝(⑭＋★＋30)
⑭＝30°
⑮ 平行な補助線aとbをひく。
⑭＝⑭'　⑮＝⑮'より、
65－⑭'＝35°
答 ⑮'＋☆＝85°

（解き方は一例です）

問88　28cm²

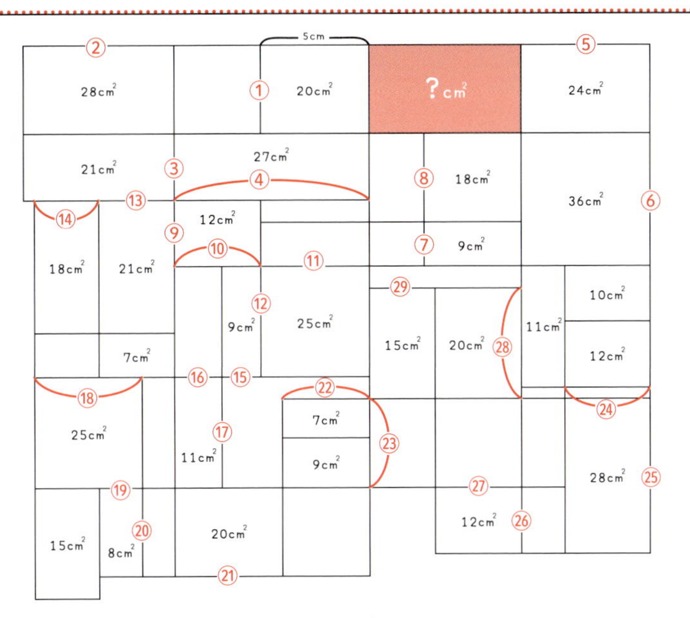

① 20÷5＝4cm
② 28÷①＝7cm
③ 21÷②＝3cm
④ 27÷③＝9cm
⑤ 24÷①＝6cm
⑥ 36÷⑤＝6cm
⑦・⑧ 面積比より、⑦＝2cm　⑧＝4cm
⑨ ⑥－③＝3cm
⑩ 12÷⑨＝4cm
⑪ ④－⑩＝5cm
⑫ 25÷⑪＝5cm
⑬ (21＋7)÷(⑨＋⑫)＝$\frac{7}{2}$cm
⑭ 面積比21：18＝7：6より、⑭＝3cm
⑮ 9÷⑫＝$\frac{9}{5}$cm
⑯ ⑩－⑮＝$\frac{11}{5}$cm
⑰ 11÷⑯＝5cm
⑱ 25÷⑰＝5cm
⑲ ⑱－⑭＝2cm
⑳ 8÷⑲＝4cm
㉑ 20÷⑳＝5cm
㉒ ④－㉑＝4cm
㉓ (7＋9)÷㉒＝4cm
㉔ 面積比11：(10＋12)＝1：2より、4cm
㉕ 28÷㉔＝7cm
㉖ ㉕－㉓＝3cm
㉗ 12÷㉖＝4cm
㉘ 20÷㉗＝5cm
㉙ 15÷㉘＝3cm
答 ①×(㉗＋㉙)＝28㎠

問89　68°

① 180－(90＋20)＝70°
② 180－110＝70°
③ 180－(65＋②)＝45°
④ 180－(①＋③)＝65°
⑤ 180－(④'＋60)＝55°
⑥ 180－⑤＝125°
⑦ 180－40＝140°
⑧ 360－(③'＋⑥＋⑦)＝50°
直線bとcは錯角★が等しく、直線aとbも錯角②と①'が等しいので、直線a、b、cは全て平行。
⑨ 直線bとcの錯角より、60°
⑩ 180－(⑧＋⑨)＝70°
⑪ 180－(⑩＋55)＝55°
⑫ 対頂角により、⑫＝⑧＝50°
⑬ 二等辺三角形により、65°
⑭ 180－(⑪＋⑬)＝60°
⑮ 180－(48＋42)＝90°
⑯ (180－⑮)÷2＝45°
⑰ 180－(⑯＋50)＝85°
⑱ 360－(⑰＋120＋75)＝80°
⑲ 180－(50＋65)＝65°
⑳ 360－(⑱＋⑲＋90)＝125°
三角形AとBは2つの辺●と▲、その辺の間の角が(⑬＋60)＝⑳なので、合同。
㉑ 三角形AとBにより、㉑＝⑫÷2＝25°
㉒ 180－80＝100°
㉓ 360－(㉒＋100＋90)＝70°
㉔ 180－(㉑＋㉓＋41)＝44°
◆＝44°
㉕ 180－(☆＋★＋40)
★＋★＋☆＋☆＝180°より、☆＋★＝90°　よって、180－(90＋40)＝50°
㉖ 180－(㉕＋30＋40)＝60°
㉗ 180－(㉖＋40)＝80°
㉘ 180－(㉗＋65)＝35°
㉙ 180－(㉘＋55)＝90°
㉚ 180－(㉙＋25)＝65°
㉛ 二等辺三角形により、(180－120)÷2＝30°
㉜・㉝ 二等辺三角形により、㉜＝30°　㉝＝120°
㉞ ★＋★＋☆＋☆＝180°より、㉞＝☆☆
㉟ ㉞＋㉟＋◆＝180°
㉞＋㉟＝180－44＝136°
(★＋★＋㉞)＋(◇＋◇＋㉟)＝360°　★＋★＋◇＋◇＝224°
★＋◇＝112°
答 180－(◇＋★)＝68°

問90　52cm²

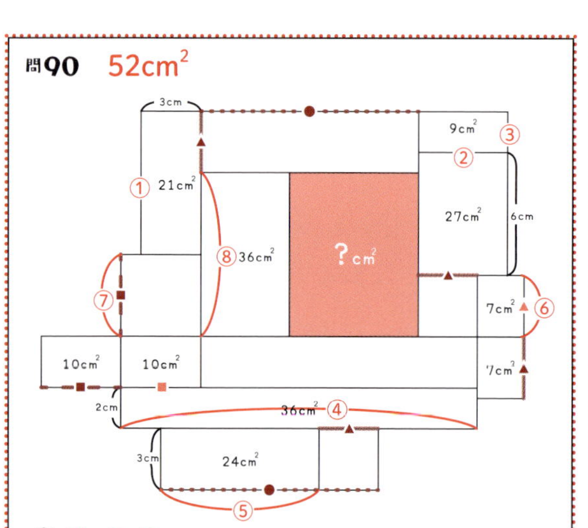

① 21÷3＝7cm

② 27÷6＝$\frac{9}{2}$cm

③ 9÷②＝2cm

④ 36÷2＝18cm　■＋●＋▲＝18cm

⑤ 24÷3＝8cm

⑥・⑦ (③＋6＋⑥)＝(①＋⑦)
③＋6＝8cmにより、■＝(▲＋1)とわかる。
●＝⑤＋▲、■＋●＋▲＝18cmより、
(▲＋1)＋(8＋▲)＋▲＝18cm
よって、▲＝3cm　■＝4cm　●＝11cm

⑧ (①＋⑦)－▲＝8cm

答 (●×⑧)－36＝52cm²

問91　101°

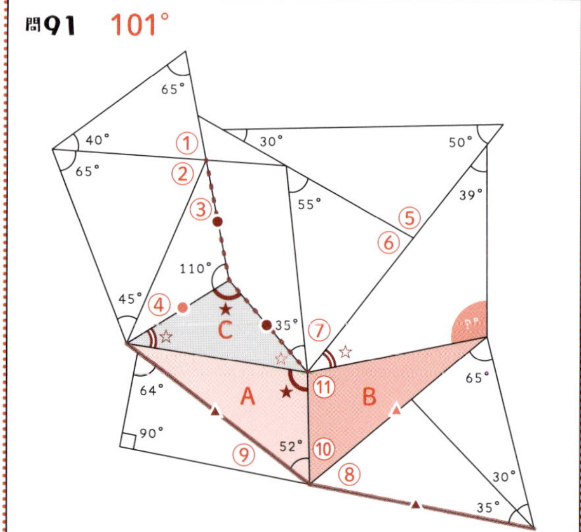

① 180－(65＋40)＝75°

② 180－(65＋45)＝70°

③ 180－(①＋②)＝35°

④ 180－(③＋110)＝35°

⑤ 180－(30＋50)＝100°

⑥ 180－⑤＝80°

⑦ 180－(⑥＋55)＝45°

⑧ 180－(65＋30＋35)＝50°

⑨ 180－(64＋90)＝26°

⑩ 180－(⑧＋⑨＋52)＝52°
2辺とその間の角が等しいことにより、AとBは合同である。

⑪ Cより、★＋☆＋☆＝180°
360－(★＋☆＋☆＋⑦＋35)＝100°　★＝100°
よって、☆＝40°

答 180－(☆＋39)＝101°

問92　28cm²

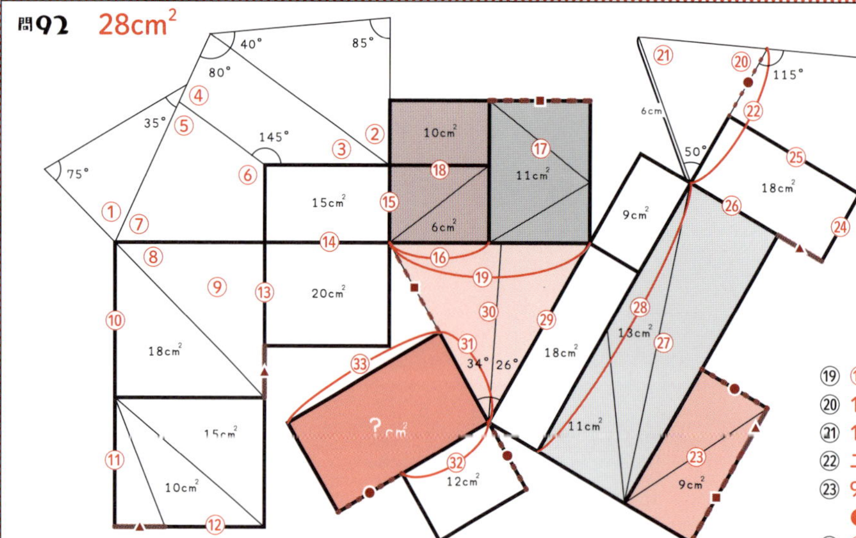

① 180－(35＋75)＝70°

② 180－(40＋85)＝55°

③ 90－②＝35°（太線の四角は長方形なので）

④ 360－(③＋80＋145)＝100°

⑤ 180－④＝80°

⑥ 360－(145＋90)＝125°

⑦ 360－(⑤＋⑥＋90)＝65°

⑧ 180－(①＋⑦)＝45°

⑨ ⑧＝45°により、⑨は正方形を2等分した三角形。
⑨＝18cm²

⑩ ⑩²＝(18＋⑨)＝36cm²　⑩＝6cm

⑪ (15×2)÷⑩＝5cm

⑫ (10×2)÷⑪＝4cm
▲＝⑩－⑫＝2cm

⑬ ⑩－▲＝4cm

⑭ 20÷⑬＝5cm

⑮ 15÷⑭＝3cm

⑯ (6×2)÷⑮＝4cm

⑰ 11×2＝22cm²

⑱ ⑰＝⑱より、■＝⑯＝4cm

⑲ ⑯＋■＝8cm

⑳ 180－115＝65°

㉑ 180－(⑳＋50)＝65°

㉒ 二等辺三角形より、6cm

㉓ 9×2＝18cm²
●＝18÷(▲＋■)＝3cm

㉔ ㉒－●＝3cm

㉕ 18÷㉔＝6cm

㉖ ㉕－▲＝4cm

㉗ (13＋11)×2＝48cm²

㉘ ㉗÷㉖＝12cm

㉙ 9:18＝1:2より、㉙＝8cm

㉚ 1辺が8cmの正三角形。

㉛ 8－■＝4cm

㉜ 12÷●＝4cm

㉝ ●＋㉜＝7cm

答 ㉛×㉝＝28cm²

（解き方は一例です）

問93　29cm²

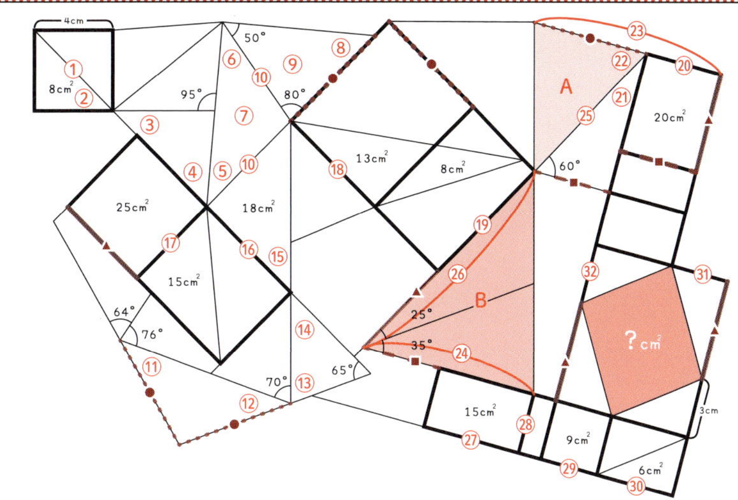

① ①は、１辺４cmの正方形。
② 正方形の対角線なので45°
③ ③＝②＝45°
④ 95－③＝50°
⑤ 180－(④＋90)＝40°
⑥ 80－⑤＝40°
⑦ 底角40°の二等辺三角形。
⑧ 180－(50＋80)＝50°
⑨ 底角50°の二等辺三角形。
⑩ ⑦と⑨から●に等しい。
⑪ 180－(64＋76)＝40°
⑫ ⑫＝⑪＝40°
⑬ 180－(⑫＋70)＝70°
⑭ 180－(⑬＋65)＝45°
⑮ ⑮＝⑭＝45°
⑯ ⑮＝45°なので、直角三角形。
よって、⑯＝⑩＝6cm

⑰ ⑰×⑯÷2＝15　⑰＝5cm
▲＝25÷⑰＝5cm
⑱ ⑱＝●＝⑩＝6cm
⑲ ⑱×⑲÷2＝(13＋8)
6×⑲÷2＝21　⑲＝7cm
⑳ ⑳＝20÷▲＝4cm　■＝4cm
㉑ 180－(60＋90)＝30°
㉒ 180－(㉑＋90)＝60°
㉓・㉔ ㉒＝25°＋35°により、
㉓と㉔は平行。
㉕ ㉕＝■×2＝8cm
㉖ ⑲＋▲＝12cm

AとBは相似。相似比は8:12＝2:3
2:3＝●:㉔　㉔＝9cm

A　8cm
12cm　B
㉔

㉗ ㉔－■＝5cm
㉘ 15÷㉗＝3cm
㉙ 9÷㉘＝3cm
㉚ ㉚×㉘÷2＝6　㉚＝4cm
㉛ (㉙＋㉚)－⑳＝3cm
㉜ ㉜＝3cm
答 (3＋5)×(3＋4)＝8×7＝56㎠
〔(3×5)÷2〕×2＋〔(3×4)÷2〕×2＝27㎠
56－27＝29㎠

問94　51cm²

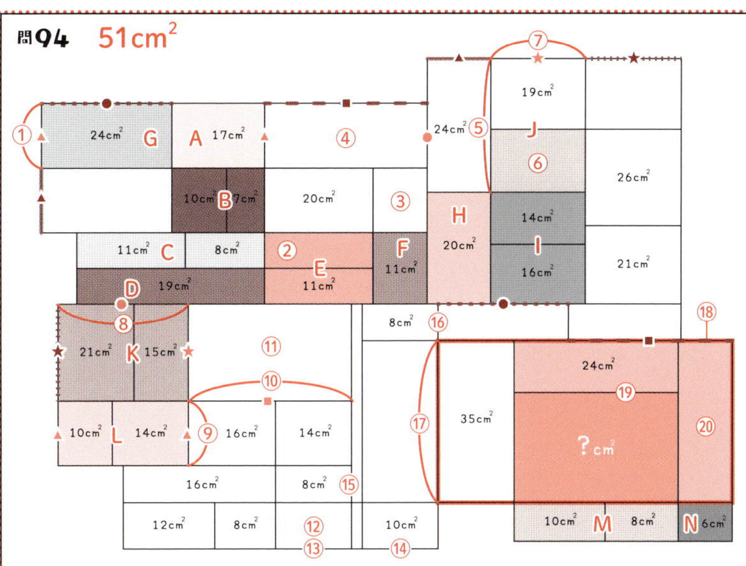

① A＝Bにより、①＝▲
② C＝Dにより、②＝11cm²
③ E：F＝(②＋11)：11＝2:1により、
③＝10cm²
④ 20＋③＝30cm²
⑤ Gと同じ四角形により、⑤＝●
⑥ H：I＝20:(14＋16)＝2:3により、
24:19＋⑥＝2:3　⑥＝17cm²
⑦ ⑥＋14＋16＝26＋21により、
⑦＝★

⑧ Jは19＋⑥＝36cm²
Kは21＋15＝36cm²
合同なので、⑧＝⑤＝●
⑨ Lは10＋14＝24cm²
Gと合同なので⑨＝①＝▲
⑩ 16＋14＝30cm²
④と合同なので⑩＝■
⑪ K：L＝(21＋15)：(10＋14)＝3:2
により、⑪:30＝3:2　⑪＝45cm²
⑫ 16:8＝2:1により、

(12＋8)：⑫＝2:1　⑫＝10cm²
⑬・⑭ ⑬＝⑭
⑮・⑯ ⑮＝⑯
⑰ ★＋▲＋⑮＝⑯＋⑰　⑰＝★＋▲
⑱ ⑱の四角形は下のように表すことができる。

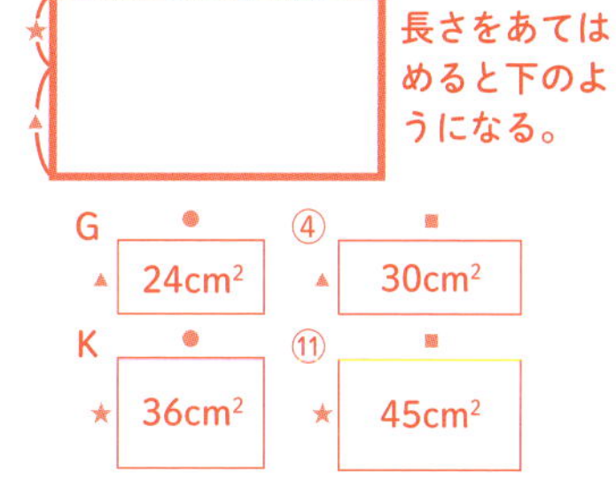

上の４つをあてはめると

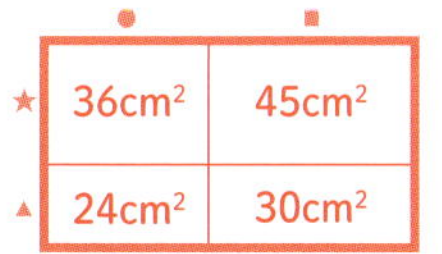

⑱ G＋K＋④＋⑪＝135cm²
⑲ ⑱－35＝100cm²
⑳ M：N＝(10＋8)：6＝3:1により、
(⑲÷4)×1＝25cm²
答 ⑲－(⑳＋24)＝51cm²

STAFF

企　画 編集協力	福ヶ迫昌信／津森智子（株式会社エディット）
本文・ロゴ デザイン	堀あやか（株式会社エディット）
組　版	株式会社 千里

面積と角度 図形ロジックパズル

発行日　2018年2月26日　第1刷

編著者	積田かかず
発行人	井上 肇
編　集	堀江由美
発行所	株式会社パルコ エンタテインメント事業部 東京都渋谷区宇田川町 15-1 03-3477-5755 http://www.parco-publishing.jp
印　刷 製　本	図書印刷株式会社

ISBN978-4-86506-255-7　C0041
Printed in Japan

落丁本・乱丁本は購入書店名を明記のうえ、小社編集部あてにお送りください。
送料小社負担にてお取り替え致します。
〒150-0045　東京都渋谷区神泉町 8-16　渋谷ファーストプレイス
パルコ出版　編集部